哥特文学对少年儿童
性格养成的影响剖析

石军辉 著

NORTHEAST NORMAL UNIVERSITY PRESS
WWW.NENUP.COM
东北师范大学出版社

图书在版编目 (CIP) 数据

哥特文学对少年儿童性格养成的影响剖析 ／ 石军辉
著． -- 长春 ： 东北师范大学出版社， 2018.5
ISBN 978-7-5681-4554-1

Ⅰ．①哥… Ⅱ．①石… Ⅲ．①小说－影响－少年儿童
－性格形成－研究 Ⅳ.① B844.1

中国版本图书馆 CIP 数据核字 (2018) 第 116560 号

□策划编辑 : 王春彦

□责任编辑 : 卢永康　　　　　□封面设计 : 优盛文化

□责任校对 : 赵鑫伟　　　　　□责任印制 : 张允豪

东北师范大学出版社出版发行
长春市净月经济开发区金宝街 118 号 (邮政编码 :130117)
销售热线 : 0431-84568036
传真 : 0431-84568036
网址 :http://www.nenup.com
电子函件 :sdcbs@mail.jl.cn
三河市华晨印务有限公司印装
2018 年 5 月第 1 版　 2021 年 1 月第 2 次印刷
幅画尺寸 :170mm×240mm　印张 :12.75　字数 :226 千

定价 :45.00 元

哥特小说一般是指在 1764 年首部哥特小说《奥特朗托城堡》(*The Castle of Otranto*)出版后，18 世纪中后期开始兴起的带有黑色恐怖情节或凶杀阴森气氛的一种小说，它们大多以封建社会中爵位篡夺、财产继承和宗教迫害等为题材，可以分为英国哥特小说和美国心理哥特小说等。哥特小说自从问世以来，就以其独特的魅力吸引了广大的读者，影响了同时代及后世的许多作家，不同时期、不同流派的作家纷纷以哥特小说为摹本进行文学创作。所以说，哥特小说对欧美文学的发展起到了巨大的推动作用。

儿童及青少年时代是一个人成长的关键时期，其思想情感、观念意识处于接受或排斥的最活跃时期，并最终在世界观、人生观、价值观等方面初步定型。优秀的文学作品通过栩栩如生的艺术形象，描绘各个历史时期人类的生活状况和社会风尚，再现现实生活的图景，表现各种人物的思想感情和人际关系，少年儿童通过文学欣赏可以加深对生活和社会的认识和理解，明辨是非曲直，培养正确观念和良好习惯，陶冶情操，提高人文素养。

但鉴于哥特文学自身的特殊性，对于少年儿童来说，哥特文学利弊共存。一方面，哥特文学的超浪漫主义文学风格对少年儿童的想象力开发、好奇心的满足、浪漫主义乐观情绪的培养都具有重要的影响；另一方面，哥特文学的恐怖情节及血腥暴力场面决定了其超强的氛围代入感，必然会对少年儿童尚未发育成熟的心理产生一定的冲击，造成其或者胆小怕事、自卑软弱，或者崇尚暴力、叛逆、挑战规则等偏激性格。

Contents
目 录

第一章　哥特文学生成背景综述 / 001

第一节　哥特小说概述 / 001
第二节　矛盾中诞生的哥特小说 / 012

第二章　哥特小说的雅俗性探讨 / 025

第一节　哥特小说的文化通俗性 / 025
第二节　哥特小说的雅俗性 / 039

第三章　哥特文学艺术特征分析——怪诞 / 051

第一节　怪诞的表现形态 / 051
第二节　怪诞的审美价值 / 053

第四章　哥特文学艺术特征分析——恐怖 / 060

第一节　恐怖的特征 / 060
第二节　恐怖特征的文化探源 / 066

第五章　哥特小说对读者的塑造功能分析 / 080

第一节　道德观念 / 080
第二节　意识形态 / 085
第三节　移情与审美 / 098

第六章　哥特小说与少年儿童的自我意识分析 / 100

第一节　自我意识的概念 / 100
第二节　自我结构的要素分析 / 110

第三节　少年儿童自我意识的发展　/　112

第四节　哥特小说中的自我意识　/　122

第七章　少年儿童性格塑造分析　/　137

第一节　少年儿童的秩序敏感期　/　137

第二节　少年儿童性格塑造时机分析　/　140

第三节　审美模仿与性格塑造　/　144

第四节　偏离正轨的少年儿童性格状态　/　147

第八章　哥特文学对少年儿童性格养成影响分析　/　157

第一节　文学作品对少年儿童性格成长作用　/　157

第二节　其他儿童文学中哥特因素分析——以《格林童话》为例　/　161

第三节　哥特文学的积极影响分析　/　163

第四节　哥特文学的消极影响分析——以《哈利·波特》等为例　/　167

第五节　哥特文学对少年儿童性格影响分析的回顾与展望　/　179

参考文献　/　193

第一章　哥特文学生成背景综述

第一节　哥特小说概述

一、哥特小说的历史定位

it was the best of times, it was the worst of times,

it was the age of wisdom, it was the age of foolishness,

it was the epoch of belief, it was the epoch of incredulity,

it was the season of Light, it was the season of Darkness,

it was the spring of hope, it was the winter of despair.

—Charles Dickens, *A Tale of Two Cities*[1]

18 世纪是一个风起云涌、跌宕起伏、充满矛盾的时代。在这段被称为启蒙时代的岁月，人们偏偏怀恋古代的观念与风俗；人口在这一时期急剧增加，个人主义倾向却甚嚣尘上；女性的行为受到严格的规范，而妇女恰恰是在此时开始有机会阅读和写作；在理性如日中天的时代，感性审美趣味也开始大行其道。流行于英国 18 世纪末 19 世纪初的哥特小说即诞生于这堆矛盾之中。矛盾的孕育环境使哥特小说成为一种既反映矛盾又充满矛盾的文学[2]，"是历史传奇的一种独特形式，

[1] Charles Dickens. A Tale of Two Cities[M]. London: Penguin Books Ltd., 1970.

[2] 肖明翰 . 英美文学中的哥特传统 [J]. 外国文学评论，2001(02):90-101.

一种关于过去历史与异域文化的幻想形式"。[1] 在最近三十年的文学评论界，在西方新出现的批评理论的推动下，哥特小说得到了前所未有的重视。颇有意思的是，无论从何种视角分析这种小说，评论界很少有人能对其做出某种明确的定性：说它是小说，却有中世纪传奇的特征；说它是浪漫主义文学，却有支持理性的倾向；说它是大众化的通俗文学，却包括众多传统文化成分；说它激进，却表现出相当保守的特征。哥特小说之所以难以捉摸，全因其充斥矛盾使然。而这种小说涉及的诸多矛盾或多或少都与 18 世纪英国人对"哥特"一词的矛盾认识有关。

　　文学评论界在传统意义上把写作于 18 世纪后半期至 19 世纪上半期，饱含恐怖情节或气氛，以描述爵位篡夺、财产继承和宗教迫害等中世纪题材为主的英国小说称为哥特小说，主要包括贺拉斯·沃波尔（Horace Walpole）的《奥特朗托城堡》（*The Castle of Otranto*）、克莱拉·里夫（Clara Reeve）的《英国老男爵》（*The Old English Baron*）、安·拉德克利夫（Ann Radcliffe）的《尤多尔佛之谜》（*The Mysteries of Udolpho*）、《意大利人》（*The Italian*）和马修·刘易斯（Matthew Gregory Lewis）的《修道士》（*The Monk*）等。除此之外，还有一些小说因带有浓厚的哥特色彩而被广泛视为哥特小说，如索菲亚·李（Sophia Lee）的《幽穴》（*The Recess*）和马楚林（Charles Maturin）的《游魔梅尔莫斯》（*Melmoth the Wanderer*）。不少文学批评者更将哥特小说的范围扩大为含有恐怖、谋杀、悬念和颓废成分的小说，如葛德文（William Godwin）的《凯利伯·威廉姆斯》（*Caleb Williams*）、玛丽·雪莱（Mary Shelley）的《弗兰肯斯坦》（*Frankenstein*）、勃朗特姐妹（Charlotte Bronte & Emily Bronte）的作品《简·爱》（*Jane Eyre*）和《呼啸山庄》（*Wuthering Heights*）、奥斯卡·王尔德（Oscar Wilde）的《道林·格雷的肖像》（*The Picture of Dorian Gray*）、斯托克（Bram Stoker）的《德库拉》（*Dracula*）等。当今的哥特小说批评界还放眼英国以外，将法国小说《歌剧魅影》（*Phantom of the Opera*）、美国作家爱伦·坡（Edgar Allan Poe）的短篇小说、霍桑（Nathaniel Hawthorne）的《红字》（*The Scarlet Letter*）、梅尔维尔（Herman Melville）的《白鲸》（*Moby Dick*）以及威廉·福克纳（William Faulkner）的短篇小说等纳入哥特小说的范畴进行研究。

　　首部哥特小说《奥特朗托城堡》于 1764 年发表，至 1820 年面世的《游魔梅尔莫斯》，前后长达半个多世纪，而从 18 世纪最后 10 年至 19 世纪前 10 年的 20 年之间，是这种哥特文学畅销英伦的巅峰时期。今天，人们熟知的经典哥特小说的作者多为社会知名人物。例如，贺拉斯·沃波尔出生于权贵之家，他的父亲罗伯

---

[1] Victor Sage ed.. The Gothic Novel[M].London: The Macmilan Press Ltd . 1990: 17.

特·沃波尔是当时的辉格党领袖，后当选为英国首相，连任 21 年之久，其本人也是国会议员，并受封伯爵；马修·刘易斯出身新贵，先后担任过驻外使节和议员；安·拉德克利夫出身典型的中产阶级，丈夫是小有名气的律师与文人；葛德文与他的女儿玛丽·雪莱也是文坛名人。这些人物的创作其实仅为该时期哥特小说总数的冰山一角，模仿或假托这些人物的作品更是数不胜数。据考证，从 1788 年至 1807 年的 20 年间，哥特小说占据英国小说市场的 30% 左右，1795 年更高达 38%，由数量之众可见其在读者中的受欢迎程度。

　　早期哥特小说讲述的大多是（或者貌似）发生于中世纪或文艺复兴时期地中海沿岸的故事，通常涉及宗教迫害、篡夺和复仇等主题，如以中世纪为背景的充满了罪恶、暴力和残害的《奥特朗托城堡》。故事中的主人公多为雄心勃勃的恶棍式贵族人物，拥有或占据某座城堡或寺院（常为天主教教堂或修道院），身居高位，但通常出身神秘。城堡或寺院常有黝黑阴森的地下隧道或内藏有不可告人的秘密，并时有怪诞、恐怖的现象发生。恶棍常在其间追逐甚至迫害一位年轻美丽、单纯善良、富于想象的少女（偶尔或为极其女性化的青年男子）。在抵抗迫害、企图逃遁的过程中，少女会历尽恐怖与黑暗，屡经惊吓与折磨。随着故事的发展，这些哥特恶棍的身份地位逐渐明朗，受害者趁机联合其他正义力量，最终击败黑暗势力。

　　哥特小说中的"哥特"（Gothic）一词原指生活在北欧以野蛮、剽悍、嗜杀成性著称的哥特部落，是日耳曼民族的一支。他们侵入罗马帝国，并在其疆域内建立王国，造成多次战乱，被认为是摧毁灿烂罗马文化，将西方引入黑暗的中世纪的原因之一。后来，16 世纪的意大利人法萨里用"哥特"一词来指曾风行于 12—15 世纪欧洲的一种中世纪建筑风格："高耸的尖顶、厚重的石壁、狭窄的窗户、染色的玻璃、幽暗的内部、阴森的地道，甚至还有地下藏尸所。"[1] 文艺复兴时期，思想家和艺术家不齿于这种建筑风格，于是哥特一词被赋予了"野蛮的、恐怖的、神秘的、黑暗时代"等多种含义。1764 年，英国作家贺拉斯·沃波尔在《奥特朗托城堡》后加了副标题"一部哥特小说"（A Gothic Novel），故事恐怖暴力，充满残忍凶杀，同时代的作家纷纷模仿这种小说风格，因而"哥特小说"的称谓随之而来。这种小说通常以阴森恐怖的古堡、废墟或者荒原为背景，主人公大多为性格孤傲的叛逆式边缘人物，故事情节曲折离奇、恐怖刺激，鬼怪幽灵及其他超自然现象出没其中，通过阴谋、凶杀、乱伦、暴力、复仇等主题来揭示人性的邪恶与丑

---

[1] 肖明翰.英美文学中的哥特传统 [J].外国文学评论,2001(02): 90-101.

陋，从而鞭笞社会的不公和罪恶。18 世纪 90 年代，哥特小说作为一种文学体裁正式确立，并在欧美各国迅速传播开来，一些著名的浪漫主义作家，如柯尔律治、拜伦、雪莱、济慈等都使用过哥特传统进行创作，由此开创了西方哥特小说的先河。

二、哥特小说的形成因素

作为 18 世纪小说的一种，哥特小说的出现也是小说兴起洪流中的一个分支，因此小说产生的原因对其同样适用。依恩·瓦特（Ian Watt）对早期英国小说做了经济、社会和历史方面的研究 ❶，与大卫·庞特（David Punter）关于哥特小说的起源分析有许多共通之处。庞特指出，资本主义的发展以及随之而来的文学商品化、闲暇和财力有余的中产阶级的产生、商业性图书馆的出现等，这些都是小说产生的重要条件 ❷。不过，哥特小说较之理查逊（Samuel Richardson）和菲尔丁（Henry Fielding）等人创作的现实主义小说晚出现二三十年，流行于 18 世纪末，在风格、意识形态上也与后者迥然不同，其问世与 18 世纪后期的特殊政治、文化背景有关。哥特小说描述的是中世纪（或貌似中世纪）的事件，能够在 18 世纪后期大行其道有赖于当时英国社会对"远古"时代日渐浓厚的兴趣。引发这种兴趣的因素不一而足。首先是国力增强导致英国民族意识上升。1707 年，苏格兰正式并入英国，一个统一、强大的大不列颠王国正式形成。之后，英国相继赢得一系列战争，从西班牙那里夺取了对直布罗陀海峡的控制，又从法国那里获得多个北美殖民地，一跃成为世界上数一数二的军事强国。拿破仑战争之后，英国是世界上最具影响力的殖民强国。历史上一个国家经济力量的强盛往往伴随民族主义情绪上升，在政治和军事上可能会走向殖民与扩张之路，在文化与历史上通常会渴求一种与其实力相应的悠久和宏大感。这种需求时常会驱使人们对民族历史进行挖掘甚至重造，童话、史诗等文学形式因与传统和历史的紧密联系而给人以悠久与宏大的幻觉，往往是这种历史文化重造工程的首选形式 ❸。19 世纪《格林童话》的诞生就是德国国力上升的结果之一。在英国，第一次国力上升时期（伊丽莎白时期）出现了斯宾塞（Edmund Spenser）的长诗《仙后》（*The Faerie Queene*），该诗具有史诗（epic）

---

❶ Ian Watt. The Rise of the Novel[M].Berkeley and Los Angeles: University of California Press, 1965.

❷ David Punter. The Literature of Terror: A History of Gothic Fictions from 1765 to the Present Day[M].London: Longman Group Limited, 1980: 45.

❸ 李敏. 英美文学作品中的哥特因子分析 [J]. 名作欣赏,2014 (36): 157-159.

的规模与题材。在浪漫主义时期（18 世纪末至 19 世纪早期），斯宾塞的影响力神奇复活，英国涌现大量涉及和模仿斯宾塞史诗的作品，尤其是传奇（legend）。英国社会对史诗重燃热情并非偶然，而是与该国逐步取得的国际霸主地位有关，《仙后》等史诗是讲述民族起源的寓言作品，为 18 世纪末自我优越感日渐浓厚的英国人提供了一种几乎可以触摸的历史感与文化感。

　　哥特小说的出现也有类似原因。有的学者指出，哥特小说反映的是世纪之交一个正在形成的国际霸权的民族主义倾向。这种小说对未必存在的"远古"时代表现出异乎寻常的浓厚兴趣，在很高程度上反映了 18 世纪末英国社会对历史悠久感的强烈需求。"对哥特趣味的日渐崇尚不过是思想意识发生巨变的征兆，它终究演变成了浪漫主义运动。"❶事实上，"怀旧"是浪漫主义时期许多文学作品的共同特点。该时期的浪漫主义叙事诗，如柯勒律治（S.T.Coleridge）的诗歌和拜伦（George Gordon Byron）的诗剧同样包含浓重的中世纪因素，而在北方，司各特（Walter Scott）的小说也以中世纪元素著称。哥特小说描绘的是王公贵族统治的时代，他们看似无上的权力与地位以及治下子民幸福安详的生活不仅令后世的人们神往不已，还给身处变化的人们以一种踏实的历史感和安全的归属感。但这也是一个充满恐怖与黑暗的时代，恐怖多与外来的天主教会有关。哥特小说给人的印象是，英国人似乎沐浴在力量、尊贵与自由之中，欧洲大陆则为专制、黑暗与残暴的天主教会所奴役。在马修·刘易斯的《修道士》中，满口仁义道德的天主教会实际上是座迫害人民的监狱，道貌岸然的教士与神父却是纵情肉欲、奸佞无度的衣冠禽兽。对于惯于从与欧洲大陆的不同中寻求民族自我身份感的英国，哥特小说中外国统治者的野蛮与残暴为激发英国人的民族认同感与自尊心提供了急需的意识形态燃料。批评界认为，哥特小说创造了一个"逝去的黄金时代"，并借以证明当今的英国是一个古老而光荣的传统的传承者。

　　哥特小说的形成也有阶级因素。匈牙利马克思主义批评家卢卡奇（Georg Lukács，1885—1971）在《小说理论》中指出，小说的出现适逢近代阶级意识逐步产生之时。18 世纪，由于资本主义的发展，英国中产阶级得到空前壮大。中产阶级成员除医生、律师等专业人士外，主要是来自下层的、通过工商业发家的人士或并无继承权的贵族子弟。这个阶级的壮大对文学尤其是小说的发展影响深远。一般认为，大量中产阶级读者出现后，文学作品即可通过市场机制得到出版，而不再需要恩主帮助，读者兴趣成为文学创作的主要指挥棒。哥特小说的情况与其

---

❶ Devendra P. Varma. The Gothic Flame[M].London: The Scarecrow Press, Inc., 1987: 12.

他小说略有不同，在一些重要方面似乎仍然反映旧贵族的意识形态，这种反映其实是一种敷衍，小说的保守结局使其中间过程得以体现中产阶级的思想与价值。哥特小说还成功捕捉并描绘出中产阶级对现实与历史的矛盾态度❶。中产阶级是新的生产方式与关系的主导者，资本主义将他们推向社会舞台中心，但这种生产方式也带来种种矛盾与弊端，促使他们对现实、历史及自身进行新的思考与认识。在哥特小说里，古代历史折射出的是现实生活。

三、哥特小说的现实意义

掀起这股中世纪文化复兴之风的重要著作是赫德（Richard Hurd）的《骑士精神与传奇信札》（Letters on Chivalry and Romance）。此书发表于 1762 年，在 18 世纪后半期对提高哥特文学和哥特建筑风格的地位起过重要作用。短短两年之后，贺拉斯·沃波尔的《奥特朗托城堡》即以"译作"问世。赫德在书中对传说中的中世纪先人所具备的勇敢、宽容和贞洁等美德不吝赞美之词，而对其消失难掩伤感之情，怀旧民族主义色彩浓重。据赫德解释，中世纪英国人的优秀品质均来自古代的英国人，即法国人入侵以前的先民得益于所谓英国的古老"封建宪法"。他甚至认为后世的一些重要文学人物，如弥尔顿（John Milton）等，均从这些古代先民的品质以及他们的哥特故事中获得灵感。莎士比亚（William Shakespeare）、阿里奥斯托（Ariosto）和斯宾塞等人的作品之所以能够取得如此出色的文学效果，全赖内中所含的传奇而非古典的文化因素。赫德特别以莎士比亚和斯宾塞等人为例指出，尽管他们违反了欧洲新古典主义规则，但其作品因包含上述"哥特"因素而更具价值。他还不忘在上述分析中嘲讽几句当时占据主导地位的新古典主义思想。❷赫德的评论未必完全有理有据，不过 17 世纪诗人斯宾塞的史诗式传奇《仙后》确实是影响哥特小说的重要名作之一。18 世纪的人们对真正的中世纪不甚了然，《仙后》中有关骑士精神、忠诚等中世纪品质的描写成为哥特小说描写中世纪的重要样板。

赫德的批评还显示，18 世纪中后期之所以出现一股尚古风潮，并非只是生产方式转变引发的社会变化使然，也有深刻的文化原因。众所周知，18 世纪的欧洲处于理性与科学大行其道的启蒙时代，科学进步对生活的改善使许多人相信只要在哲学上遵循理性，在方法上依赖科学，人类就能够解决他们面对的问题。与这种信念相

---

❶ 杨一帆. 哥特小说：社会转型时期中产阶级的矛盾文学 [D]. 上海：上海师范大学，2012.
❷ Richard Hurd. Letters on Chivalry and Romance[M]. Los Angeles: Augustan Reprint Society, 1963.

辅而行的是文学艺术中的新古典主义。从 17 世纪中叶开始，新古典主义影响欧洲近一个世纪（对英国的影响稍晚，大致从 17 世纪 70 年代后期开始）。新古典主义注重秩序、平衡和规则，形式与内容皆然，体现理性和科学对文艺的影响。著名的"三一律"就是新古典主义戏剧的一条规则。该时期的绘画、建筑和雕塑等其他艺术形式同样受新古典主义的深刻影响，形式上的严谨与得体往往与内容上的理性与保守相辅相成。新古典主义艺术主张个人、家庭利益服从国家利益，为整体的利益，个人应该放弃其欲望和追求，理智应该驾驭感情。评论界一般认为，以感情、幻想与激情为主要特征的感伤文学、墓园派诗歌、浪漫主义诗歌和哥特小说是对理性思想与新古典主义的反弹，文学史家也通常将感伤文学和墓园派诗歌视作哥特小说的前奏。

　　"物极必反"是文学史和艺术史发展的普遍规律，文艺的发展历史往往是风格迥异或截然相反的流派各领风骚的过程。相较压抑感情与个性的写实小说和新古典主义艺术，感伤文学和墓园派诗歌走向另一极端。感伤小说的一大特点是充斥哀婉凄凉之情，主人公往往因某些微不足道的小事或无故哀叹涕泣，感情表达毫无节制。有的评论家因此称其为"无故生悲"。1770—1800 年因感伤小说的流行而成为名副其实的感伤时代。流行于 18 世纪 40 年代的墓园派诗歌在某些方面与感伤小说十分相近。该派诗作主要包括帕奈尔（Thomas Parnell）的《死亡夜吟》（*Night Piece on Death*）、杨格（Edward Young）的《夜思》（*Night Thoughts*）和格雷（Thomas Gray）的《墓园挽歌》（*Elegy Written in a Country Churchyard*）。单从其标题也不难看出，这些诗作大多抒发主人公在墓地怀念死者的哀伤之情或表达由此引发的对生死的思考，是对古典主义重理性思想的一种反动。18 世纪中后期的许多文学作品偏好黑夜与阴暗，乍看令人费解，其实意在对抗启蒙运动对知识与理性的过分强调。启蒙的英文为 Enlightenment，表面意思是"点亮"（西方文化中光线是知识的比喻），引申为开导、启发，使人领悟。而物极必反的原理使 18 世纪中后期的人们需要寻求黑夜与阴暗的冷静以利沉思。那么，哥特小说的神秘恐怖、疯狂残忍在一定意义上是在抗拒启蒙运动令人窒息的理性。沃波尔曾在一封信中坦承："绝对有必要来个神，或至少来个鬼，把我们从太多的理性中恐吓出来。"

　　英国文化在 18 世纪后期逐渐由理性转向感性，是一定经济发展与文化积淀的结果。经济的发展产生了富有的中产阶级，此后拥有购买奢侈品能力的社会人群不再局限于原来的贵族，社会上越来越多的人能够并且开始享用来自亚、非、美等洲的糖、香料和织物等商品。与此同时，社会的审美趣味也随着消费水平的上升而逐渐变得细腻、纤柔（体现感官方面的敏感性），人们在生活中开始关注休闲、文化以及精致的品质 ❶。在非物质层面，优雅的语言和精致细腻的感情也成为富有阶层区别于劳工阶级的标志，并在世纪之交成为英国文化的主流情调。在文化传承方面，18世纪早期英国哲学总体上的主观倾向为想象文学的出现做好了铺垫和理论准备。早在17世纪，洛克（John Locke）便已开始系统地提出与欧洲大陆的理性主义相悖的实证主义。这一哲学重个别轻普遍，强调感官与经验上的实证，感觉、感受和感情在这一时期日渐得到重视。到了休谟（David Hume）那里，理智更成了激情的奴隶。休谟认为，人的道德判断力基于感情而非理智。与哲学发展相并而行的是美学上的转变。哥特小说的大量涌现与18世纪中期英国文化对崇高（sublime）的新解有重要关系。在西方历史上，最早提出崇高概念的是传说中的古希腊哲学家朗吉弩斯（Longinus）。朗吉弩斯以此概念形容文章风格之雄伟，足以打动、慑服读者。在他看来，崇高是一种读者感受。这一假托于朗吉弩斯的著作其实早在17世纪已被译成英文介绍至英国，但直至18世纪二三十年代，朗吉弩斯及其崇高概念方因文坛的矛盾（著名的"古今之争"）而引起重视。18世纪，英国著名的政论家Edmund Burke撰写了《有关崇高与美丽概念起源的哲学探讨》（*A Philosophical Inquiry into the Origin of Our Ideas of the Sublime and Beautiful*），概括起来伯克的主要论点是美丽的事物大多小巧、轻盈，因其小于我们，易于为我们掌控而显得可爱，容易引起美的感觉，相反，所谓崇高之物是远超乎人类体能所及的一切事物，如形体的巨大高耸或深邃、面积的极度宽广、数量的无穷等，都能使我们感觉自身渺小而产生敬畏之心。伯克如是解释："凡是能以某种方式适宜于引起痛苦或危险观念的事物，即凡是以某种方式令人恐怖的，涉及可恐怖对象的，或是类似恐怖那样发生作用的事物，就是崇高的一个来源。" ❷

　　崇高对象引起的恐怖和实际生活中面临的恐怖是截然不同的。伯克指出，"如果危险或苦痛太紧迫，它们就不能产生任何愉快，而只可产生恐怖。但如果处在某种距离以外，或是受到了某些缓和，危险和苦痛也可以变成愉快的。"根据这一理论，崇高之感源于恐惧，恐惧产生痛苦感，而一定距离之外的痛苦感又能产生审美快感，这就是大肆渲染黑暗恐怖的哥特小说吸引读者的原因之一。伯克理论一方面揭开了恐怖文学的流行奥秘，另一方面使恐惧或恐怖之物堪与具有正面道德外延的崇高概念相提并论，使一些本不入流、依靠制造刺激效果吸引读者的作

---

❶ 肖书珍.浅析英美文学中的哥特传统[J].安徽文学（下半月），2015(04):36-37.

❷ 伯克.论崇高与美[A].// 朱光潜.西方美学史[M].北京：人民出版社，1997：237.

品（如哥特小说）获得了较高的社会地位❶。在欧洲大陆，18世纪德国哲学家康德认为崇高之感是人的理性对违反其想象、判断目的之物的一种反应，其重心是人的思想本身，而非外物："只要我们处于安全地带，那么这些景象越可怕，就只会越是吸引人"，❷因为它能把我们"心灵的力量提高到超出其日常的中庸，并让我们有勇气与自然界的这种表面的万能相较量"。❸康德的崇高理论是对伯克理论的充实和提高，标志着英国人对崇高理解的重大转变，对英国18世纪审美趣味的形成以及该时期的英国文学产生过举足轻重的影响。

　　在技术上，崇高之感先来自自然景观。哥特小说中充斥着风景描写，安·拉德克利夫尤长于此道。在她的小说中，崇高伟峻的自然与文化景观触目皆是。黑魆魆的高山、广袤的平原、血红的落日以及夜晚黑暗深远的天空都能激起女主人公无尽的遐思与想象，或使其黯然神伤，或令其倍思亲人。康德也有这样的描述："险峻高悬的、仿佛威胁着人的山崖，天边高高堆聚挟带着闪电雷鸣的云层，火山以其毁灭一切的暴力，飓风连同它所抛下的废墟，无边无际的被激怒的海洋，一条巨大河流的一个高高的瀑布，诸如此类，都使我们与之对抗的能力在和它们的强力相比较时成了毫无意义的渺小。"❹而古老的建筑物，尤其是城堡、教堂或寺院等宏大伟峻之物，同样能引发畏惧。事实上，伯克的理论改变了建筑的审美标准。哥特式教堂等建筑在大小、对称方面并不符合新古典主义美学标准，用古希腊的美学准则来衡量几乎一无是处，但在伯克看来，这种建筑因能制造崇高之感而值得称道，有柯勒律治的感受为证：走进大教堂时，我胸中充满虔诚与敬畏，我对周围的一切几乎木然无知，我的整个躯体扩展至无限之中，土地与空气、自然与艺术，所有这一切都膨胀至永恒，我唯一能感知的印象是"我无比渺小"。

　　英国著名诗人和评论家柯勒律治（Samuel Taylor Coleridge）的感受似乎是为法国作家雨果有关哥特教堂的评论而做的注解。雨果在小说《巴黎圣母院》中称，哥特建筑让人感觉到市民的世俗的存在。雨果的评论有点歪打正着：他的本意是说这类建筑富含人性，不过哥特教堂高大尖耸，足以令人自感渺小而心生畏惧，这种感觉恰恰有助于凡人获得宗教体验。哥特小说的常设景物之一正是哥特式建筑，或城堡，或教堂，或修道院，通常古老无比，阴森恐怖。崇高与恐惧本来看似只

❶ 伯克.崇高与美：伯克美学论文选[M].上海：上海三联书店，1990.
❷ 杨祖陶，邓晓芒，编译.康德三大批判精神[M].北京：人民出版社，2001：478.
❸ 同上。
❹ 同上.

有一步之遥，而伯克的理论使二者几乎等同。这里的崇高与恐惧非关宗教，反映的是人们对历史的认识——18世纪后期，英国人在古老建筑物的宏大伟峻中融入了对祖先和传统的向往与敬畏。建筑与书籍一样，也是人类思想的承载体。中世纪对18世纪的影响就主要通过建筑，而不是文学作品；后世从这一时期获得的神秘与奇幻的刺激感，主要来自哥特建筑，而不是传说故事。同样，西方对新古典主义的叛逆也先来自园艺业和建筑业，而非文学。在哥特小说中，哥特式建筑是力量与权威的象征，饱含18世纪英国人对本国历史的复杂感情。

　　历来有人对哥特小说的出现与兴盛大感不解：18世纪后期正值英国资本主义快速发展、封建力量急剧衰退之时，为何偏偏此时出现大量沉迷于贵族时代的返祖文学？历史上，某种文学的反常出现或变化多有深刻的社会矛盾为基础，而18世纪中后期的诸多政治、社会和文化矛盾与中产阶级的兴起有关。在中产阶级出现以前的旧时代，人的性需求必须服从父权制度的需要，性活动与联姻合二为一，目的是为贵族家庭传宗接代。到了资本主义时代，个人享乐主义抬头，性变成个人的需求，与父权制度的要求发生直接冲突，哥特小说在此时出现，是文学对社会危机的某种反应。有学者提出，18世纪后期的英国处于社会转型时期，不同阶级的上升与下降导致某种程度的社会混乱与困惑。身处乱象的人们渴望秩序，常幻想恐怖事件发生，并通过想象制服其中的疯狂与谋杀来获得暂时的慰藉。哥特小说是一种幻想文学，其中所含的恐怖、荒诞与颓废是经过放大、扭曲后的混乱局面，是人们面对各种力量无法厘清秩序时的一种心理反应。哥特小说几乎无一例外的完璧归赵式结尾正体现人们驱散混乱、恢复秩序的渴望，它是对启蒙时代以平静、理性、中规中矩为特征的新古典主义美学的一次逆袭，它为现代唯理主义束缚下的人提供了诗性的灵感和想象的空间，正如文化学者大卫·庞特（David Punter）所说，它为"英国文化带来了它所迫切需要的激情、活力和宏大的精神" ❶。

　　美国评论家弗雷德里克·詹姆逊（Fredric Jameson）认为，哥特小说试图在想象世界中解决真实世界里的矛盾❷。詹姆逊关于小说的理论为理解和批评哥特小说开辟了一个全新的视角。詹姆逊在《政治无意识》（The Political Unconscious : Narrative as a Socially Symbolic Act）中指出，对于文学作品，我们可以用三种角度看待之。第一，

---

❶ David Punter. The Literature of Terror:A History of Gothic Fictions from 1765 to the Present Day [M]. London: Longman, 1996: 55.

❷ Fredric Jameson. The Political Unconscious: Narrative as a Socially Symbolic Act[M]. Ithaca, N.Y.: Cornell University Press, 1981.

文学作品是一种在社会层面具有象征意义的行为，现实中的矛盾在一部作品（尤其是传奇）中能够得到假设性的解决；第二，不同文学作品是不同阶级在同一平面内、利用同一种符号系统进行对话的载体；第三，文学作品成为不同意识形态和符号系统共存互动的平台，它们对应不同社会阶段和生产方式，不同生产方式所特有的符号系统在同一部作品中进行斗争与较量。根据詹姆逊的理论，任何一部文学作品均包含不同社会形态下的不同意识形态及其相应的符号系统。❶哥特小说产生、流行于从农耕社会向资本主义过渡的历史转型期，其符号复杂性尤其明显。城堡、骑士和匪帮等是农耕时代中世纪传奇的符号，它们代表着欧洲旧有的思想，如忠诚、宗教虔诚和贞洁，也是（在 18 世纪后期的符号系统中）落后、愚昧的象征；国王、权贵、教廷及其附属机构是欧洲封建专制的符号，身披贵族外衣的哥特恶棍又暗指物欲横流的资本主义。与此同时，正面人物带着自由、平等、博爱的现代思想与平民价值，在两股势力冲突的缝隙中寻求生存空间。哥特小说是 18 世纪末期代表英国社会各种生产方式的符号进行对话与较量的平台。

　　哥特小说试图表现矛盾与冲突，但本身也是矛盾与冲突的产物。从矛盾与冲突的角度研究、解读哥特小说——通俗与传统、历史与现实、激进与保守、男性与女性、贵族与资产阶级——聚焦于矛盾能揭示反映哥特小说政治性质的重要特点：小说展示的矛盾与冲突往往无法得到真正解决。故事固然有结局，推动故事发展的表面冲突总会有结果，但哥特小说的所谓结局往往是对冲突（或其激化）的暂时回避，引发表面矛盾的深层矛盾依然存在。❷哥特小说涉及的矛盾还延伸到小说之外，在当时的英国文坛引发争论，成为新古典主义与浪漫主义两个文艺流派互相较量的战场之一。由于哥特小说的特殊形式与风格，哥特小说批评中的一个重要问题是这种文学与社会现实的关系。哥特小说固然与 18 世纪早期出现的现实主义小说不同，以想象与非现实性为主要特征，但仍然是研究 18 世纪后期社会、历史和政治的重要素材。荒诞离奇的故事情节是社会现实的折射和反映，能够表达写实主义文学难以表达的矛盾与现象。

❶　弗雷德里克·詹姆逊.政治无意识[M].王逢振，陈永国，译.北京：中国社会科学出版社，1999：76.

❷　杨一帆.哥特小说：社会转型时期中产阶级的矛盾文学[D].上海：上海师范大学，2012.

第二节　矛盾中诞生的哥特小说

关注个人命运是小说区别于先前各种文体的特征之一。匈牙利马克思主义批评家卢卡奇称，史诗中的个人与社会并无距离，个人的命运即社会的命运 ❶。13 世纪末意大利诗人但丁（Dante Alighieri,1265—1321）代表史诗向小说的过渡，因为他的人物开始与社会对立，现实世界开始对个人封闭起来。小说产生后，个人从社会完全分离出来，其命运与社会时常发生冲突，哥特小说也不例外。这对矛盾在哥特小说中异常突出。哥特小说所反映的诸多矛盾，如男女关系矛盾、父母与子女的矛盾、两个时代之间的矛盾等，其实质均为个人与社会的矛盾，或以这一形式表现出来。这对矛盾之所以如此重要，主要因为个人和社会分别是哥特小说所包含的两种价值体系的中心所在：封建贵族制度是以社会和集体利益为上的秩序，资本主义社会则推崇个人的自由与权利。哥特小说是介乎古代传奇和现代小说之间的文学形式，带有两个时代的痕迹与价值，因此两种制度在这种小说中时常势均力敌，难分高下。

个人与社会在哥特小说中的严重对立状况也有具体的历史原因。哥特小说流行之时正值英国社会转型时期，经济、政治和文化领域处于深刻变化之中，新旧两种价值体系发生激烈交锋。相较个人的经济能力和物质需求，社会机构与规范通常滞后，在前者发生急速提升的情况下，二者冲突在所难免。在工业革命之前的传统社会中，由于社会习俗、价值和机构（如家庭和教会等）在人们的生活中起着绝对主导作用，普通人以其地位与能力均难以对社会构成实质性挑战。工业革命后，资本主义不仅提高了个人的经济力量，也将他（连同他的种种需求与欲望）逐渐从传统社会机构的压抑与控制之下解放出来。社会的发展使个人不仅需要挑战社会传统机构，也逐渐能够进行这种挑战，而这种能力必然会加剧二者间的冲突。英国小说在 18 世纪的发展历程多少反映了这种趋势。18 世纪前半叶的小说里，和谐、乐观的成分较多，后期的作品则更多渲染个人与社会的对立与冲突。不仅小说如此，浪漫主义诗歌和戏剧也呈现愈加浓厚的个人主义色彩。浪漫主义作品中的人物无论正反，往往离群索居，特立独行，与社会格格不入。柯勒律治、雪

---

❶ 卢卡奇.关于社会存在的本体论 [M].白锡堃，张西平，李秋零等，译.重庆：重庆出版社，1993.

莱和拜伦等人作品中的主人公常有该隐、撒旦、浮士德和犹太漫游者的影子，拜伦笔下的哈罗德等人物也多为难以融入环境而背井离乡的浪子。18 世纪中叶以后，许多作家与诗人感觉符合古典文学标准的优秀作品已被写罄，人们应该调转方向，在自己的内心寻找原创的可能，而不是一味照抄古贤名作，因此个人与自我在文学作品中所占地位日渐显著。

一、男女关系的矛盾

在哥特小说里，涉及男女关系的矛盾是引发个人与社会冲突最为常见的原因。男女关系所涉范围远超乎两性之间的感情或肉体关系，而往往牵缠政治和经济等社会生活的诸个方面。贺拉斯·沃波尔的《奥特朗托城堡》中的曼弗雷德中年丧子，而其妻已过生育年龄，两人面临无嗣之虞。为续香火，曼弗雷德欲强娶尚未过门的儿媳伊莎贝拉 ❶。在追逐伊莎贝拉时，曼弗雷德更以强奸相逼，试图以此完成传宗接代之业。曼弗雷德与伊莎贝拉的"性关系"构成小说前半部分的主要冲突。小说后半部分，西奥多如何处理他同两个女主人公的三角关系直接影响到奥特朗托城堡的归属问题。对于曼弗雷德而言，他所追求的个人欲望是永久占据奥特朗托城堡，他与他的家族违反了封建世袭制度的血统要求；西奥多的个人欲望是他与玛蒂尔德的爱情，但因二人的婚姻会使其后代流有篡夺者的血液，这一关系同样与世袭制度发生抵触。曼弗雷德和西奥多代表哥特小说中的为数众多的男女主人公，他们皆因婚恋而与家庭或社会发生冲突，而冲突之关键是阶级、门第和血统。此类矛盾的一般模式是，男女二人中有一方为贵族，另一方为平民，地位较高方家庭反对二人结合，或双方恋情因违反社会传统习俗而遭受阻碍，个人与社会因而发生严重对立，最终矛盾会因其中一方死去或地位改变而得到"解决"。

马修·刘易斯的《修道士》和安·拉德克利夫的《意大利人》的情节极为相似。《修道士》中，出身贵族家庭的青年罗伦左在一次教堂布道中偶遇平民之女安东尼娅，遂生爱慕之心。罗伦左两度登门示好，安东尼娅逐渐为其诚意所动，但安东尼娅的母亲艾尔维拉对此态度保留，原因是二人社会地位相去甚远。艾尔维拉本人乃一鞋匠之女，早年与贵族子弟恋爱，但因男方家庭反对，两人婚后被迫漂泊异邦。艾尔维拉的丈夫后来贫困潦倒，客死他乡，她本人被迫回到西班牙，忍辱向公公求助。虽然事过多年，公公老侯爵对艾尔维拉仍耿耿于怀，只肯每年给孤

---

❶ Horace Walpole. The Castle of trano[M].London: The Scholartis Press, 1929.

儿寡母提供小笔资费度日，允许她寄宿于儿子生前旧所。老侯爵死后，微薄资助也被中断，艾尔维拉被迫携女亲赴马德里，向亡夫的异母弟弟雷蒙德求助。与此同时，艾尔维拉本家族人出于妒忌，对其遭遇不闻不问。由于这段痛苦经历，艾尔维拉不愿爱女步其后尘。她如是劝诫情窦初开的女儿："我的安东尼娅，你既无钱又无朋友，而罗伦左是梅地那公爵的继承人。即使他本人对你用心正派，他的叔叔也不会同意你们结合。他的叔叔如果不同意，我也不会。以我自己的痛苦经历我知道，一个人要是不为她所嫁的家庭接受，她会忍受怎样的苦难。"艾尔维拉婉言谢绝前来求婚的罗伦左再次登门拜访❶。《意大利人》中，侯爵之子维瓦尔蒂同样钟情于教堂偶遇的民女艾丽娜。由于两人阶级差距巨大，不仅艾丽娜的监护人姨妈比洋凯不支持此事，维瓦尔蒂的父母也坚决反对，甚至不惜采用绑架和谋杀等极端手段阻止两人结合❷。在狂风骤雨般的情节叙述之后透露，艾丽娜同样出身贵族，因此两人婚配其实并无阶级障碍。在这两部小说中，情节的戏剧性变化避免了个人与社会矛盾的激化，但矛盾之根源，即人们对阶级与门第的看法，其实并未消除。

拉德克利夫的早期作品《西西里传奇》（*A Sicilian Romance*）中，女主人公朱莉亚的选择同样为家庭反对。父亲马齐尼侯爵是个趋炎附势的人物，罗佛公爵上门求婚令其受宠若惊。但朱莉亚的芳心已另有所属，她深爱之人乃年轻的伯爵希波里特斯。颇为巧合的是，马齐尼侯爵的后妇玛丽亚表面上对丈夫百般妩媚，私下里却向希波里特斯频送秋波。不难想象，侯爵夫妇二人均悉力反对女儿与希波里特斯结合，朱莉亚被迫与恋人私奔。父母与女儿之间的冲突也引出故事的另一对个人与社会的矛盾，即马齐尼侯爵囚禁妻子迎娶新妇因喜新厌旧而违反社会伦理。朱莉亚与侯爵夫妇的矛盾其实无法调和。后来，侯爵夫妇二人因争风吃醋自相残杀而死，朱莉亚终遂其愿❸。在这个故事里，父女矛盾是表面，阶级差别是冲突的主要原因（公爵之位远高于伯爵）。

在哥特小说里，男女关系的表象还时常掩盖着宗教问题之实质。《修道士》中的女主人公阿格尼丝因爱情而遭家庭与社会迫害，其核心问题是宗教规范与个人欲望之冲突。阿格尼丝的父母是虔诚的天主教徒，其母怀孕时得病，终日祷告，

---

❶ Matthew Gregory Lewis. The Monk[M]. Mineola, N. Y.: Dover Publications Inc, 2003.

❷ Ann Radcliffe. The Italian[M]. UK: Oxford University Press, 1981.

❸ Ann Radcliffe. A Sicilian Romance[M]. ed. D. P. Varma. New York: Clarkson N. Potter, 1975.

许愿一旦康复，将来生女即入圣克莱尔修道院，得子则送圣贝内迪克特修道院。后来阿格尼丝降生，母女安然无恙，父母当下决定将来送女儿出家。阿格尼丝一度被寄养于身在德国的姑姑处，在那里她与雷蒙德相遇并相爱，但此事遭家庭反对，阿格尼丝终被强行送入修道院。两人偷情之事暴露后，以仁慈自命的天主教会将阿格尼丝打入地下监狱，其命运是引发马德里暴动的主要原因。小说的主人公安布若西奥神父同样受制于天主教的禁欲桎梏。安布若西奥自小成长于修道院，在老僧们的严格教育下成为一名以纯洁、虔诚和学问高深著称的天主教神父。但年方三旬的安布若西奥其实欲火难忍，每晚面对圣母画像想入非非，最终为假僧玛蒂尔德所诱，两人纵情肉欲于象征禁欲的修道院❶。许多学者认为，《修道士》是一部反天主教小说。在他们看来，安布若西奥风华正茂，性欲旺盛本在情理之中，他之所以堕为作奸犯科的凶魔，并非本人过于邪恶，其根源是天主教压抑式的封闭教育以及教会过于严苛的禁欲规定。过度的压抑不仅未使青年神父的人欲泯灭，反而引发其破坏式爆发。

　　从上述例子中不难发现，哥特小说中的冲突不一而足，但大多汇集在恋爱、婚姻或两性关系上，拉德克利夫的作品是这种婚恋中心倾向的典型例子。《尤多尔佛之谜》的主要矛盾是恶棍莽托尼与女主人公爱弥丽姑侄女之间的财产争夺战，冲突的展开和爆发都在婚恋层面进行。莽托尼迎娶寡妇歇容太太全因图其财产，但婚后他发现妻子并不富有。为逼妻交出房产，莽托尼将其囚禁，但妻子坚拒不从，受其迫害郁郁而终。莽托尼转而逼迫妻子的继承人爱弥丽，同用婚姻之法。早在与妻子交恶之前，莽托尼已同贵族莫拉诺私定交易，以妻侄女爱弥丽相许，换取莫拉诺因婚而得的房产。为促成这桩交易，莽托尼多次威逼爱弥丽接受莫拉诺求婚，他甚至设计圈套，试图将爱弥丽骗入婚礼❷。莽托尼等哥特恶棍之所以着力于婚姻，主要原因是当时社会的许多不公平关系都能通过婚姻得到合法化，被固定下来。《意大利人》中的恶棍斯开东尼本人无心于婚恋，但他试图利用他人婚姻达到自己的卑鄙目的。这名神父原本为取悦侯爵夫人，竭力拆散其子维瓦尔蒂与艾丽娜的爱情，为此他甚至不惜亲自杀害艾丽娜。不想作案之夜斯开东尼发现他的谋杀对象竟是自家侄女，故事情节旋即逆转，迫害者变为保护者和婚姻的积极推动者。拆散是为讨好贵族，成全也意在高攀权贵。情况已变，斯开东尼的计划随之改辙，不变的是这桩婚姻对他的"用处"。

---

❶ Matthew Gregory Lewis. The Monk[M]. Mineola, N. Y.: Dover Publications Inc, 2003.

❷ Ann Radcliffe. The Mysteries of Udolpho[M]. UK: Oxford University Press, 1966.

　　与此同时，哥特小说中的所有矛盾与冲突无论何种性质，最终皆因婚姻或以婚姻的形式得到"解决"。家庭与婚姻既是问题，又是解决问题的途径。例如，《奥特朗托城堡》中城堡的合法继承人西奥多被篡夺者曼弗雷德关押，生命受其威胁。曼弗雷德的女儿玛蒂尔德出于恻隐之心，救助西奥多逃脱，两人因此相爱。若无玛蒂尔德相救，后来的爵位更迭不可能发生。爱情影响了政治，但政治又反过来影响爱情。小说以"误杀"方式将篡夺者之女玛蒂尔德强行从故事中除去，迫使西奥多将感情转移至正宗嫡传的伊莎贝拉，以保持未来城堡继承者血脉之纯洁。爱情导致篡夺者被推翻，婚姻则加强了继承者的合法性，婚恋实际上是拨乱反正、改朝换代的催化剂。克拉拉·里夫的《英国老男爵》中爱德门德与爱玛的结合在城堡的新旧主人间建立了亲戚关系，从而弥合了城堡易手可能造成的社会裂痕。《尤多尔佛之谜》中男女主人公的婚姻使中产阶级及其价值观得以延续，《修道士》中罗伦左与弗吉尼娅的婚姻则纠正了父权社会的暂时偏差。婚姻安排之所以成为小说解决矛盾的主要手段，原因之一是婚恋选择本身具有较强的主观性，几乎可以任由作者随意改变。门当户对这种婚姻观基本不具备弹性，换个恋人却易如反掌。西奥多和罗伦左等男主人公对女性似乎并不挑剔，而女性人物对命运的改变也大多逆来顺受。男女主人公在个体选择上的灵活性反映婚姻的工具色彩以及个人意志相对于阶级、门第和爵位等刚性因素的从属地位。

　　哥特小说中反面人物的男女关系有两大特点：一是欲望过度；二是关系不对称。这两个特点分别象征资本主义社会里泛滥的物欲和封建时代的不平等关系。《修道士》中的"滴血修女"阿格尼丝是欲望过度的典型例子。阿格尼丝原名比阿特丽丝，自小因父母之命入寺为修女。然而，此女天生不甘寂寞，长大成人后难以抗拒肉欲之诱，设法逃出修道院，同一位林登堡男爵私奔至德国，沉溺于骄奢淫逸、放浪形骸的糜烂生活。孰料比阿特丽丝很快厌倦同男爵的淫乐生活，男爵之弟奥托出现后，她难以抵御新的诱惑，两人性情相近，一拍即合。为独占此女，奥托要求情人将其兄杀害，并许以婚姻。两人相约，比阿特丽丝完成此事后，奥托到城堡外洞穴接应。夜晚一点，比阿特丽丝在男爵酣睡之时用匕首将其杀害。事成之后，她不顾鲜血沾身，急于来到洞穴与奥托相会。奥托如期而至，但此女之此刻形貌令他不寒而栗。为隐瞒自己的责任，也为自身安全计，奥托夺过匕首，结束了比阿特丽丝的性命。尽管奥托逃脱了罪责，成为林登堡的主人，但比阿特丽丝阴魂不散，其鬼魂时常穿着修女服装，手持匕首和油灯来到奥托床前，令其寝不安枕。在极度恐惧与惊慌中，奥托最终一命呜呼。这个故事同《尤多尔佛之谜》中罗伦蒂尼的经历一样，似乎在告诫人们，过多的情欲无法带来幸福，只会伤及己身。与女性反面人物相比，男性恶棍对妇女更展现出一种捕食动物式的贪婪与残暴。《奥特朗托城堡》中的曼弗雷德几乎在向伊莎贝拉宣布准备娶她的同时，就企图强占她的肉体。《修道士》中安布若西奥与安东尼娅的关系更是赤裸裸的、毫无托词的囚禁与强奸。曼弗雷德和安布若西奥的强奸行为，以夸张的方式描绘出 18 世纪末高度膨胀的个人欲望以及这种欲望可能带来的巨大危害。罗伦蒂尼、比阿特丽丝、曼弗雷德以及安布若西奥无一不是一心满足私欲、置他人利益甚至生命于不顾的极端个人主义者。颇有意思的是，这些行为被加在封建贵族的形象之上，他们与关系中的另一方处于一种占有或囚禁的不平等关系，似乎唯有将资本主义造成的罪恶记在封建贵族的账上，才足以引起人们的愤怒与憎恨。

　　哥特恶棍在男女关系上并非总是色欲熏心，有的人物（如《尤多尔佛之谜》中的莽托尼和《意大利人》中的斯开东尼）则完全无心于儿女之情。斯开东尼早年弑兄夺嫂犯下命案，被迫入寺为僧，此后对女色无动于衷。斯开东尼深夜单独潜入艾丽娜的囚室，在准备行凶前思考良久，还仔细打量女主人公的胸部。有些学者认为，斯开东尼准备将匕首插入艾丽娜胸部这一举动带有明显的性含义。然而，这一举动展示的恰恰是性欲向政治欲望的转变，在斯开东尼的眼中，胸衣之下的少女胴体已非关情欲，只是他攀附权贵、向上爬升的工具。《尤多尔佛之谜》里的莽托尼乍看起来并非无心婚恋之人，他曾先后向罗伦蒂尼和歇容太太求婚，但从罗伦蒂尼的富有程度来看，他早年求爱可能并非出于爱情。无论当初用意为何，莽托尼后来显然对爱情兴趣索然。他对寡妇歇容太太百般殷勤，只是以为她家境殷实，梦想通过婚姻发财致富。爱弥丽在居留尤多尔佛期间，完全置身于莽托尼控制之下，安全毫无保障（如其卧室竟有一扇无法从里面关上的门），莽托尼若有色心，占有其身易如反掌。然而，莽托尼对爱弥丽的美色视而不见，他只关注其财产，爱弥丽也从未遭遇其下属任何性侵害行为或倾向。莽托尼与爱弥丽的关系实际上是他与歇容太太无爱婚姻的延续，因为爱弥丽继承了姑母的财产。

　　斯开东尼与莽托尼排斥性爱，远离感情，罗伦蒂尼、比阿特丽丝、安布若西奥和曼弗雷德等人则试图占有对方，两者形异实同，均折射出资本主义对人性的扭曲与压抑以及对人际关系的破坏。在物欲横流的社会，男女关系丧失了原本应有的感情成分，蜕化为一种彻头彻尾的占有关系——或为财富，或为地位，或为虚荣，或出于某种不健康心态。斯开东尼和莽托尼几乎将所有精力用于追求财富与地位，不仅无心于男女关系，对一般的亲情与友情也态度漠然。斯开东尼初与艾丽娜以父女相认时尚显露些许温情，但他很快将这一新关系用于爬升目的。斯开东尼为人阴险冷酷，世上并无推心置腹的朋友，他同侯爵夫人看似关系甚笃，实则互相利用而已，毫无友谊与信任可言。为拆散维瓦尔蒂和艾丽娜，斯开东尼还与神父尼古拉互相勾结，制造恐怖假象，后为教廷逮捕。狱中两人互相指责，互相仇视，最后斯开东尼毒死了尼古拉和自己。对莽托尼来说，财富于他是生命的全部意义所在，对财富的追求已取代他作为男人的本性，使他忽略了人生中几乎所有的社会关系与乐趣。与斯开东尼一样，莽托尼的所谓朋友其实是一群合伙人，一旦利益发生冲突，常常反目为仇，甚至兵戎相见。如此看来，哥特恶棍同女性的不正常关系，无论强占抑或漠视，都是极端个人主义者与社会冲突的浓缩——在男性小说里，过人的性欲本身就是物欲最为生动的比喻。

哥特小说里几乎没有幸福的婚姻。恩爱和睦的夫妻难以白头偕老，如圣奥贝尔夫妇、艾丽娜与安东尼娅的父母。没有感情的夫妻比比皆是，他们结合或为利益，或为面子，无甚感情可言，如曼弗雷德夫妇、莽托尼夫妇、维尔如瓦夫妇、维瓦尔蒂侯爵夫妇。有的还互相杀戮，如斯开东尼与他夺来的妻子奥立维亚、马齐尼侯爵与后妇玛丽亚。男女之间但凡发生性关系者，不论是否出于感情，大多会引发恐怖后果，甚至悲惨结局，最典型的例子是《修道士》里的青年贵族雷蒙德与恋人阿格尼丝的恋爱过程。因阿格尼丝父母反对，两人爱情一开始便遭遇障碍，后又因阿格尼丝姑母男爵夫人妒忌而复生枝节。阿格尼丝被姑母关押起来，雷蒙德试图营救未果，反倒惹上了"滴血修女"的不眠阴魂。阿格尼丝入修道院后，两人藕断丝连，并在幽会中发生了性关系，招致无尽磨难。阿格尼丝为追求感情而违反规范与家庭意志，付出惨重代价❶。

在哥特小说中性关系是个人欲望的符号，身涉性关系者多为自私自利之人，多无善终。《修道士》里的雷蒙德最终固然与阿格尼丝结为夫妇，但他们因追求爱情而经历的苦难使迟来的果实失去了甜味。两人一波三折的恋爱经历显示，男女关系意味着争风吃醋、无休无止的纠纷、与家庭和社会的抵触，甚至杀身之祸。神父安布若西奥失身于魔鬼的使者玛蒂尔德，踏上残害他人与毁灭自我的不归路。《尤多尔佛之谜》中罗伦蒂尼与维尔如瓦侯爵的奸情带来的是死亡、漂泊和绝望，《西西里传奇》里侯爵夫人玛丽亚与奸夫德温齐尼的婚外关系则以她本人与丈夫的血腥残杀为代价。在后来的哥特小说中，性关系同样与死亡形影相随。在马楚林（Charles Maturin）的《游魔梅尔莫斯》（*Melmoth the Wanderer*）里，游魔梅尔莫斯与伊玛莱跨越冥凡两界的婚姻，以毁灭与灾难而终。❷拉德克利夫的正面男女恋人

❶ Matthew Gregory Lewis. The Monk[M]. Mineola, N. Y.: Dover Publications Inc. 2003.

❷ Charles Maturin. Melmoth the Wanderer (1820)[M]. New York: Oxford University Press, 1989.

与此相反，通常远离性爱。《意大利人》中的维瓦尔蒂与艾丽娜的爱情停留于"柏拉图式"的清纯关系，《尤多尔佛之谜》中的爱弥丽与瓦朗高之间同样只有纯粹的感情。而这些人物往往能获得幸福的婚姻和可观的财富，这种良好结局似乎是作者对他们远离性爱的奖赏。实际上，是否沾染性关系也是哥特小说划分人物好坏的标准之一。

在 18 世纪后期，尤其是在美国独立革命和法国革命之后，性释放带有浓重的政治色彩，是政治革命的比喻，哥特小说的这种立场在当时显得相当保守。这种保守性也许并非作者本人政治立场的真实体现，而可能是政治压力所致。比如，哥特小说里的男女关系大多不是违反封建价值与秩序，就是与中产阶级的"感情伴侣式婚姻"不符，反映社会转型时期人们在两种对立的价值体系间无所适从的窘境。前者有跨阶级婚姻、以婚敛财和违犯教会禁欲规定，后者主要包括强占妇女和红杏出墙。在哥特小说里，走向婚姻的恋情往往是个人欲望与社会规范的妥协，是传统价值和现代婚姻观的折中。爱弥丽和瓦朗高之间的恋爱关系几乎不存在个人与社会的冲突，维瓦尔蒂与艾丽娜、爱德门德与爱玛的婚姻都因一方身份改变而同时满足两个价值体系的要求，西奥多与伊莎贝拉、罗伦左与弗吉尼娅的关系也是情节干预后的折中。前两对男女关系略向现代观念倾斜，后两对关系则稍对传统价值妥协。

总体而言，小说在处理男女关系方面遵循中产阶级的中庸之道，在这一点上男女作家没有明显区别，但在具体处理方式上，二者略有不同。在女性写作的哥特小说里，原配男女主人公基本上都能终成眷属，而男作家笔下的男女大多需要调换女方才能成就婚姻。在男女关系上，男作家更喜好展现个人与社会的冲突，尤其是对规范的挑战，往往将主人公安排在矛盾的锋面，其"原配"男女之间的关系严重违反社会规范，一般不具备调和、变通的可能性；女作家则力图消除阻碍婚姻的矛盾，使男女结合不再挑战社会，为此她们甚至不惜牺牲情节可信度。乍看起来，男作家显得更为激进，但小说的结局又常给人以截然相反的印象：男作家笔下的结局通常突显挑战旧秩序的悲剧后果，女作家则喜好强调感情伴侣式关系的融洽与幸福；男作家虽然也频繁干预情节，但主要目的并非成全男女恋人，而是在故事大结局方面敷衍社会规范。造成男女作家的这种差别的原因似乎不在作者的性别本身，而更在于性倾向。据文学史家称，哥特小说的男作家多为同性恋者，对爱情和婚姻望而却步。比如，沃波尔和刘易斯均终生未娶。这两人的性倾向其实从小说内容本身也有所反映。也许正由于其反传统的性倾向，男作家对挑战社会及其后果感受更为深刻。当然，男女关系在哥特小说里无论出自何人之手，或多或少都有挑战社会的意味，在一定程度上是政治变革的缩影或比喻。男女作家在两性关系的不同处理方法代表他们对社会变革的两种态度。假如强占对方或跨越阶级的婚姻象征直接挑战旧制度的暴力革命，那么调换新娘（或改其出身）就如同一场政治改良运动。拉德克利夫书中皆大欢喜的结局代表作者对改良寄予的希望，刘易斯的悲剧表达则可能是对暴力革命的幻想与恐惧。

　　20世纪的某些哥特小说不仅会涉及性，也会涉及种族。哥特式主人公一般都生活在阴森的环境中，行为怪异，性格孤僻，心理变态扭曲，常做出让人难以置信的事情，完全按自己的欲望办事，给周围的人带来伤害，甚至灾难。美国当代作家福克纳（William Faulkner）的短篇小说《干旱的九月》（*Dry September*）中的明妮小姐就是一个典型的哥特式人物。在小说开篇理发店沸沸扬扬的争论中，有人指出："她可不是头一回说男人对她意图不轨了。约莫一年前，不就有过这么一回，她说什么来着，有个男人趴在厨房屋顶上偷窥她脱衣服吗？"❶小说紧接着回顾了明妮小姐的过往。她年轻时，身材修长苗条，衣着鲜艳明亮，对她倾心和献殷勤的男孩不少。只是"她一直没有意识到自己正失势落伍，正在失去追求者""等她醒悟的时候，为时已晚，从此，她的脸色开始显得既喜气洋洋而又憔悴失意""眼光中流露着一种怒拒现实的茫然神情"。除了通过描写明妮小姐的外表变化来暗示时光流逝和社会变迁外，福克纳对南方女性微妙曲折心理进行了探寻。在这样一个令人烦躁的季节，明妮小姐几近四十的内心长久受到压抑的欲望像火山一样爆发，她渴望像年轻时一样得到关注，内心的狂躁让她亲手制造了谣言，诽谤比她地位低下的黑人强奸她，引起白人的公愤最后杀死了这个黑人青年❷。福克纳借此抨击了白人种族主义意识，揭示人性的黑暗与罪恶。明妮小姐制造的谣言夺走了一个黑人无辜的生命，又使自己彻底走向毁灭。无论如何，在一个性关系被高度政治化的文化氛围中，文学对男女关系的过分关注本身足以反映政治矛盾之紧张。男女关系涉及最为私人的欲望，但又最为深刻地触动一个社会的基本价值与秩序。因此，由男女关系造成的矛盾是当时社会主要政治与经济矛盾的集中体现。

二、双重性格的矛盾

　　个人与社会的矛盾发展过程对哥特小说的正反人物而言正好相反。正面主人公起初大多艰难曲折，但在最后一刻通常能够借助作者神来之笔取得较为圆满的

---

❶ 福克纳. 干旱的九月 [M]. 南京：译林出版社，2015.

❷ 同上。

结局；反面人物一开始呼风唤雨，但后来多半身败名裂，甚至身首异处。

恶棍在故事之初身居高位，显赫一时，但在小说末尾原形毕露，摇尾乞怜。哥特恶棍如何处理个人与社会的矛盾，涉及哥特小说的某些中心问题，因为这些人物以其地位而言是社会利益或规范的代表或象征，是旧制度及其意识形态的捍卫者。当权贵和神职人员的个人欲望与社会利益发生冲突时，他们实际上处于一种自相矛盾的境地。大多数哥特恶棍的应对策略是自我分裂：哥特恶棍在公开与私下两种情形下常表现出迥然不同甚至截然相反的特征，他们具备两面性或多重性格。《修道士》中"神面兽心"的安布若西奥是双重性格的典型例子。这位年方三旬的修道院院长是一个由两个互相对立的自我组成的双面人物，每日来回穿行于互不相容的两个世界间。表面上，安布若西奥才华横溢，以虔诚和纯洁闻名遐迩，受万众称颂与爱戴，私底下却是一只荒淫无度的色狼。小说中的女修道院也由一个佛口蛇心的院长嬷嬷主持。在那里，慈爱与宽容的幌子掩盖着无情的摧残与迫害。修女阿格尼丝怀孕之事暴露后，院长嬷嬷生怕此事流传出去败坏女修道院的名声，曾密令手下用慢性毒药将其处死，未成，又将其囚于地下室，与蛇蝎虫豸同宿，靠面包与冷水勉强维持生命。阿格尼丝被救时已奄奄一息，她死去的婴儿身上长满了蛆虫。人们久为这座女修道院及其院长嬷嬷严谨仁慈的美名所惑，很少怀疑高墙大院里面的罪恶，这也使其统治者无所顾忌地迫害与摧残弱小者。《意大利人》的主人公斯开东尼也是个道貌岸然、心狠手毒的天主教神职人员，大庭广众下满口仁义道德，暗地里却忙于棒打鸳鸯、杀害无辜。

哥特小说的情节显示，双重性格是哥特恶棍得以为害一方的直接原因和重要条件，人们为恶棍所害，乃惑于其公共身份、陷于其私下行径之故。安布若西奥身居高位，光芒四射，涉世不深的安东尼娅因其魅力而怦然心动，她略带爱意的仰慕与信任是神父得以逐渐接近并最终强占其身的重要原因。修道院院长权势盖人，这一公共身份为其私下自我提供了有效保护，使安布若西奥在一段时期内为所欲为而免受社会规范惩处。

斯开东尼的神职身份也是他的护身符，维瓦尔蒂试图揭露其卑鄙行径，却招来人们的质疑与指责。僧侣们称斯开东尼是修行深厚的高级神父，不可能做出他所说的勾当。尽管斯开东尼最终身陷囹圄，但并非维瓦尔蒂控告而致。此外，哥特恶棍的分身术有时也得益于恐怖和超自然现象。《西西里传奇》中马齐尼侯爵利用人们对超自然现象的恐惧，成功将前妻囚禁于地下穴室十多年而未有闪失。不过，马齐尼能够多年瞒天过海仍然得益于其侯爵之位：人们即便有所怀疑，也难将贵族之尊与囚妻重婚者相提并论。

　　哥特小说开启了英国文学中的性格分裂传统。19世纪，奥斯卡·王尔德的《道林·格雷的肖像》、斯托克的《德库拉》等小说都有不同形式的分身情节，其中最具影响力的是奥斯卡·王尔德所写的唯美主义小说《道林·格雷的肖像》。道林·格雷是个年轻貌美的男子，面对自己的画像不禁思忖，希望自己能够青春永驻，让画像承担衰老的厄运。不料他的奇想竟成为事实：道林的时间之流似乎凝固，在永恒的青春中过着浮华、放纵、颓废的生活，而他的每一点恶行都在画像上留下抹不去的痕迹。最后，当他看着衰老、凶残而且丑陋不堪的画像时，心中充满恐惧和悔恨。他用匕首刺破了画像，结果刺杀的却是自己❶。这些性格分裂情节的共同之处是，人物分裂后的另一半均会反作用于己身，损害其利益，甚至谋害其命。对于18世纪末至19世纪英国文学中的这一现象，西方学术界有多种说法。可以肯定的是，文学中频繁出现性格分裂绝非偶然，一大原因是快速发展的资本主义对个人和社会的消极影响。以马克思主义理论分析，这是资本主义条件下的一种异化现象。异化现象在各种矛盾相对尖锐的资本主义初期尤其明显，对人与社会的影响格外深刻。这里讨论的作品尽管不直接涉及生产或经济活动，其人物表现出来的性格分裂体现的却正是资本主义生产对社会的消极影响。哥特小说人物在经历性格分裂之后，分裂出的另一面往往获得一种难以驾驭的独立性，并反过来加害主人公本身。例如，体面的安布若西奥神父为其分裂出的阴暗自我所贼害。玛丽·雪莱的《弗兰肯斯坦》中的怪物也是分身自害的典型例子。当弗兰肯斯坦因他所创造之"人"奇丑无比而追悔莫及时，怪物已经拥有了自己的生命与意志，再难为其创造者所控制。屡遭社会拒绝后怪物萌生复仇之心，杀死了弗兰肯斯坦的几乎所有亲人❷。在很多方面，怪物是弗兰肯斯坦的真实自我，表达他本人试图掩盖的尚不为人所知的弱点。怪物的经历与感受同弗兰肯斯坦本人十分相似，两者出于类似的原因互相追杀。

　　哥特小说中个人与社会矛盾的一大特点是双方互不相容：恶棍的个人私欲难以抑制，而社会规范同样不可逾越，二者矛盾无法避免，也不可调和。这一特性进一步证明，矛盾双方实属两个完全不同的价值体系。社会利益在哥特小说中通常代表封建价值，个人欲望则表现出浓重的资本主义特征。安布若西奥的公共身份是天主教神父、修道院院长，代表臣民对教会及神职人员的顺从以及对个人欲

---

❶ Oscar Wilde. The Picture of Dorian Gray[M]. Nanjing: Yilin Press, 2014.

❷ Mary Shelley. Frankenstein, or The Modern Prometheus[M]. Oxford: Oxford University Press, 1969.

望和自由的压抑，他的私下行为象征资本主义时代人们对个人享乐的自由追求。这两者之间不可能存在妥协与折中，哥特恶棍唯有将两个世界分隔开来，才能满足其个人欲望而不受规范的制裁。《西西里传奇》中喜新厌旧的马齐尼侯爵每日穿行于地上、地下两个世界，他将侯爵夫人关入地下室，使其从人间蒸发，才能与后妇玛丽亚以夫妻相称。《修道士》中安布若西奥作为神父不能近色，天主教的规定在这方面不具备任何弹性。但哥特恶棍的自我分裂是将个人欲望与社会规范暂时分开的权宜之计，两个世界终将交汇于光天化日，其私下身份也难逃社会规范之制裁，而这通常是小说矛盾的激化点。在很多小说里，哥特恶棍最终败落的直接原因正是公私身份合二为一。安布若西奥的命运转折点在罗伦左带领一干人马冲进地下室之时，此刻他的私下自我在众目睽睽下暴露无遗。

　　在个人与社会的矛盾中，个人欲望处于力量对比的下风。在社会利益面前，个人欲望如同过街之鼠。哥特作者似乎并不愿意将批评的矛头直指封建规范，他们小心谨慎地弱化正面人物对封建规范与价值的挑战。在小说中，正面主人公往往在故事早期便与封建世袭制度、门第观念和教会戒律等社会规范发生正面冲突 ❶。为避免过早激化矛盾，小说作者通常将男女双方当事人隔离开来，或关押，或躲藏，或出走，男女恋人无法真正地谈情说爱，从而避免在事实上触犯当时的社会规范。在《奥特朗托城堡》里，相爱的人甚至连当面互诉衷肠的机会都没有。《意大利人》中的维瓦尔蒂与艾丽娜分别被关押在不同地点，只有短暂的相聚机会，还多为奔波劳顿。《修道士》中的罗伦左与安东尼娅见面机会同样屈指可数，其感情关系难以与现今的恋爱同日而语，更不可能存在越轨行为。在这些故事里，正面主人公的"犯规"行为大多仅涉意向，被控在安全范围之内。此外，正面人物在满足欲求方面也大多能展现一定的灵活性（如更换恋人），并且大多采用合法手段实现其目标，因而基本上能够避免恶棍的命运。封建规范极少有机会在正面人物中间直接制造牺牲品，如《奥特朗托城堡》中的安东尼娅和玛蒂尔德均非为封建制度所害，因此哥特小说对封建规范缺乏悲剧式的冲击力。哥特小说并未偏袒封建价值，更不是旧规范的积极捍卫者，只是形式上屈服于18世纪晚期英国相对保守的政治形势。在条件允许的情况下，哥特小说时常在故事中加入批评封建制度与规范的成分。比如，小说对篡夺者的描写时而展现同情态度：曼弗雷德和斯开东尼都曾因过于动情而潸然泪下；安布若西奥堕落的直接原因固然是其个人淫欲，但一个不可忽略的外因是男女之间的社会障碍。社会将男女过度分隔，却因此导

---

❶ 康健 . 英美文学中的哥特传统之我见 [J]. 科教导刊（中旬刊）,2015(03):127–129.

致另一个极端——乱伦（如安布若西奥与安东尼娅）。天主教的规定因过分压抑安布若西奥的性欲，反使其丧失了抵御色诱的能力。

　　个人与社会的矛盾也可视作 18 世纪晚期英国经济基础与上层建筑发生冲突的一种表现形式。哥特小说里的个人欲求其实是资本主义生产方式诱发的欲望：正面人物代表对自由、平等等正当权利的追求，恶棍则是过度物欲的化身。迅速增长的个人欲求与相对滞后的社会价值观念和伦理体系必然在社会转型时期发生剧烈冲突，这从一个侧面反映了经济基础与上层建筑之间的矛盾关系。根据马克思的理论，经济基础是生产力与生产关系的总和，而上层建筑是建立在经济基础之上的政治、法律、宗教、艺术、哲学的观点以及适合这些观点的政治、法律制度。上层建筑反映经济基础，但通常相对滞后。同时，上层建筑也反作用于经济基础。经济基础与上层建筑之间的矛盾通常能够推动社会向前发展，但在哥特小说里却不尽然。对于个人与社会之间的冲突，哥特小说的态度是矛盾的。在这一问题上，作者本身似乎也发生了性格分裂。在小说里，封建规范的对立面是正反两种人物，正面人物的经历令人对旧制度深恶痛绝，而恶棍的表现又反衬传统观念的价值。因此，确切地说，哥特小说中的性格分裂以及小说末尾的回避式解决方案实际上是中产阶级作者应对矛盾的权宜之计❶。

---

❶　杨一帆 . 哥特小说：社会转型时期中产阶级的矛盾文学 [D]. 上海：上海师范大学，2012.

第二章　哥特小说的雅俗性探讨

第一节　哥特小说的文化通俗性

一、质量的大众化

流行于 18 世纪晚期的哥特小说就是文化矛盾的典型代表。二百多年来，批评界始终有人在探究哥特小说究竟是一种贵族阶级的怀旧文化，还是一种以取悦百姓牟取利益的商业性大众文化。至今无人给出过明确、肯定的答案，根本原因在于哥特小说是一种兼具高雅与低俗文化特征的文学作品，其中激进与保守、通俗与古典等因素既矛盾，又相互渗透，和平共存。

今天，人们惯于将小说这种文学类型视作一种通俗文化或大众文化，但二百多年前的情形与当代世界不可同日而语。依恩·瓦特（Ian Watt）在《小说的兴起》(*The Rise of the Novel*) 一书中指出，由于 18 世纪的社会经济状况，小说远非今天这样普及，而是一种中产阶级奢侈品 ❶。哥特小说开始流行于 18 世纪末至 19 世纪初，那时的英国社会状况较之半个世纪前已截然不同，哥特小说的市场占有率远胜其他小说作品。一般而言，高雅文化与通俗文化的区别主要在于形式上是否符合某类读者群的阅读水平，内容上是否迎合他们的趣味，消费或接受情况如何。大众文化之所以被冠以"大众"之称，大致包含三层意思。首先，大众文化是受众广泛的文化；其次，这种文化在形式和内容上都易于为大众所接受和理解；再次，大众文化是相对于高雅文化的一种低俗文化，在趣味和意识形态方面都迎合教育水平较为普通甚至

---

❶ Ian Watt. The Rise of the Novel[M].Berkeley and Los Angeles: University of California Press, 1965.

低下的大众。显然，这种解释隐含某种意识形态立场，而长期以来，文化一词本来就饱含浓重的精英主义色彩。20 世纪以前，英文中"文化"（culture）这一概念同教育、修养和文学艺术等词汇密不可分，或表示人在这些方面的素质水平，或表示其获取过程。马修·阿诺德（Matthew Arnold）就在《文化与无政府状态》（Culture And Anarchy）一文中将文化解释为人的自我完善❶。显然，在阿诺德看来，文化并非人所共有的品质，而是长久争取完善的结果，因而是少数精英的特征，"有文化"者自然凤毛麟角。20 世纪中后期，随着大众传媒技术的发展，文化日益商品化，从过去为一小部分人享受的"特权"转而成为大众生活的一部分，文化一词的内涵和外延都发生了变化。大众文化实际上是商业文化，在今天这是个颇具争议的领域，学术界对它的政治、社会作用褒贬各异，莫衷一是。这种分歧与其说由学术界的立场差异造成，不如说表现了大众文化的多面性。

　　哥特小说具有大众文化的诸多重要特征。哥特小说发行量巨大，读者甚众。哥特小说作为小说的一种，其出现是英国资本主义发展的必然结果，其"生产"和"流通"也主要受市场调节。在中国文学史上，小说是资本主义萌芽的一个产品。随着宋代都市化的发展，口头娱乐形式之一说书的流行导致章回体小说的前身话本出现，即初期的小说。而在英国，小说之问世应当归功于消费者、流通渠道和出版几个方面的迅速发展。据批评家威廉姆斯（Raymond Williams）的研究，英国王朝复辟时期伦敦仅有 60 家印刷厂，到 1724 年增至 75 家，到 1757 年则猛增至 150 ~ 200 家。依恩·瓦特推测，对于当时的大多数老百姓来说，收费图书馆可能是接触小说的主要渠道。据说到 18 世纪末，英国共有约 1 000 个公共流通图书馆。在消费方面，收入的增长和新的城市工薪阶层的出现为小说提供了数量可观的读者。在上述条件的共同作用下，小说在英国开始大量出现，其中哥特小说又成为 18 世纪后期主导英国小说市场的主要作品形式。所以，哥特小说的流行借 18 世纪后期印刷品剧增的东风，种类繁多、参差不齐的哥特小说占据当时印刷出版物的一大部分。统计资料表明，1796 年至 1806 年这十年间英国出版的所有小说中哥特小说就占了三分之一，数量之多几近泛滥。西方学者根据历史材料推测，从 1795 年到 1807 年，哥特小说在英国流行了大约十二年。自然，其中大多为粗劣之作，流传至今者寥寥无几。需要指出的是，单从绝对数量上看，18 世纪的小说在普及程度上仍难与今天的电影、电视相提并论。18 世纪，有能力购买小说的主要是中产阶级，但由于公共图书馆以及免费阅读方式的存在（如仆人阅读主人家的书籍），

---

❶ Matthew Arnold. Culture And Anarchy [M]. Cambridge: University Press, 1960.

小说尤其是哥特小说的受众远不止中产阶级。如果将劳工阶层阅读的廉价故事本计算在内，读者范围则更为广泛。相对而言，哥特小说应是当时受众最广的文化形式，西方也确有学者将哥特小说称作读者群体扩大后第一种完全大众化的文学。综合各种因素，将哥特小说称作 18 世纪的通俗文学较为稳妥。

　　大众化的文学作品在数量方面的成功往往以质量为代价，哥特小说也不例外。哥特小说显然是 18 世纪中后期英国出版业的摇钱树。安·拉德克利夫因《尤多尔佛之谜》获得 500 英镑的稿酬，这在二百多年前的英国是个天价，出版商所获的利润可想而知。《尤多尔佛之谜》和《游魔梅尔莫斯》篇幅极其冗长，作者与出版商都有明显的经济考虑。在经济利益的驱动下，许多哥特小说如同《奥特朗托城堡》一样，都以牺牲理性和教育价值为代价换取想象和刺激的效果。与工整严谨的新古典主义文学相比，哥特小说在艺术性方面疏于推敲，大多数作品粗制滥造，情节和风格大同小异。对于《奥特朗托城堡》，18、19 世纪的评论家一般认为该书缺乏原创性与可信度。有人指出，书中人物的对话听起来过于现代。还有人嘲笑书中所谓机关（暗门、地下室、骷髅等）与骑士精神风马牛不相及。英国评论家威廉·黑兹利特（William Hazlitt）的批评更为直截了当："《奥特朗托城堡》……在我看来，枯燥、贫瘠、无力，是依照错误的口味原则写出来的作品。"[1] 较之《奥特朗托城堡》和《修道士》，拉德克利夫的小说以细腻见长，但即便如此，其作品也在史实、结构安排和逻辑上存在明显纰漏。有评论者认为《尤多尔佛之谜》中的景色描写过于雷同，似乎来自旅游书籍而未经作者亲历，人物的举止也与故事发生的时代明显不符。《意大利人》在结构、叙述和人物刻画等方面均有改善的空间，对此，当时的读者也颇有微词。有评论家指出，拉德克利夫小说显示她似乎并不熟悉历史，也不谙当世之事，其笔下人物如同舞台上的演员，并非现实世界的真人。沃波尔、拉德克利夫和刘易斯的小说均大量借鉴前人之作，三人因此频遭抄袭之责。颇为讽刺的是，他们本身又成为其他"作家"的剽窃对象。拉德克利夫以写作《尤多尔佛之谜》《意大利人》成为 18 世纪末 19 世纪初最热门的作家，由于她影响力广泛，许多模仿者常常以假名或容易与拉德克利夫混淆的名字出版小说。有的评论家戏称，拉德克利夫作品的某些特征，如文后揭谜、含蓄的文风、弱不禁风的女主人公等，在成为常规以前已经变成俗套。

　　历来批评界对刘易斯的指责最为激烈。有学者指出，《修道士》并非原创，而是由一系列欧洲传奇糅合在一起炮制而成，如"滴血修女""犹太漫游者""水王"等。

---

[1] P. P. Howe. Complete Works of William Hazlitt [M]. London: J. M. Dent Press, 1930.

对此，刘易斯本人也在小说前的广告中做了说明。还有人指出，刘易斯抄袭了某英国期刊上的一篇故事、两个德国故事和两部法国戏剧。拉德克利夫紧随其后。《尤多尔佛之谜》中黑色帘布后面的那个"可怕物体"令读者毛骨悚然，历来批评家对此着墨颇多，但这一惊人之笔竟来自法国作家格罗斯利关于一个墓穴的描述。哥特小说潮流的收尾者查尔斯·马楚林得益于后来者之便，在其《游魔梅尔莫斯》中多方面借鉴前人作品。该书中"发现前人遗稿"这一安排明显借自沃波尔，而每章开首部分引用名人、名作句子则是拉德克利夫的风格。在具体情节方面，小说中斯丹腾听到神秘死亡音乐一事，也有《尤多尔佛之谜》的影子。《尤多尔佛之谜》书中多次出现奇妙音乐，而每次音乐响起似乎都与死亡有关。《游魔梅尔莫斯》中"西班牙人的故事"里，修道院院长与《意大利人》中的斯开东尼相差无几。斯开东尼为取悦权贵，也出于私人恩怨，竭尽全力影响侯爵夫人，撺掇她反对、拆散儿子维瓦尔蒂与艾丽娜的爱情。《游魔梅尔莫斯》中的院长同样处心积虑插手蒙萨达的家事，迫使"非法"长子入寺为僧。院长此举表面上似为该家族荣誉考虑，实则意在扩大他的个人影响。此外，两部小说中的暴动情节也如出一辙。在《修道士》里，当修道院残酷迫害修女阿格尼丝的真相暴露后，马德里发生了暴乱，市民在一怒之下焚毁了女修道院。暴民攻击神职人员，不分青红皂白，最终将院长嬷嬷打成肉饼，曝尸街头。《游魔梅尔莫斯》里的蒙萨达因教会建筑失火而侥幸逃出魔掌，在收留他的犹太人家中目睹了马德里市民反抗教会的一场暴动。劫后余生的神父们在马德里市中心组织祈祷游行，而曾经帮助教会迫害蒙萨达的那个臭名昭著的弑父者竟与教会的官员们齐头并肩于游行队伍中心。此人被认出后，人群中先出流言，继而骚动阵阵，后来一向以宗教狂热著称的马德里市民终于难抑激愤，与众僧及其保护军队发生冲突。弑父者遭众人围攻，被拳足交加、四处拖拽、围殴而死。马楚林的模仿对象为谁一望而知。事实上，借鉴他人作品是马楚林的惯用手法。早在《游魔梅尔莫斯》出版前，他已屡次模仿他人业已出名的作品，时常连标题都极其相似。

文学作品间的模仿或借鉴司空见惯，本无可厚非，但对当时大多数哥特小说作者而言，抄袭是其主要生产手段，马楚林代表的仅是哥特小说"互相借鉴"之风的冰山一角。18世纪末19世纪初，英国图书市场上充斥拉德克利夫等人小说的模仿作品，大量重复、抄袭与模仿使这种原本令人耳目一新的小说变得索然无味。这些小说大多为《修道士》中一个或多个故事的简单复制品，并无多少原创艺术成就可言。

二、思想内容的通俗化

在思想内容方面，哥特小说似乎同样乏善可陈。文坛对哥特小说往往嗤之以鼻，其中刘易斯的《修道士》更因淫秽与亵渎之控而遭毁禁多年。在当时的主流作家和评论家眼中，哥特小说无论在内容或形式上都是难登大雅之堂的通俗文化。华兹华斯（William Wordsworth）在其《抒情歌谣集》（*Lyrical Ballads*）序言（第二版）将哥特小说贬斥为"狂乱、病态和愚蠢的德国悲剧"。哥特小说作者对其作品的社会地位想必心知肚明，马楚林在《游魔梅尔莫斯》的序言中为自己辩护道，若非为窘境所迫，他也不至于以传奇小说作者这种不体面的角色出现在众人面前，惭愧之情溢于言表。

　　马楚林的尴尬根本上是西方长期以来（尤其是18世纪以来）精英主义文化观作祟之故。自亚里士多德以来，西方文化中很多理论家与批评家认为文学应兼有娱乐与教育两种功能，塔索、贺拉斯和锡德尼等人都是这一路线的热情倡导者或践行者。在新古典主义盛行的18世纪，文学的教育作用尤其受到重视。在当时的英国，新古典主义具有精英（官方）文化的各种特点：它强调整体利益、规则与理智，在政治上较为保守，是一本正经的严肃文化（即便是嬉笑怒骂的讽刺文学，其基调仍然严肃），其代表人物也多为文坛的大师，如蒲柏（Alexander Pope）和斯威夫特（Jonathan Swift）等。18世纪末期的英国文化是新古典主义与浪漫主义进行最后较量的过渡时期，虽然蒲柏与斯威夫特相继于1740年和1745年去世，新古典主义文化在18世纪后半期仍然势头强劲，其影响力甚至一直延伸至19世纪。事实上，1745年至1784年这段时间约翰逊（Samuel Johnson）的成就与影响达到顶峰。晚至18世纪中后期，约翰逊尚在呼吁文学应"模仿自然"与"教育读者"，强调所述事物之可能性，并批评莎士比亚只顾取悦于观众而忽视了道德教育。以约翰逊等人的眼光看，哥特小说在反映现实和教育读者两个方面均与文学创作的原则背道而驰。哥特小说常充斥荒诞不稽的鬼怪故事，既不反映不变的人性，也缺乏对生活的指导意义。18世纪很有影响力的《每月评论》杂志在得知《奥特朗托城堡》乃当代之作后一改原先的褒扬语调，称其为"开化时代里的一篇伪故事，一个有天分、有修养的作者却为重兴哥特式的、野蛮的迷信与魔鬼崇拜而鼓噪，实在令人费解。"《奥特朗托城堡》所要表达的寓意似乎是"父辈所犯的罪孽将由子孙来偿还，直至三代、四代"。曼弗雷德的祖父谋命篡得奥特朗托城堡封地，他自己试图掩盖非法的继承并使之合法化。如果因此受到惩罚的仅为曼弗雷德，此书的情节安排尚在情理之中，但为当年的谋杀偿命的却是其子女——于此事完全无辜的康拉德和玛蒂尔德。这一结局既不包含任何超越时空的道德原则，也与主导英国18世纪的启蒙思想南辕北辙，更无任何发人深省的悲剧气氛。相较之下，在这方面《修道士》所受的鞭挞更为严厉。柯勒律治认为，此书充斥"冲击想象的人物、糟蹋感情的叙述，极少展现写作才华，始终暴露低级庸俗的趣味"，作为一部传奇值得称道之处仅是"阅读时给人带来愉悦之感"，倘若"为人父母者见子女手捧此书，可能会面染灰色"。

事实上，18世纪新古典主义文化的捍卫者对小说这一形式本身就颇有微词。为躲避批评，许多小说被冠以"历史"之称，如《汤姆·琼斯》(The History of Tom Jones, a Foundling)。一些文人认为，小说尤其是那些娱乐性较强的小说充斥着令人难以置信的情节以及对生活虚假的描述，长期阅读会使人无法适应现实生活。即便现实主义倾向明显的作家也不能免于此类批评。有人就批评简·奥斯丁(Jane Austen)的小说沉溺于婚嫁与财产，很少触及当时正在进行的同拿破仑的战争。

批评家约翰逊(Samuel Johnson)专门撰文批评小说，指出这种文学类型因在形式上接近生活而祸害不浅。他认为：即使模仿现实也应有好坏之分，有的坏人本不宜模仿；邪恶固然可以出现于文学，但其描写必须使人厌恶，令人拒斥。

作为一种面向市场的商业文化，哥特小说在趣味方面明显偏向大众的喜好。在内容与写作手法上，哥特小说以制造诱惑为目的，沉溺于刺激欲望，煽动情绪。《修道士》详尽描写了主人公安布若西奥受魔鬼诱惑逐步堕落的过程，对其罪恶经历，如与玛蒂尔德的性行为、对安东尼娅的奸杀等，小说事无巨细均泼墨淋漓，以当时的社会规范衡量，可谓肆无忌惮。小说的描述不仅超越了当时社会的道德底线，还涉亵渎宗教之嫌。身为神父的安布若西奥每日面对挂于墙上的圣母之像，并未引发其崇高信念，却令他想入非非。

《奥特朗托城堡》虽无此类描写，但通篇以诙谐幽默的口吻叙述人间的生死与离合，明显缺乏道德感和西方文学中所谓的"诗的公正"。《修道士》中安东尼娅之死同样有违常情。就大多数作品而言，哥特小说是一种宣泄型、娱乐型的文学（18世纪早期批评家艾迪生认为，恐怖与怜悯本身就能够产生快感），虽然并不公然挑战道德，但扬善抑恶并未占据中心地位。克拉里夫的《英国老男爵》自我标榜以道德教育为目的，是这类小说中少有的例外，但即便如此，小说中的谋命篡位者也未得到真正惩罚。另外，多数女性撰写的哥特小说虽无露骨的描写，却同样因沉溺于漫无边际的想象、违反新古典主义的创作原则而为人诟病。最有名的拉德克利夫，其小说也缺乏明显的教育意义。哥特小说的中心人物（哥特主人公）通常并非"高大全"式的正面人物，而是集优劣特征于一身、有血有肉的常人（菲尔丁式的人物），他们几乎个个都是兼有迫害者与被害者特征的两面人，作者纵有教育意图，也并未选择合适的人物与情节来表达。

　　哥特小说之缺乏教育性远不止于道德层面。新古典主义者认为，文学的教育意义还应包括尊重事实，培养读者的洞察力与判断力。因此，一部好的作品，其各方面的水平应该在多数读者之上。哥特小说的情形恰恰与此相反。浪漫主义时期的作家很少描写他们所处时代的社会现实。从沃波尔、拉德克利夫到司各特和玛丽·雪莱，这一时期的小说家对当时的现实漠不关心，至少在表面上并未直接评论社会现实。同时，哥特小说如同当代通俗文化，并不挑战受众的理解能力或试图提高其欣赏趣味，小说作家受利益驱使，往往会投读者所好，迎合最大读者群体的趣味与爱好，因此许多小说充塞庸俗低级的成分。著名诗人和批评家柯勒律治如是描写、阅读通俗小说："把它称作一种乞讨式的白日做梦，做梦者大脑中除了慵懒与病态的伤感之外一无所有。"柯勒律治的批评似乎失之绝对，但一大部分哥特小说确实以描述超自然力和恐怖为主要内容，以追求感官刺激为主要目标，在当时其文化地位颇似今天的好莱坞电影和热门电视剧，虽深受中下层百姓喜爱，却常为社会精英所不齿。小说家奥斯丁（Jane Austen）曾写过一篇讽刺哥特小说的准哥特小说《诺桑觉寺》（*Northanger Abbey*），其主人公凯瑟琳·莫兰德沉迷于哥特小说的虚幻世界，尤其喜欢安·拉德克利夫的《尤多尔佛之谜》，将现实生活视作一部哥特小说，认定东家旧宅乃藏有恐怖秘密的哥特城堡，结果自寻难堪。奥斯丁的小说代表当时许多批评家的意见，他们认为哥特小说充斥光怪陆离和令人毛骨悚然的鬼怪情节，宣泄的意味浓烈，并不能帮助读者更为深刻地认识世界，也难以令人深思。即使表面上充满宗教和道德成分的《游魔梅尔莫斯》，其作者也称其目的并非道德说教。马楚林给司各特的信中坦承："我无力感动人，也不指望教育人，以我的戏剧或其他作品催人流泪，教育心灵。所以，我希望他们会让我做我之擅长，坐在我的魔缸边，配制我的神秘药剂，看着气泡冒出，精灵升起。在苍白朦胧的灯光下，我会给他们展示'最令我愉悦'的东西。"一位评论家指出："《游魔梅尔莫斯》叙事结构固然由其宗教思想决定，但小说在想象方面的冲击力并非来自拯救与惩罚等思想，而来自书中描述的人类对恐惧、恐怖和压迫的反应。"宗教主题其实是这部小说对文学道德要求的敷衍，吸引读者的主要是那些耸人听闻的描写。对于囊中羞涩、急需出书还债的马楚林而言，小说的宗教思想是幌子，赚钱才是真正目的。

　　其实，西方历史上不乏为通俗文化辩护的理论家与文人，早期比较有名的有意大利文艺复兴时期的理论家卡斯特尔维特罗（Castelvetro）。他翻译过亚里士多德的《诗学》，支持其中有关"三一律"的主张，但也一反贺拉斯等人的立场，认为诗（在古代这往往泛指文学）可以纯粹用于娱乐目的，未必具备任何教育意义。

他指出，诗"应该选择能让普通百姓理解并使其开心的题材""为庸俗、普通的人民提供娱乐"，因而被认为是通俗文化理论的鼻祖。卡斯特尔维特罗的观点在文艺复兴时期很有代表性，当时市民文学的一大特点就是注重娱乐性，说教的成分较之中世纪文学明显减少，典型的例子有薄伽丘的《十日谈》。英国更是个以实用主义著称的国家，即便在新古典主义如日中天的时期，英国文学所遵循的规则也与欧洲大陆有所区别。18 世纪，批评家休谟背离古人倡导的文学双重功能原则，主张诗歌的目标是"通过激情与想象使人获得愉悦"。对于小说而言，娱乐功能的重要性并不低于甚至超过其教育功能。理查逊等人的所谓教育小说声称旨在教育读者，但从其内容看并无多少真正的教育意义可言。在形式方面，与时常艰涩难懂的严肃文学相比，通俗文学浅显平白，题材平民化，甚至庸俗化，易被大多数人理解与喜爱。《巴黎圣母院》开始时一幕生动展现了严肃文学与通俗文学的区别：剧作家、诗人格兰古瓦精心编写、导演的戏剧刚开演，众人的目光全被舞台附近的狂欢表演吸引过去，任凭他与演员如何声嘶力竭，其声音全被滑稽表演引发的阵阵爆笑所湮没。格兰古瓦如果意识到文学娱乐化是文化市场化的必然结果，他的心态可能会平静些。引领通俗文化的是市场这只无形之手，并非创作者的主观愿望。柯勒律治等人的批评也找错了着力点。

　　哥特小说是通俗文化，因而也是相对肤浅的文化。在文化精英主义者眼中，文学是人类智慧的精华，是只有少数人才能企及的"阳春白雪"，普通百姓无法理解与评判文学作品。资本主义的到来打乱了原有的社会精英对文化以及文化定义的垄断，市场推动了文化的民主化。市场的介入不仅使出版发行的方式发生改变，文化的内容也随之发生革命性的变化。小说等通俗文学往往反映普通人的好恶、道德水平、欣赏习惯和理解能力。比如，哥特小说以刺激想象力见长，但小说激发的想象多与凶杀、奸淫等内容相关，难以发人深省。同时，从作品的整体情形看，哥特小说在政治立场上大多显得四平八稳、中规中矩。作为一种商业文学，哥特小说"得罪"不起人。这种小说虽然在总体上反映了中产阶级的某些喜好和意识形态，但尽力避免冒犯当时英国社会主要政治力量中的任何人。这一要求大大限制了哥特小说认真探讨任何社会问题的潜力，因此这类小说只能转而关注较为肤浅、无关大体的感官印象与刺激。当今学术界普遍认为，通俗文化难以成为推动社会发展的进步力量，这一点对哥特小说同样适用。

　　批评界常为哥特小说究竟是一种保守还是激进文学争论不休。除了政治上立场含糊外，哥特小说在其他许多方面也是一种矛盾混合体。例如，哥特小说虽然迎合大众趣味，刺激甚至低俗的内容充斥字里行间，但与薄伽丘的《十日谈》和乔叟（Geoffrey Chaucer）的《坎特布雷故事集》(The Canterbury Tales) 等时常嘲弄上流社会人物与父权社会的欧洲早期市民文学有所不同，往往包含相当保守的政治思想。婚姻仍然讲究门当户对，而受到冲击的旧贵族制度在故事末尾通常得到恢复。

　　文化的中心是人，所以不同文化之间的差别往往会落实到区分人的其他类别中，如阶级和性别。新古典主义理性文化以工整、含蓄、严肃和克制为主要特征，是一种男性化的官方文化，奔放、充满激情的、以哥特小说为代表的 18 世纪通俗文化则是一种女性化的感性文化、平民文化。哥特小说所代表的通俗文化与新古典主义文化的关系犹如精神分析理论中的"本我"之与"超我"。新古典主义与理性文化代表的是社会规范，即弗洛伊德所谓的"父亲的法律""超我"，通俗文化因包含为这种规范所不容的欲念与冲动而接近该理论中的"本我"。规则与法律象征父亲的权威，欲念与冲动则来自母体，是一种无序甚至是歇斯底里的能量。小说是后者的载体。首先，这一文学形式从一开始就带有浓重的女人味。资本主义之前的社会里，诗歌等文学形式是上流社会的"特权"，文学创作还是一种男性主导的活动，女性无立足之地，纵有写作，也难面世。商品文学小说的出现使女性无须获得庇护，通过市场机制就能发表作品。在促进妇女参与文学创作与出版中，小说发挥了不可估量的作用。其次，出身市场的小说来到世间便是一种非官方文学，能给予个人情感与欲望以更多的表达空间。在弗洛伊德看来，情感与欲望虽非女性特有，却是人体内高度女性化、具有潜在颠覆性的能量，而小说正是蕴含此类能量最为集中的文学作品。哥特小说在 18 世纪文坛毁多于誉，一大原因是其浓重的女性味。在 18 世纪末 19 世纪初浪漫主义盛行的这段时期，除理查逊、菲尔丁、斯特恩和斯沫特莱四人的作品外，其余小说皆被认为是"流通图书馆里的垃圾"。从这些"例外"名单中不难发现，性别可能是小说遭贬的重要原因。华兹华斯对拉德克利夫小说的嘲笑、柯勒律治对刘易斯的贬斥多少反映男性精英主义者对女性文学的鄙视。当时的女性小说著作颇丰，但由于男性及其新古典主义文化主导着话语霸权，掌握对文学作品的评判权，这些作品大多难登大雅之堂。难怪奥斯丁（Jane Austen）在 18 世纪末尚需在《诺桑觉寺》(Northanger Abbey) 中为女性小说鸣不平。谈起小说，作者语带嘲讽地写道：由于傲慢、无知或时尚，我们的敌人几乎和读者一样多。一个人要是能将一部《英国历史》简缩成原来的九百分之一，或在其书中收集几十行弥尔顿、蒲柏和普赖尔的句子，《观察者》中的一篇文章和斯特恩的一章，会受千人追捧，而对于小说家，似乎大家都想批评其能力，贬低其劳动，对其表现出的才能、智慧和品位嗤之以鼻。"我不读小说——我很少看小说——别以为我常读小说——这对一部小说而言确实不错了。"这就是人们常听到的论调。

18 世纪小说（尤其是哥特小说）所遭受的指责与后人对通俗文化的某些批评十分相似。现代社会给推动现代化的力量赋予了阳刚的色彩，而与其相对的大众则开始带有女性、阴柔的外延。法国作家龚古尔兄弟对他们时代中的大众文化（指连载小说、大众杂志等）同样不屑一顾，称其为"下流的小玩意儿、街头妓女的回忆录、卧室里的表白、色情淫秽之作和在书店的橱窗里撩起裙摆招人耳目的丑闻"，而真正的小说则是"严肃而纯洁"的。大众化的文学对爱情所做的是"临床诊断式的描写"。作家、艺术家对大众文化表露的鄙夷，反映的其实是现代主义文艺对通俗文化的惧怕：大众文化如同一个能量无比的怪物，通过其规模巨大的产业机器吸纳、侵占着现代主义文艺的空间，而困守一隅的传统艺术家一再试图固守原有的领地。耐人寻味的是，两者的较量具有浓重的性别色彩，无论 18 世纪对哥特小说抑或现当代社会对大众文化，负面评论时常有性别针对性。大众化的文化形式被赋予女性色彩，除了心理学层面的原因外，还因为哥特小说等大众性文艺作品通常诉诸大胆露骨的声色描写以达到其商业目的，好似一个以色相诱人的女妖。女性形象自古象征欲望而又高度情绪化，是官方文化表达其文化立场的一个顺手比喻。同时，女性社会地位相对低下，将大众文化比作女性符合批评者贬抑这种文化的意图。

值得注意的是，在涉及大众文化的比喻中，女性通常是一个充满"威胁"的形象。在男性主导的现代社会看来，"大众"显然与女性一样，是一股充满欲望、变化无常而难以控制（因而需要控制）的力量。"大众"在哲学家尼采眼里就有女性特征。对于二者的共性，法国心理学家赖朋所著的《大众心理学》如是高论道："天下群眠皆有女性特征……如同女人，群氓之情绪会旋即走向极端。"[1] 这段论述也反映，对于大众文化的性别化批评与其说出于畏惧女性本身，毋宁说与大众文化那种女性式表达情感、欲望和释放能量的方式有关。大众文化不同于严肃文化，无须遵从任何成规，其唯一考量是市场。而为获得最佳市场效果，大众文化往往需要在形式与内容上突破或违反传统和严肃文化所制定的规则。所以，我们将哥特小说称作大众文化或通俗文化，根本原因是这种小说在当时是一种非官方的文学，包含为官方与精英文化所不容或至少不赞许的欲望和感情，其思想内容因可

---

[1] Gustave Le Bon. The Crowd: A Study of the Popular Mind [M].New York: Dover Publications, Inc., 2002.

能危及社会稳定而需要受到控制。事实上，18世纪上层文化的捍卫者猛烈抨击小说主要正是因为这种文学沉溺于感情，其描写可能"刺激激情"，向人"灌输出格的思想"，甚至导致"犯罪倾向"。当时，甚至有人将哥特小说称为恐怖主义文学。对于小说的"危害"，约翰逊在评论传奇与小说时指出，小说较传奇更接近生活，更容易成为读者模仿的对象，对读者影响深重，因此常是年轻人、无知和游手好闲者的生活教材。哥特小说介于二者中间，但在描写人物方面更接近写实主义小说。

　　总之，新古典主义是一种自上而下的、父权式的文化，代表着秩序的严厉，哥特小说则是纷乱、扰动、自下而上、充满诱惑的母性式文化，代表欲望的力量和破坏潜能。在风格上，新古典主义刻板、严肃，哥特小说则是一种开放式的感性文化，注重感情与感受的表达，甚至宣泄。哥特小说将人人心知肚明但社会不愿面对或言及的欲望公开展示于公众面前，所以是丑闻，成为正人君子口诛笔伐的目标也不足为怪。两种文化之别说到底是规则与能量之间的矛盾。以哥特小说为主的通俗小说尽管数量可观，但并不代表当时的主流世界观，以这种小说为代表的通俗文化体现市民社会的真实品位。在哲学上，浪漫主义小说表达的是有别于启蒙时代的、以物为对象的世界观，将人、自然和神灵视为宇宙中相互联系、密不可分的部分。对于这些作家而言，现实并非一堆毫无灵知、供人占有与测量的物体，而是始终处于变化之中的一个过程。在浪漫主义小说所创造的世界里，人与鬼神、社会与自然、现在与过去的距离或界线变得十分模糊，甚至消失。在这一点上，哥特小说与稍前出现的感伤文学以及其后出现的浪漫主义诗歌一脉相承。

　　颇有意思的是，这两种风格迥异的文化均为18世纪的复古文化：新古典主义模仿的是古罗马时期的辉煌，哥特小说反映的是中世纪未必存在的自由。在历史上，黑暗的中世纪取代了璀璨的罗马文化，但新古典主义文化与哥特小说代表的通俗文化之间并非简单的替换关系。在二十来年的时间里，两者互相平衡，频繁互动，是处于两个不同层次的文化。一个社会的文化通常包含多种元素和层次，所谓主流文化也仅是在一段时期内占主导地位的阶级所倡导的文化，甚至可能是少数人的文化。18世纪的英国也不例外，当时有官方文化与实际文化之分。处于官方文化地位的是主要由法国思想家狄德罗和伏尔泰等人代表的理性思想与启蒙运动，感伤主义和哥特小说（甚至大部分18世纪小说）则处于通俗性的非官方文化。新古典主义在欧洲的影响从17世纪晚期一直延续至18世纪后期，而其后半部分也是以感伤小说、哥特小说和浪漫主义诗歌为代表的感性文化红极一时的阶段。

两者在 18 世纪的很长时间内是平行共存的，并非严格的对立关系，两种文化甚至互相依存、互相作用。单看哥特小说与浪漫主义的起源本身就足见两种文化的紧密联系。不论浪漫主义文学所包含的传统文化因素，若无理性思想和新古典主义文化的"压抑"，就不可能出现 18 世纪中后期感性文化和浪漫主义的爆发。从沃波尔、华兹华斯和柯勒律治等人发表的公开宣言看，哥特小说和浪漫主义诗歌兴起的根本原因正是官方文化对感情、想象力和创造力的压制。沃波尔在《奥特朗托城堡》第二版序言中为自己的创新之作辩解。虽然他称新旧两种传奇（原文为 romance, 中文可译为小说或传奇）各有长短，但新古典主义显然是触发其革新的主要原因——事实上，正是为了抵抗所谓的新古典主义"文学暴政"的存在，沃波尔才需煞费苦心地搬出莎士比亚来为自己撑腰。三十多年后，当华兹华斯和柯勒律治出版《抒情歌谣集》时，他们以极为相似的理由为这种全新诗歌的问世而辩护。从两篇宣言所隔时间之长也可窥见，尽管 18 世纪后期感性文学大行其道，但其流行并未撼动新古典主义的主导地位。事实上，哥特小说虽然在叙述方面沉溺于远离现实的恐怖与鬼怪，恶棍和妖魔鬼怪对原有的封建秩序能够造成一定的冲击，但故事末尾这些破坏者均为正义的力量所击溃，原有的秩序也会得到恢复。这种相当保守的结局其实更符合理性思想和新古典主义文学的一贯做法。许多学者指出，暂时的破坏最终反而巩固了原有的秩序，所以表面上激烈、狂暴的经典哥特小说实际上在彰显秩序与规则的力量。拉德克利夫似乎刻意在浪漫主义的感情与新古典主义的理性与规则中求得平衡，爱弥丽、艾丽娜和维瓦尔蒂等人虽多愁善感，但他们的重大选择从不失却理性，在关键处从无过激、失虑行为。男性小说中的男主人公，如《奥特朗托城堡》中的西奥多和《修道士》中的罗伦左，还在恋人死后十分理智地选择有利于加强自己地位的女性为伴。这种情节安排也许是为掩护小说内在的激进或颠覆成分，但哥特小说既然需要这种掩护，就说明理性思想在当时仍然占据主导地位。

三、对精英文化的补充性

哥特小说在 18 世纪后期起着补充和平衡精英文化的作用，当时的英国民主化和自由程度远不如今日之西方社会，社会总体上仍相当保守，政治以压制之严厉著称。而一种专制制度若需保持相对稳定，必须在感性层面留有宽容的空间，何况在一个个人主义倾向逐渐加剧的社会，人们更需要一种能够表达、宣泄贴近自己的、个人的感受与感情的渠道。在今天的西方社会，人们有基本畅通的多种渠道表达自己的政见与想法，通俗文化的宣泄作用已大不如前，并且当今西方的通俗文化高度产业化，尽管在意识形态上仍不能与官方立场混为一谈，但大多由以大商业集团为中心的文化产业所操控，成为西方社会事实上的主流文化，领导和左右着民众情绪。哥特小说在一些重要方面（如结局）仍然遵循主流意识形态，但其形式和风格与新古典主义精英文化南辕北辙。例如，与当今西方一些恐怖与暴力影视节目一样，哥特小说的叙述过程表达了人们想做却不敢做的事情（潜意识中的冲动）。对于 18 世纪后半期的英国中产阶级而言，这种小说包含不完全等同于官方意识形态的文化成分，阅读与写作哥特小说是人们把玩与表达市民价值的重要途径。在风格上，哥特小说的张扬与放纵是对新古典主义的简约与规矩的补充。两种文化现象的并存，说明通俗文化在英国 18 世纪的社会与政治平衡中起着不可或缺的作用。

哥特小说与新古典主义文化的关系又如同审美之于逻辑。伊格尔顿曾经说过，审美与逻辑的关系堪比姐妹，审美是女性"在感性生活层面对理性的模拟"。审美是具体的感受，处于实际生活这一基础层面，理性与逻辑是抽象的、一般的概念，人做出理性的判断需要以审美为基础。哥特小说是一种重气氛和审美趣味的感性文化，以新古典主义为主的上层文化则注重理性和逻辑。二者看似矛盾，实则互相依存：哥特小说同时包含两种成分，其感性的过程是理性结局的铺垫。在沃波尔和刘易斯的作品中，若无叙述过程展现的黑暗与恐怖，读者恐难轻易接受男主人公后来的移情别恋。《奥特朗托城堡》中的篡夺者曼弗雷德为保住其位，惊动阿尔方索鬼魂，造成一系列恐怖现象。对于西奥多而言，伊莎贝拉代表正宗与合法，而玛蒂尔德继承谋杀与篡位者的血脉，可能再次带来恐怖。小说中的恐怖描述其实是作者劝导读者接受最后安排的过程。同样，在《修道士》中，罗伦左若选择安东尼娅也会违反社会规范与传统，必将重复安东尼娅父母经历的痛苦（安布若西奥和安东尼娅，连同他们共同经历的恐怖，都是这一不幸婚姻的苦果），因而舍弃安东尼娅选择弗吉尼娅是一个合乎理性的决定。拉德克利夫的小说与此类似，只是她解决矛盾的方法不是更换女主角，而是改变她的社会地位。在《意大利人》里，拉德克利夫让艾丽娜同样拥有贵族血统（但地位远低于侯爵家），同时降低传统婚姻的门槛为二人结合扫清了障碍——侯爵维瓦尔蒂得知艾丽娜的真实身份后，接受了儿子的选择。小说叙述过程中释放的恐怖气氛使后面理性化的情节干预显得不再牵强附会。在这里，审美与逻辑、理性与感性是相配合、互不可缺的关系。

从社会发展历史的高度看，代表通俗文化的哥特小说与代表正统文化的新古典主义是分属于两种不同经济形态和生产方式的上层建筑。父权色彩浓厚的新古典主义文化对应大规模工业化前的非资本主义经济模式，而哥特小说虽沉溺于中世纪传奇风俗与传统，却依赖市场实现其流通与价值，与资本主义的发展休戚相关（这一点颇具讽刺意味）。哥特小说的复古形式只是一个肤浅的表面，这种文学代表推动资本主义生产方式的强烈物欲。通俗与精英两种文化的此消彼长体现的是两种生产与生活方式在 18 世纪后期的最后较量。

　　尽管如此，哥特小说因包含过多自相矛盾、跨越界线的成分而难以简单归类。比如，哥特小说宣扬想象与感情宣泄，并沉溺于远离现实的荒诞情节，与启蒙运动所倡导的理性思想背道而驰，但哥特小说也是启蒙思想的一种表达形式。在启蒙运动的倡导者看来，科学与知识无所不能，人类凭借知识的力量能够解决世上一切问题，因此任何不能被置于理性控制之下的事物均是恐惧之源。这些事物主要包括感情、欲望以及恐惧等科学尚难解释的领域。哥特小说将这些感受描绘得无比恐怖与黑暗，突出反映笃信知识万能的人们在科学无能为力时的窘境。又如，哥特小说虽包含浓重的贵族父权思想，却又释放出叛逆性的至少为贵族阶级、父权社会所不容的欲望与能量，并因此常为上层保守势力所诟病。即使在写作风格与文学质量上，对于哥特小说的批评也不能一概而论。流传至今的所谓经典哥特小说毕竟不同于拙劣的模仿品，文学价值与艺术水平远在其上。拉德克利夫的小说尽管具有现代大众文化的诸多特色，却也显示严肃作品的文学功力，艺术水平与其知名度大致相称。拉德克利夫的作品常以笔触细腻见长，在描写人物与环境的关系以及制造悬念方面，很多英国小说难以望其项背，甚至为我们今天公认的严肃作家（如玛丽·雪莱和拜伦等）所模仿。刘易斯的《修道士》也非一无是处。尽管此书广遭非议，但作者意图仍是写作一部严肃小说，主要争议在刘易斯于作者名后面添加头衔"MP"（即议会议员）之后而起。即使对其大张挞伐的柯勒律治，也承认小说出自"非同寻常的天才"，不无价值。当时王后的财务主管、白金汉宫的图书馆馆长、格雷诗集的编辑托马斯·马西亚斯认为，《修道士》一书是对基督教的公然挑战与亵渎，刘易斯应受法律制裁，但也承认该书作者不乏天才与想象力，书中有富含诗意的描写。马西亚斯对刘易斯的批评是 18 世纪末 19 世纪初英国主流文坛评价哥特小说的缩影：反复无常，褒贬不一。18 世纪的主流批评家并非患有性格分裂症。质量低劣的文学作品市面上俯拾皆是，大作家、名批评家独为哥特小说而义愤填膺，根本原因是哥特小说本身包含混杂不一甚至互相矛盾的特性：这是一种想装成上层文化，在风格上却主要体现通俗色彩的混杂文学，既有通俗文学的特征，又包含不少西方传统、正统文化的因素。

第二节　哥特小说的雅俗性

一、包容性

哥特小说的混杂特征与小说这种文学的强大包容性有关。俄罗斯文学理论家巴赫金在阐述"对话论"时指出，小说不同于以前出现的各种文学形式，不仅能容纳多种视角与声音并使之发生对话，还可能成为其他诸多风格甚至文体的载体。包容性使小说在思想内容和素材方面呈现此前的文学类型少有的多样性，哥特小说尤其如此。作为一种通俗文学，哥特小说在形式与风格上明显倾向市民、大众的口味，但又包含大量新古典主义和理性思想的成分，并频繁利用传统和主流文化的素材。所谓包含并非简单的存在或出现，传统、精英文化是哥特小说的重要组成部分。在哥特小说里，这些文化成分带有浓重的表演色彩，是作者用来传达某种信息的符号。

沃波尔的《奥特朗托城堡》里就有多种传统与精英文化的成分。在这部小说里，被害的城堡前主人阿尔方索灵魂现形，从画像中走出，惊吓生者，最后使谋位害命之真相大白于世，篡夺者曼弗雷德被迫放弃爵位，入修道院为僧。这一情节借鉴了莎士比亚的戏剧《哈姆雷特》（ *The Tragedy of Hamlet, Prince of Denmark* ）的情节在《哈姆雷特》中，丹麦原国王被其弟克罗迪斯谋害，克罗迪斯娶嫂为妻，篡取王位，从而剥夺了在外求学的王子哈姆雷特的继承权。这一非正常的权力交替背后所藏的罪恶本可瞒天过海，孰料王子哈姆雷特回国后，其父之魂向他现形，告之以王叔谋命篡位之事。王魂显形也将矛盾推向深入，成为最终导致悲剧的第二个重要原因 [1]。贯穿《奥特朗托城堡》与《哈姆雷特》两部作品的都是谋杀与篡夺、合法与非法的斗争，在两个故事中最终也都是死者之魂从坟墓爬起，或惊吓生者，或帮助人世间拨乱反正。《奥特朗托城堡》还吸收了其他莎剧的情节，如《麦克白》（ *The Tragedy of Macbeth* ）。《麦克白》讲述的也是一个谋杀和篡夺爵位的故事，且两个作品都涉及一个神秘的预言。剧中苏格兰大将麦克白为国王平叛御敌立功，归途中遇见三个女巫。女巫预言他将成为苏格兰国王，但无子嗣继承

---

[1] William Shakespeare. The Tragedy of Hamlet, Prince of Denmark[M]. New York: Ainnont, 1965.

爵位，其同僚班柯将军之后会成为国王。在妻子的撺掇和怂恿下，野心勃勃的麦克白杀害了国王邓肯（也是其表兄）篡夺爵位。为巩固其位，也为防止那个恐怖预言成为现实，他还杀死了所有可能夺取其位的人，包括班柯。但心怀鬼胎的麦克白无法平静地久占其位，最终被邓肯之子击败并取代。麦克白为阻止预言实现而做的努力，最终反倒促使其变为现实❶。《麦克白》中的预言和结局与《奥特朗托城堡》的情形非常相似。《奥特朗托城堡》书中古老的预言称，当实际占据奥特朗托城堡的家庭大到城堡无法容纳时，该家族将失去城堡及其相应的爵位。对于自己所占之位是否合法，曼弗雷德心知肚明，他匆匆为其独子康拉德结婚娶妻，目的是早得子嗣，保住祖先窃得之位。但冥冥之中似有一股力量阻挠其企图得逞，就在曼弗雷德准备为儿子举办婚礼的当天，教堂前一个巨大的头盔将羸弱多病的康拉德砸成肉饼。眼看计划落空，曼弗雷德改弦更张，欲强娶儿子的新娘伊莎贝拉为妻，再续香火。在此过程中，城堡和爵位的合法继承者西奥多出现在奥特朗托城堡，最终使城堡和爵位易手。随着西奥多取代曼弗雷德而成为奥特朗托城堡的主人，一段尘封多年的篡位害命案终于浮出水面并得到平反昭雪。除了篡位主题外，《奥特朗托城堡》还借鉴了《麦克白》剧中谋杀发生后超自然力量显现这一情节。沃波尔的人物描绘也与莎士比亚有雷同之处。据说，沃波尔通过研究《哈姆雷特》中掘墓人的言行举止以及《裘利斯·凯撒》中罗马公民的粗鲁玩笑，发现主人公的严峻与仆人的天真形成的鲜明对比效果不凡，因此着意仿效。在创作原则方面，沃波尔模仿了莎士比亚将悲喜剧因素（幽默与诙谐、庄重与尊严）混合于一剧的创新手法，对此，当时的评论者颇有微词。

　　哥特小说对传统文学的大量模仿与搬用难免招来剽窃之讥，但这种搬用有别于通常意义的抄袭。哥特小说对传统文化的利用与借鉴不仅并未遮遮掩掩，反而大书特书，唯恐世人不知，颇不寻常。《奥特朗托城堡》的作者沃波尔在第二版序言中公开承认"自然的大师莎士比亚是我模仿的对象"。《奥特朗托城堡》首版序言自称乃一篇产生于中世纪意大利的佚名遗作，沃波尔未署真名，透露自己仅为一偶有所得的译者。此书一出即获得相当好评，沃波尔深受鼓励，斗胆站出来承认自己的作者身份，并在第二版序言中阐明写作原委。他声称，古代的小说（或说传奇更为合适）充满想象与荒诞的情节，今人作品虽忠实于生活却因过分拘泥于现实而堵塞了想象之清流，他的这部小说则具有融合与协调古今两种小说的特点。《奥特朗托城堡》第二版面世后，《每月评论》一改此前近乎恭维的评价，做

---

❶ William Shakespeare. The Complete Works[M]. London: Collins, 1951.

出如是反应：当时我们以译作看待《奥特朗托城堡》，乐于包涵其荒诞不稽的内容，视其为对一个粗暴、不开化时代的祭礼。但在这一版，小说作者宣称此乃一现代作品。对于一个我们信以为真的远古时代所带有的瑕疵，我们曾经给予宽容，但这种宽容绝对无法转赐予开化时代一篇怪诞的伪作。事实上，一个颇具修养、学识和天分的作者竟然公开倡导重兴哥特式魔鬼崇拜中的野蛮迷信，更为令人不可思议！

二、对古典主义借鉴与模仿

在 18 世纪中叶的英国文坛，新古典主义如日中天，即使迟至 18 世纪末，华兹华斯和柯勒律治等人仍尚需以檄文式的宣言（《抒情歌谣集》第二版序言）宣告浪漫主义诗歌的诞生。可见，古典主义在当时的影响之深广。哥特小说是浪漫主义文学的先驱。在理性、平衡和模仿现实等新古典主义原则主导的文坛，一部靠装神弄鬼、玩噱头的小说肯定难以为上层文化容忍。从上面引述的批评不难看出，《奥特朗托城堡》令文学权威最难容忍之处是对通行规范与权威的挑战。沃波尔对此似乎准备充分，他大量借鉴和吸收莎士比亚戏剧的因素并点明其模仿对象，意在防范此类攻击与贬斥，为其独特风格辩护。沃波尔显然明白，鉴于古典主义在当时官方式的垄断地位，任何与之相悖的文学风格都难以崭露头角，获得文坛认可纯属奢谈。若欲有效突破这种传统与规范的禁锢，非借助地位更高、更有影响力的文学权威不可，而莎士比亚作为公认的英国文学泰斗，无疑是最佳选择。在 17、18 世纪，莎士比亚对英国文坛的影响至深。有人指出，对于艾迪生、德莱顿、约翰逊等文人与批评家而言，文学理论在一定程度上必须符合莎士比亚作品的风格与做法。新古典主义的倡导者为了颂扬莎士比亚甚至不惜将他们一贯恪守的原则暂搁一边。约翰逊就十分慷慨地原谅莎士比亚违反"三一律"，对于莎士比亚戏剧中频繁出现的超自然现象，他认为"忠实于自然"，不影响其可信度，莎士比亚于英国人之重要可见一斑。面对可能出现的种种指责，沃波尔声称自己有"比我个人意见更高的权威"为其"大胆"的创作方法撑腰，他可以躲在英国"最耀眼的天才所创造的标准"下寻求保护。事实上，不仅沃波尔公开寻求莎士比亚余威的荫庇，后世的哥特小说作家大多依靠模仿或频繁引用莎士比亚的作品作为抵御责难的挡箭牌。与《奥特朗托城堡》最为接近的是克拉拉·里夫的《英国老男爵》。小说的主人公是个名叫爱德门德的"农家子弟"，因才华出众为一贵人、男爵菲兹欧文收留于家中，男爵待其甚善，不想年轻人的才华招致贵族家中子弟嫉妒。后在贵族菲力普男爵的帮助下，爱德门德证明了自己的真实身份：其父是为人所害的男爵，即这一封地的前合法主人，他本人是其合法继承人，15年前谋害其父的是自己的叔父沃尔特爵士，而母亲在逃命时将自己遗于野外，后为农家收养。男爵菲力普初见爱德门德时，就因其相貌酷似死去的朋友，对其颇有好感。在菲力普及死者鬼魂的帮助下，谋位害命的沃尔特最终得到惩罚，封地和爵位得以完璧归赵，而爱德门德也同他心仪的姑娘爱玛喜结良缘。除了在情节上略显简单外，这部小说几乎是《奥特朗托城堡》的翻版，在思路上同样采用《哈姆雷特》中死者现身帮助生者纠正冤案的手法。

鉴于莎士比亚的地位与影响力，借鉴其风格与情节不仅能抵挡指责，还能提高哥特小说的社会地位。《奥特朗托城堡》等小说在当时的文学界看来是轻佻低俗的作品，是取悦于"下里巴人"的通俗文学。尽管18世纪尚未提出这一概念，但文化的等级之分古而有之。据统计，《奥特朗托城堡》一书共出了约115版，应是18世纪最为接近"大众文化"的文学作品之一。前面已经指出，小说在18世纪地位不高，哥特小说尤其如此。无论是中产阶级阅读的小说抑或劳工阶级喜好的故事本，在知识界和上流社会素来名声不雅，常为"正统作家"所不齿。更有评论者指出，在18世纪，传奇（其中一大半显然是哥特小说）可能是名声最差的一种文学。有人如是评价沃波尔及其小说："除了这部小说外沃波尔先生还写过其他许多东西，他的作品不能以一个职业文人的标准来衡量，而必须看作一个上等人打发闲暇的娱乐。"即使某些方面风格相近的浪漫主义诗人也对哥特小说颇有微词，他们与当时期刊的调子大同小异，认为哥特小说趣味低下，有损英国国民的品位和道德。来自主流文化的攻击将哥特小说作者置于一个左右为难的尴尬境地：一方面，主流作家与文人控制着舆论，对于有志于体面文学的作者，出版任何作品都需顾及他们的意见；另一方面，作家必须考虑小说的最终消费者普通大众的喜好和接受程度，"阳春白雪"的作品难免曲高和寡，叫好不叫座。在市场与名声之间的两难选择中，哥特作者所取的是一条代价较小的捷径：他们借鉴某些传统文化，尤其是莎士比亚戏剧等经典文学作品的因素，既不影响其娱乐性，又能大幅提高其艺术形象和社会地位。沃波尔还尽量遵从古典主义原则，如所谓的"三一律"。莎士比亚以违反此原则而著称，因此沃波尔此举可能意在形式上对新古典主义教条做出让步（或曰讨好更为恰当）。另外，沃波尔还模仿18世纪主流文人的风格（如斯威夫特和蒲柏），频繁运用讽刺手法。

《奥特朗托城堡》的众多模仿作中，乳臭未干的马修·刘易斯（写作时年方19岁）那部因亵渎和淫秽而臭名昭著的《修道士》也包含诸多传统文化因素。《修道士》借鉴莎士比亚最明显之处是饮药假死这一情节。莎士比亚经典悲剧《罗密欧与朱丽叶》（*Romeo and Juliet*）中，来自两个世仇之家的年轻恋人为追求自由爱情，计划通过饮药假死将朱丽叶从坟场中解救出来。这种药物能使饮用者在一段时间内呼吸停止，给人以死亡假象，但其后会自动苏醒。《修道士》也让女主人公饮药假死，只不过不为爱情，而是奸淫。神父安布若西奥受玛蒂尔德引诱，变得欲壑难填，要求玛蒂尔德施用法术帮助他占有少女安东尼娅。玛蒂尔德为他提供了类似《罗密欧与朱丽叶》剧中的一种药物，安布若西奥利用家访机会投药于食物中，造成安东尼娅死亡假象。安东尼娅"死"后，其棺椁安放在教堂的地下室，她苏醒后等待她的是色狼神父安布若西奥的魔爪。这一情节模式后来几乎成为哥特小说用来哄人的"标准噱头"。

哥特小说模仿莎士比亚戏剧并非只因其文学地位崇高。18、19 世纪，小说作者对中世纪以及更早时期的欧洲大陆知之甚少，他们对地中海沿岸国家的相关知识大多来自莎士比亚等人的剧作。有学者认为，哥特小说所描写的欧洲大陆实际上是英国文艺复兴文学中（尤其是伊丽莎白时代）的意大利。例如，《游魔梅尔莫斯》中有一个 17 世纪西班牙的化装聚会，其描述即来自莎士比亚的喜剧。有的作品，如索菲亚·李的历史哥特小说《幽穴》，本身说的就是伊丽莎白时期的事。哥特小说的此类借鉴是否有意表达何种信息尚待探讨，但哥特作家似乎并不希望隐藏他们利用莎士比亚的意图或事实。刘易斯的《修道士》在第一章之首就引用了《一报还一报》（*Measure for Measure*）涉及安杰罗的几句台词，安布若西奥与安杰罗的可比性一目了然。这种暗示即便对理解情节无甚实用价值，也能醒目地标志该书与莎士比亚戏剧的关系。

如果莎剧影响并未使《修道士》的品位有所提高，加入《浮士德》的因素倒使这部本来相当低俗的作品增加了一层道德光环。浮士德是产生于欧洲中世纪民间文学的传奇人物形象，他为获得超人的能力而与魔鬼签订契约，出卖自己的灵魂。这一传说在欧洲耳熟能详，而刘易斯又精通德语，曾为拜伦口头翻译过歌德的改编作。《修道士》中的新僧罗莎里奥实为魔鬼委派前去引诱神父安布若西奥的女子玛蒂尔德。安布若西奥经不住诱惑，在犯下奸杀安东尼娅的罪行后为教廷逮捕，关押于狱中。玛蒂尔德狱中暗访安布若西奥，为他带去魔鬼的契约，唆使他放弃灵魂拯救以换取自由。安布若西奥身为一神职人员，对宗教尚有牵挂，对拯救心存希冀，在诱惑与恐惧间痛苦煎熬，举棋不定，最后在狱吏前来提取他的一刻接受了魔鬼的条件。然而，魔鬼并未兑现其诺言。安布若西奥虽然逃脱了教廷的惩罚，却从悬崖摔下，为老鹰啄食而终。抛弃上帝、出卖灵魂的人不仅难以获得拯救，就连魔鬼也会抛弃。小说结尾的这个基督教主题在很高程度上赎回了前面对宗教的亵渎，给整个作品增添了一层正义的色彩。

与沃波尔一样，刘易斯在小说的开头主动公开自己对传统文化的模仿，甚至将其称为"剽窃"，令人怀疑其真实动机。在列出自己借鉴的一系列传说与故事后，刘易斯坦承"我已承认了我所知道的全部剽窃之处，但我毫不怀疑书中仍有多处，只是我目前对此全然不知"。有学者指出，刘易斯公开鼓噪所谓剽窃实际上是一种表演策略，是自我炒作，其意图之一是吸引读者注意书中的传统文化成分。故意承认抄袭不仅能够营造小说传承古典主义传统的表象，抬升作品的文化地位，也是一种抵御攻击的有效手段，因为小说的素材来自传统文化，批评者难免投鼠忌器。在紧随广告之后的前言中，刘易斯写了二首题为《仿贺拉斯》的颂诗，大意是自己作为作者，对于其小说即将面世心情复杂，喜忧参半。作为西方文学传统中的重要人物，贺拉斯继承与发扬了亚里士多德的文学思想，对蒲柏等新古典主义文人产生过重要影响。以其地位与影响，贺拉斯之于刘易斯，显然相当于莎士比亚之于沃波尔，是个护身符。《修道士》被普遍认为无甚教育意义，与强调文学教育与娱乐功能并重的贺拉斯拉扯关系，多少能沾点名人之光。同时，贺拉斯是西方颂诗传统的开创者（贺拉斯派颂诗被称为 Horatian Ode），著有大量有关爱情、友谊和赋诗的诗作。刘易斯模仿贺拉斯风格在文首赋诗，以文豪的口吻感慨作品命运之变幻莫测，附庸风雅之态跃然纸上。与多数哥特小说的借鉴一样，刘易斯对贺拉斯的模仿是一种门面点缀，意在为作品制造出一种文绉绉的古典质感。

颇具讽刺意味的是，这些点缀性诗作恰恰是《修道士》中极少数赢得赞誉的方面之一。据称，小说在当时备受攻击，但刘易斯仍因书中为数不少的诗作而获得了诗人的佳名，即使小说最为激烈的批评者对其诗歌也不吝褒奖之词，如柯勒律治和黑兹利特。在给华兹华斯的信中，柯勒律治称赞这些诗歌语言简练自然，是个优点。司各特认为，《修道士》一书如此流行，基本上得益于其诗作，当时的读者主要为小说中的诗歌所吸引。事实上，小说中的诗歌（尤其是传统风格的歌谣）在当时的期刊与报纸上广为转载，对浪漫主义诗人和司各特等人都产生过重要影响。有人称《修道士》中的诗歌抬升了该书的地位与档次，看来并非言过其实。另有人猜测，这些诗作之所以获得柯勒律治等严肃文人的首肯，是因为其"自然语言"与古老的歌谣一脉相承。令人啼笑皆非的是，刘易斯其实对古英语文学传统一无所知。在英国社会，文学但凡与古老传统稍稍沾亲带故，大多能身价倍增，更何况 18 世纪的英国社会又是个诗歌地位远高于小说的时代。对此，刘易斯想必了然于胸。在 1796 年为小说所做的广告中，他竟不厌其烦地一一列出书中所有诗作的标题。几首模仿古歌谣风格的诗歌为小说营造了与古老传统一脉相承的假象，成功地提高了这部小说本来相当低下的社会与文化地位。

　　对于新的文化形式或思想的开创者而言，借鉴与吸收传统文化不仅能够提升自身地位，扩大影响力，也是引导读者理解作品的有效手段。比如，莎士比亚戏剧等文学名作家喻户晓，即便目不识丁的粗人也可能略知。另外，这一做法在18世纪末期尤为必要，因为此时的小说读者较之该世纪早期在数量上有较大增长，其社会层面也定有不小的扩展，中下层百姓所占比重更为广大，加入文学名作和传统文化的成分有利于这些思想并不深刻、知识面并不宽广的读者接受这种新的文学形式。哥特小说中包含莎剧成分，即便并非为沾名人余荫，也能创造一个熟悉的文化小环境，引导读者沿着作者设计的方向去理解和思考情节。继承合法性是哥特小说的一个重要主题，在这一点上莎剧成分为理解哥特小说提供了有效的文化指导。英国传统上是个世袭社会，贵族爵位的继承权是否合法经常成为社会焦虑之源，这从英国文学中数不胜数的篡夺故事中可见一斑。哥特小说所引之莎士比亚篡夺剧成分在小说中起着评判人物与事件的作用。《奥特朗托城堡》在情节上与《哈姆雷特》相似，其中的预言又使《麦克白》成为有效参照作品。18世纪的英国读者很容易顺着《哈姆雷特》和《麦克白》等戏剧形成的思维习惯与立场去理解和判断曼弗雷德的企图，预期故事的结局。小说开始时，曼弗雷德急于为儿子安排亲事，以民间流传的那个神秘预言判断，曼弗雷德必为篡夺者无疑。随后，前王子阿尔方索塑像头上的头盔砸死了曼弗雷德的儿子，曼弗雷德却并未为失去儿子而悲恸欲绝，反倒因无人继承爵位而一时惊愕无语。小说行至中部，城堡的仆人发现，前来看热闹后被曼弗雷德关押的青年农民西奥多具有王子般的气质，而玛蒂尔德更感觉他与阿尔方索极为相似。尽管有许多细节尚待进一步澄清，但至此读者已不难将曼弗雷德与克罗迪斯、阿尔方索与哈姆雷特之父和西奥多与哈姆雷特（还有玛蒂尔德与莪菲丽亚）一一"对号入座"。读过《麦克白》的人完全可以根据小说开头的预言推测曼弗雷德家族史上可能发生的谋位害命之事，而《麦克白》的情节也暗示读者，历史上的冤情会在故事结尾得到昭雪，最后的拨乱反正可能由被害者的后人来完成。《奥特朗托城堡》利用《哈姆雷特》《麦克白》二剧的影响，引导读者接受曼弗雷德的非法地位与有罪认定，并期待城堡最终易手这一结局。这部小说中"父罪子承"这一结局本不易为18世纪的英国人接受，《哈姆雷特》《麦克白》二剧的因素在这里起到抹黑现有秩序的挑战者和篡夺者、为他们套上罪恶面具的作用，使小说的最终结局显得各得其所。

　　另外，拉德克利夫等人的小说每章以名人名句开篇。这些引述除装饰之外，还能在一定程度上影响读者。章首引述大多能够点出该章节的主题、事件的性质、气氛或表达作者对情节的态度，作者也得以利用名作家业已建立的公信力，引导和左右读者对该章节的期待与理解。

拉德克利夫此招在当时想必效果不凡，因为紧随其后的刘易斯如法复制。《修道士》的每章之首也均饰有传统名家名作的句子，如塔索、莎士比亚、蒲柏、柯珀和普莱厄等。这些引句与该章的故事情节多少有所关联，如同诗神缪斯一样，为其作品起着某种庇护或撑腰作用。例如，小说第二章讲述安布若西奥受魔鬼代理人玛蒂尔德引诱开始堕落之事。当女扮男装的假僧罗沙里奥向安布若西奥透露其真实身份并表达爱意时，安布若西奥心中充满犹豫和矛盾。年方三十未曾近女色，安布若西奥难以抵挡美女色诱，但他自知纵情色欲违反教规，后果严重。经过艰难的思想斗争，神父半推半就地屈从于玛蒂尔德愈加巧妙的色情攻势。刘易斯似乎预料安布若西奥的行径难为社会接受，在章首引用了塔索的四行诗句。作者利用名人名家的权威，以"先发制人"的形式做出某种立场宣示，在情节展开以前制造一种利于同情安布若西奥的气氛。当主人公果真面对诱惑时，他的选择即便并非无可厚非，至少不显得罪不可赦。塔索的诗句不仅有为安布若西奥行为开脱的作用，也是对小说情节的某种辩护。

爱尔兰作家兼牧师查尔斯·马楚林于1820年发表的《游魔梅尔莫斯》同样包含诸多传统文化成分，如浮士德传说、流浪犹太人以及圣约翰，也借鉴了当时其他作家的作品。小说中的流浪者名曰梅尔莫斯，是个浮士德式的人物，多年前曾向魔鬼出卖灵魂，获得超人力量，延长生命150年。魔鬼限他在此期间找到愿意出卖灵魂的人，以换取他未来在地狱中的位子。小说开始时已是此后一百多年，梅尔莫斯的一个后代约翰·梅尔莫斯获知其叔父亡故后前去奔丧，在整理其遗物时意外发现一篇手稿，其中记述了17世纪一个名叫斯丹腾的人与一个神秘人物（梅尔莫斯）的遭遇。据手稿讲述，梅尔莫斯在斯丹腾身陷疯人院面临绝境时出现在其面前，答应为其解除困苦，但同时开出令人恐惧的条件——小说从未明言条件为何，但从整篇故事看显然是出卖灵魂。此时，约翰·梅尔莫斯遇到一个名叫蒙萨达的西班牙人，向他讲述自己被强迫入修道院、逃脱未果后遭逢梅尔莫斯诱惑的亲身经历以及其间获知的有关他人遭遇梅尔莫斯的类似遭遇。蒙萨达是"西班牙人的故事"中的主角，他被迫进入修道院，受尽修士及院长的欺压与折磨而濒临绝望，此时梅尔莫斯出现于其房间，以自由为饵引诱其放弃宗教，但被他拒绝。在"古斯茫家族的故事"中，一个客居他乡的家族因受迫害而极度穷困，几乎沦为道瑾，有人甚至为买面包喂养家人而每日卖血。在孤立无助的困境中，一个中年男人（梅尔莫斯）找到此家之人，许以脱离苦难与穷困的希望，但他们同样拒绝他开出的

"可怕"条件。如此反复，梅尔莫斯一百多年来始终云游四海，寻找意志软弱、身陷绝境的人，以诱人的条件唆使其出卖灵魂，但终未成功。最后，他出现在后人约翰面前，多年努力失败后，他重回故里，等待被群魔拖入海中。这是一部篇幅冗长结构复杂的小说，包括多个故事，叙述套叙述，充斥光怪陆离、恐怖骇人的情节。

《游魔梅尔莫斯》与其他哥特小说不同，其主题思想宗教道德色彩浓厚，这当然与马楚林的牧师身份有关。事实上，这部小说本身就源自作者的一次布道，表达基督教的某些基本思想，包括罪恶、受害的必要性以及人性的双重特征。众所周知，基督教认为人来到世间即犯有所谓原罪，必须永世受难，方能仰赖上帝，得到拯救。《游魔梅尔莫斯》一书充满与罪恶和受难相关的情节与描述，书中几段叙述涉及的主要人物斯丹腾、西班牙人蒙萨达、古斯茫家族和一对情人等均经历极端困境，或饥饿，或囚禁，或遭弃。小说通过这些人物的经历似乎在说明"人在世间固然会经受苦难，但苦难不足以逼迫他们永远放弃灵魂的拯救"。《游魔梅尔莫斯》采用的流浪犹太人与浮士德等传奇广为人知，且黑白分明，便于读者认识并接受其中包含的宗教思想，其效果如同寓言故事之于佛教教义一样。马楚林还与拉德克利夫一样，在小说每章之首饰以莎士比亚、普林尼（古罗马作家）、荷马、司各特和德莱顿等人的名句，引述内容也多与该章内容有所关联。此外，小说正文常以圣经句子或古代希腊、罗马先贤名言点缀，且多以拉丁语或希腊语原文呈现。这些装饰性引述为小说作者营造了一种学富五车、道貌岸然的正面印象。至于引用今人作品，似乎意在获取当世文化权威（如司各特）的首肯，其奉承之心昭然。

《游魔梅尔莫斯》虽包含严肃思想，但这些成分并非小说的中心内容。宗教在小说中为制造恐惧与悬念等哥特因素提供了一个存在理由，也是用于抵挡批评的盾牌。小说详尽描述人们在困境甚至绝境中如何拒绝诱惑，坚信宗教拯救，可谓不厌其烦，但这些人物并未因为坚持信仰而得到何种好处，小说也未显示接受魔鬼的契约会造成何种灾难。奖惩机制的缺失大大削弱了作品的道德性。即便梅尔莫斯这个人物本身在小说中也只是一条线索、一个象征符号，与诸多人物的经历本身并无必然联系，也未对他们的生活造成任何实质性的影响。马楚林写作此书的意图显然并非宣传宗教拯救，他本人也否认自己赋予小说真正的教育作用。马楚林是个多面人物，虽身为牧师，却有志于文学创作，同时是个花花公子式的人物，喜好社交和荡检逾闲的生活。从其生活习性看，人们很难相信作者有心宣传宗教思想。《游魔梅尔莫斯》总体上是一部消遣性质的哥特小说。也许，在一个对哥特小说已经产生审美疲劳的年代，仅凭一些为人熟知的噱头再难获得并保有读者。马楚林作为哥特小说领域里的后来者，深知创造新的卖点、甚至重新包装哥特小说之必要。他的方法是借力于传统文化，尤其是宗教道德方面的素材。与早期哥特小说的情况略有不同，传统文化因素在《游魔梅尔莫斯》中的作用非关作者的社会形象，马楚林的写作目的只是吸引读者、增加收入。据称，马楚林在1816年后生活极其窘迫，两年后更是债台高筑，自称若非为生活所迫，本不该从事这一不甚体面的行当，难怪当时有人对于马楚林将出色的文才浪费于哥特小说，叹其大材小用。在浪漫主义时期的末期，马楚林使业已衰落的哥特小说成为一种能够赢利还债的谋生手段，显示出不凡的写作技巧和市场头脑。从这一点上看，《游魔梅尔莫斯》是真正意义上的大众文化。

三、与精英文化的互促性

哥特小说对于传统、严肃文化的利用并非一种单向关系，传统和严肃文化对于哥特小说同样产生了力度可观的反作用或"副作用"。肤浅地利用传统与严肃文化成分固然能使哥特小说的档次得到表面上的提升，但某些时候其效果也可能适得其反。以今天我们所掌握的信息看，哥特小说在当时之所以成为文学界攻击的目标，在新古典主义与浪漫主义文人之间左右不逢源，其主要原因是它侵犯了文化界线。在审美方面，讽刺和诙谐因素在新古典主义文学中司空见惯，但如果将其与庄重严肃的成分混杂于一作，则会威胁严肃、传统文化原有的优越地位。哥特小说深受莎士比亚影响，在风格上大多亦庄亦谐，在恐怖、阴森中夹杂着仆人们近乎荒唐的愚鲁与啰唆（多舌的仆人是经典哥特小说的特点之一）。哥特小说的开山鼻祖沃波尔在其书中就投放了过多的喜剧因素，大大冲淡了故事中的悲剧或恐怖气氛和道德性。在体裁形式上，哥特小说兼具几种文学类型的特征，既有现代小说的写实性，又具有中世纪传奇的重要特点，如故事的时代特征和人物面具化、表面化、缺乏成熟过程等。这是一种集高低雅俗的文化形式与因素于一身的文学作品，扰乱了18世纪文化的类别与等级。试想，一部包含古今贤达字句和莎剧情节模式的小说，却充塞凶杀、奸淫和篡夺等低俗情节，其本身就是对传统文化的不敬与挑战。严肃作家与批评家对于哥特小说大加贬斥，意在正本清源，企图喝阻通俗文化进入文化领域，是克里斯特娃所称的"抛弃"现象，即将扰乱秩序的成分抛离出去，以图重新划清界限。自小说诞生以来，低俗甚至淫秽之作从来不绝于市，而文人墨客尚未如此动怒，却独对哥特小说疾言厉色，原因即在于此。不同的文学拥有不同的读者群体，低俗小说满足于其卑微的社会地位，各种文学间本可相安无事。然而，哥特小说偏偏不安于低俗作品的社会空间，同它所描述的中产阶级一样难抑攀升之欲。这种文学具备的某些严肃文学特征，使高低文化之间的界线变得模糊，违反了文学的"纯洁度"，威胁了严肃文学自身的地位。哥特小说的混杂特征使其成为文学界的众矢之的，至少柯勒律治就是一个不喜高低不同风格互相混杂的批评家。用法国文化理论家布尔迪厄的话讲，严肃文学相对于通俗文学的那种（即标志优越性的特征）已不复存在，其高雅性也将黯然失色。所以，批评哥特小说的多为严肃作家或文人，或自命为严肃作家的人。他们痛斥哥特小说，意在抵抗这种文学对于传统、严肃文化的利用与糟蹋，力图将这一混杂不清的文学现象抛离己身，恢复严肃作品的社会地位。在众多哥特小说作者中，马修·刘易斯之所以受到最为猛烈的攻击，除去作品本身的原因外，还因他故意公开承认抄袭，对于书中的诗歌等传统与严肃文化成分大肆渲染鼓噪，这无异于公然挑战现有文化秩序。《修道士》的另一争议焦点是作者身份。尽管初版时这部小说已经引起不小的争议，但多数评论尚属正面；即使有所批评，其焦点也非道德，批评最为激烈的一篇评论主要认为该书缺乏可信度。《修道士》真正引发轰动是在二版以后。作者在此版亮明身份，并且在名字后加上 MP（即议会议员）字样。前后变化显示，社会可以容忍低俗的、缺乏道德内容的作品，但不能容忍这些内容出于体面人之手。18 世纪后期的英国，贵族和上层中产阶级等主导群体不仅享受较高的社会地位，也掌握着话语霸权，规范着社会道德。刘易斯身为议会议员，写作赤裸裸描写欲望与堕落的小说，公开挑战这种文化等级制度，犯了大忌。文坛对于《修道士》的唾骂与贬斥，恐怕主要并非出于对于社会道德的关怀，而是为维护现有的文学与社会秩序。在声讨声浪中，浪漫主义诗人的批评显得格外令人瞩目。华兹华斯在《抒情歌谣集》序言中尚停留于含沙射影，柯勒律治则屡次高调点名抨击某些哥特小说作者，特别是马修·刘易斯。诗人们的反应如此激烈，一个重要原因可能是这两种文学作品在某些方面极为相似，但浪漫主义诗人们在知识和文化层面其实具有相当浓厚的精英色彩。华兹华斯等诗人虽然在作品中关注平凡小人的生活与感情，但其诗作曲高和寡，与大众化、商品化的文学泾渭分明，哥特小说在他们眼中显然是一种低俗文学，难以与浪漫主义诗歌相提并论。两种文学作品的相似性对于浪漫主义诗歌的清高名声是一种威胁。

　　18 世纪的哥特作家兼小说理论家克拉拉·里夫指出，高低文学间的相似性实属司空见惯，只是人们出于偏见难以认识到或承认而已；她本人就发现《天方夜谭》与荷马史诗有颇多相似之处：我们的文化赋予写作与阅读行为以太多的象征意义，时常将我们所写与所读的书籍与社会地位联系起来。小说是平民的消遣，在当时深受歧视，哥特小说在文坛更如过街之鼠。从奥斯汀在《诺桑觉寺》中为小说所做的辩护看，多数人在当时并不以阅读小说为荣。对于为数众多的中产阶级读者而言，夹杂着传统文化成分、间有优美诗作的哥特小说在满足感官刺激的同时，又能以其相当浓郁的"文化味"保护中产阶级读者并不安全的虚荣心。传统与精英文化的成分在哥特小说里是一种符号，象征档次与品位，使素以爱慕虚荣著称的中产阶级敢于阅读这种小说，敢于承认其阅读爱好，并对所读小说产生身份认同感。

后来的哥特小说继承了经典哥特小说利用精英文化的传统。发表于19世纪早期的《弗兰肯斯坦》更是一部构建在传统文化之上的作品。在题材上，这部小说是浮士德传说、普罗米修斯神话和圣经关于上帝创造人类的记述三者糅合而成的混合物；在写作方面，该小说还通过引用、对比、比喻和暗示等手段，高调吸收弥尔顿、柯勒律治、兰姆、雪莱和其他现代作家与诗人作品的成分。对于年仅19岁的作者玛丽·雪莱，这种利用显得有点"狐假虎威"。不过，与18世纪经典哥特小说相比，《弗兰肯斯坦》对于传统与精英文化不仅是利用与借鉴，还多了几分批判。

第三章 哥特文学艺术特征分析——怪诞

第一节 怪诞的表现形态

一、悬念

哥特小说中充分利用设置悬念这一手法，设置了很多神秘的出乎意料的结局，让读者茅塞顿开的同时，佩服作者的巧妙安排。正是这些悬念引发了读者强烈的阅读欲望，使小说产生了特殊的审美效果。悬念在哥特小说中频繁出现，表现方式也各有不同，把读者引入一个个疑阵，使小说紧张氛围层层加深。

偶然性乃是美不可缺少的属性，这样的巧妙设置的确给哥特小说带来了独特的戏剧性效果。尽管怪诞带有明显夸张和极端的成分，但怪诞的世界无论多么离奇，必然与现实世界相关联。怪诞以一种看似荒谬的方式揭露人性中的卑劣与可怕。从这些故事场景中，我们看到人们所熟悉的和信赖的美德在危难面前荡然无存，这种异化正是怪诞所追求的效果。怪诞将可怕的与带有滑稽成分的东西融合到一起，使我们面对一个完全不同的、令人不安的图景，改变了我们观察世界的方式。巨大的悬念为小说披上了一层神秘的面纱，最后疑团解开，于是我们感受到了故事情节的曲折复杂和跌宕起伏的美感。

二、视角

在表现怪诞艺术的时候，叙述视角的转换也能够带领读者去感受不一样的怪诞世界。哥特小说的作者常常采用固定内聚焦型视角，而且是将视角放在儿童身上，这种将焦点固定在儿童身上的做法，使小说所展示的生活与成年人所感受到的生活大异其趣，这样就会造成一种陌生化的间离效果。儿童因为其天真、无知和单纯而更容易对外面的世界产生好奇心。儿童眼里，平凡的事物奇异非凡，有时甚至是怪诞的。

弗洛伊德指出，任何引起不愉快的经历，如恐惧、焦虑或身体疼痛，都可能起到心理创伤的作用。哥特小说往往运用独特的叙述模式在小说的几条线索之间建立联系，也有助于制造悬疑并一层一层揭开事情的真相。每当读者正要发现秘密的时候，叙述人总会来个急转弯，把悬念抛在一边，带领读者走向另外一个新的故事和场景，这种手法可以紧紧地抓住读者的好奇心。

三、象征、梦境

哥特小说中经常使用象征、梦境来表现怪诞，突出故事神秘诡异的氛围，进而推动故事情节发展，使"怪诞"萦绕于读者的心中，激发读者的恐惧感和好奇心。象征手法的运用可以更好地表达作者的思想情感，在小说中激发出强烈的美感。除了象征手法的运用，梦境也比较频繁地出现在哥特小说中。稀奇古怪不合现实的梦境增强了怪诞的效果，梦境的压抑使我们对故事的发展感到了一种紧张和恐惧，似乎真的有阴谋要出现，可是梦境内容的荒诞又让读者感觉自己不过是神经过于紧张。奇异的梦境似乎在预示着前方未知的凶险，使读者的神经变紧绷，产生莫名的恐惧感，为小说增添了诡异奇特的色彩梦境，可以更加自由地表现怪诞。梦境的怪诞暗示了想象中或现实中的威胁，这个幻想的世界具体形象地表现了人类无形的恐惧与欲望，被压抑的情感往往通过梦境或幻觉来展示。哥特小说正是通过进入这些不受理性掌控的意识之外的深层领域来深入探讨人的内心世界。

沃尔夫冈·凯泽尔认为，"扭曲所有的组成成分，融合不同性质的东西，将美丽的、可怕的、古怪的和令人厌恶的因素混在一起，部分结合起来构成骚乱的整体，在幻影似的黑夜世界里避难"。❶ 荒谬产生的可笑状态之上，怪诞造成一种恐惧感和滑稽感，而不是能产生严肃激情的东西。哥特小说通过悬念、视角、象征、梦境等手法表现了怪诞艺术，并产生了讽刺戏谑的审美效果。怪诞是象征性地使用夸张，其目的是表达更高层次的、更深刻的价值观念，尤其是要揭示一个比我们在日常生活中所见的世界更深刻、更紧张的世界。怪诞艺术手法的使用不仅增添了作品的戏剧化色彩，更有助于传达对腐败社会和黑暗现实的批判，以及对下层人民发自内心的同情和关怀。通过作品来唤醒世人的美德，进而改造社会，导向文明。

---

❶ 沃尔夫冈·凯泽尔.美人和野兽[M].西安：华岳文艺出版社,1987.

四、真幻交互

异境是相对于人类生活环境而言的，哥特小说中出人意料的情节铺展与荒诞离奇的场景描写以及冷峻而滑稽的文字，常常流露出作者丰富的想象力和幽默的才能。拿卡夫卡来说，卡夫卡作品的一个很大的特点，也是与纯粹荒诞派作品的一个基本区别点，就是大框架的荒诞与细节的真实。或者说，小说的中心事件是荒诞而虚幻的，但作为中心事件的陪衬物却真实可信。虽然他许多作品的中心事件都显得荒诞不经，然而作为中心事件的陪衬物却不是现实中没有的，如在卡夫卡笔下的山水地貌不是幻想的仙境，其村落房舍不是歪歪斜斜的禽兽之窝，包括城堡也不是悬在半空的空中楼阁，作品中的人物都食人间烟火，都有七情六欲，即他们过的都是"人世间"的生活。小说中的一个个小故事，也都是日常生活中人情世态的真实描写。这些真实的形象，如果孤立起来看，无法与怪诞相联系，但把它们串联在一起，把卡夫卡的作品当成一个整体来观察，就可看出这是一个歪歪斜斜、怪模怪样的世界，到处都显得绊脚、撞头、刺眼。那么，人在这样一个困难重重的境遇里，就好比陷在荆棘丛中而不能自拔、不能迈步。卡夫卡正是这样以自己的世界观来观察客观世界，形成一种对世界荒诞性的清醒的认识，让人物在荒诞的境遇中浮浮沉沉，从而描绘出令人确信的、曾相识的、高层次的真实合理性。换句话说，他笔下的深层的荒诞性就是人们常说的艺术的真实性，正好是现实的更为真实的反应，更能从本质上揭示世界的荒诞和人生的无奈。卡夫卡敏锐地抓住了西方社会普遍存在的、唤起人们深刻焦虑恐惧的异化现象，并且用富于独创性的手法做了形象、深刻、情景式的表现，传达出人们的冷漠、孤独、恐惧、郁闷等精神状况。他还以生命的沉重，表达了现代人的困惑以及对人性的根本洞察和对存在的深层思索，从而形成了他神秘怪诞而又冷峻质朴的风格。

第二节　怪诞的审美价值

一、怪诞的审美特征

（一）怪诞的构成成分

古今中外的一切怪诞艺术，在怪诞审美形态规律的制约下，也一无例外地都包含着丑恶和滑稽这两种成分。怪诞艺术由丑恶和滑稽这两种成分构成。

把美学的"丑"与社会学的"恶"这两项意义加在一起，就成为我们怪诞美学理论中的"丑恶"，它专指以反优美的丑陋形式出现的害人害己害物的各种对象。

美国社会学家伊·E·鲍迈斯特尔指出，由作恶者、受害者和观察者这三个要件构成的人类丑恶，其产生有四个根源。一是人对物质财富单纯的欲望追求。二是人的自负遭到威胁和攻击。三是理想主义，"当人们坚信他们站在正义一方，正在致力于改善世界时，他们经常觉得运用强硬手段来对付反对他们的恶势力是正当的。人们经常用目标之高尚来证明暴力手段的合理"。四是人追求淫虐狂式的欢乐❶。

"滑稽"在美学上是指一种与优美、崇高、悲剧、怪诞并列的审美形态，它在本质上是引人发笑的反常。滑稽展示的都是现实中陌生罕见的反常事物，当人们以自己熟悉、常见的正常经验为标准去衡量这些反常对象时，会突然省悟到这些对象的错误空虚以及自己的正确充实，从而爆发出自信与嘲弄的欢快情绪。由于滑稽在本质上是引人发笑的反常，因而在各种审美对象中，无论它们展示的事物的性质多么不同，只要在形式上反常好笑，那它就有滑稽的美，就是滑稽审美形态。

在美学上，幽默、诙谐、喜剧、讽刺、调侃、揶揄、滑稽、荒唐、荒诞、怪异都是滑稽形态的具体样式，它们之所以都被归入滑稽，就是因为在形式上都有反常好笑的共同特点。我们在本书中所说的"滑稽"，有时指的是审美形态的滑稽，有时是指事物形式上的这种反常可笑性。我们说怪诞的构成形式是滑稽，这个"滑稽"指的就是滑稽审美形态的反常可笑性质而非滑稽审美形态本身。

不要说是怪诞艺术，即使是比怪诞艺术丑恶恐怖得多的怪诞现实，也照样存在着滑稽成分。精神病人混进死尸队伍中冒充死人吓死看守人的现实怪诞中，活人冒充死人向看守者挤眉弄眼嘿嘿地笑就是它的滑稽。

由于怪诞艺术中的丑恶与滑稽以内容与形式的方式融合在一起，而内容与形式又无法分离，这就决定了怪诞艺术中这两种成分具有同体共时性。也即丑恶与滑稽必须是同一个对象的两种属性，它们的可怕与好笑效应必须是人可以同时感受到的。雨果、罗斯金和马克思对此都认识得非常清楚。雨果说的怪诞"一方面，它创造了畸形与可怕；另一方面，创造了可笑与滑稽"。罗斯金说的"所有这类作品无不在一定程度上同时具有这两种成分，没有哪幅怪诞画只是一味地追求滑稽可笑而不含有恐惧的色彩；也很少有一幅让人恐惧的怪诞画不具有逗乐取乐的意图。"马克思说的"崇高和卑贱、恐怖和滑稽、豪迈和诙谐离奇古怪地混合在一起"也都是对怪诞这种同体共时性的强调。

---

❶ 鲍迈斯特尔.恶——在人类暴力与残酷之中[M].西安：东方出版社，1998：490-491.

（二）怪诞构成方式

西方美学史上许多美学著作在分析怪诞艺术时，都讨论过它们的构成方式。他们大都认为怪诞是不同种属、不同领域、不同性质、不同时空事物的混杂融合，是冲突、抵触、异质事物、对立事物的混杂合成。汤姆森就说："怪诞一贯突出的特征是不协和这个基本成分，这要么被说成是冲突、抵触、异质事物的混合，要么被说成是对立物的合成。"❶

凯泽尔在述评怪诞的同义词"画家之梦幻"时写道："在这个陌生的世界里，无生命的事物同植物、动物和人类混在一起，静力学、对称、均衡的法则不再起作用，"❷黑格尔非常注意怪诞的构成方式，他对艺术怪诞的论述有时就是从构成方式上进行的。他说："自然和人类各种因素的怪诞的融合""具体形象都被夸大或被怪异地扭曲""同功能事物的增殖，众多的手臂、头颅的出现"。❸黑格尔除了讲到不同领域事物不合理融合这一被人们普遍注意到的方式以外，还提到了以极端和扭曲方式组成的怪诞，以及以超自然方式构成的怪诞。黑格尔对怪诞构成方式的看法要比别人更为全面更为科学。

如果以黑格尔讲的这三种情况为基础来归纳怪诞最一般的构成方式，我们会发现，无论是黑格尔指出的不同领域事物融合的方式，还是他提到的极端、扭曲方式和超自然方式，都是将熟悉的、平凡的、现实的、美善的等正常的东西打碎，重新组合成陌生的、神秘的、超现实的、丑恶的等反常的东西。因此，我们可以说正常的反常化是怪诞艺术最基本的构成原则。

正常首先是一种客观存在状态，指事物恒久不变的，大量、普遍、反复出现的常态。正常的事物在数量上占绝大多数，具有普遍、一般的共同特征。正常的事物比较规范，易于分类，易于描述，比较稳定，具有历史的连续性；在组织结构上比较严密，比较规律。它在客观上有三个基本特征：自然真实、传统规范、流行图式化❹。

其次，正常还是一种主观感受状态，是人与正常事物相互感应中产生的关系性属性。因为正常事物在人的外部世界中占绝大多数，是极普遍、极一般、极经常的对象，所以人们就会对它们产生最熟悉、最了解、最平淡、最习惯、最现实

---

❶ 汤姆森. 怪诞 [M]. 北京：北方文艺出版社，1988：31.

❷ 凯泽尔. 美人和野兽 [M]. 西安：华岳文艺出版社，1987：11.

❸ 凯泽尔. 美人和野兽 [M]. 西安：华岳文艺出版社，1987：106.

❹ 赵勤国. 形式美感：从正常形式到超常形式[J]. 山东师范大学学报（人文社科版），2002（4）.

的感觉。如果把它的客观特点和感受特点综合起来，"正常"实际上就是恒久不变的、大量、反复、普遍出现的，人们感到最熟悉、最平淡、最习惯、最现实的一切对象。

反常是和正常相反相背的事物。在客观现实中，它是间或偶然出现的对象，数量上占极少数；它打破规范，不守规律，无法分类，变化突然；所以具有个别、特殊的共同特征。由于它极为罕见，特殊，偶然，在主观感受中，给人的印象是陌生、神秘、奇特、怪异、超现实。把它的客观特点和主观感受综合起来，即所谓的反常，就是变化不定的，偶然、个别、少量出现的，人们感到极陌生、极罕见、极神秘、极怪特、极超现实的东西。

由于怪诞反映的对象主要是人的活动，我们在解释正常和反常时，也主要针对人的活动来进行。马克思曾经指出，人的需要即人的本性，"在现实世界中，个人有许多需要""他们的需要即他们的本性"。[1]由于人的活动都是在需要的驱动下进行的，而人都是个体，都会有自私的需要，自私需求会让个人的活动与他人与社会的需求发生冲突，必然要由社会法律、道德、宗教、风俗、习惯来规范来制约。凡是顺合遵守这些规范的活动，人们称之为"正确活动"，凡是悖逆这些规范的活动，人们称为"错误活动"。也即在人们的正常和反常活动中，都包括着正确活动和错误活动，我们这里所说的"正常"并非"正确活动"的意思，"反常"也不是"错误活动"的意思。

比如，前面我们举过的巴西人的网络广告画，踩高跷进厕所小便虽然是极为罕见的违背常规的活动，但正是因为他采用了这种方式，才达到了解急的目的，因此是一种反常的正确活动，人的反常活动中包括正确活动。另一人按照常规方式去小便，因为便池太高却无法达到目的，虽然他的活动是正常的，但在方法上是不对的，因而是正常的错误活动，人的正常活动中有错误活动。

人的不同活动是不同的审美形态艺术表现的对象。一般人的正常活动由优美、崇高、悲剧这些审美艺术处理。不过，优美艺术只再现正确的正常活动，崇高艺术、悲剧艺术对正确的正常活动和错误的正常活动均兼包并容。人的反常活动由滑稽艺术和怪诞艺术来表现。不同的是，滑稽艺术对反常的正确活动与反常的错误活动都表现，而怪诞艺术只表现反常的错误活动。反常的错误活动具有程度上的差别，反常活动中一般的小毛病小缺点即反常的丑，是滑稽艺术的表现对象。而反常活动中极为严重的错谬即反常的丑恶，是怪诞艺术的表现对象。虽然滑稽

---

❶ 中共中央编译局.马克思恩格斯全集（第三卷）[M].北京：人民出版社，1960 年：326,514.

作为一种基本的审美形态，包括幽默、诙谐、喜剧、揶揄、滑稽、讽刺、调侃、荒唐、怪异、荒诞等多种具体样式，而反常活动从小毛病、小缺点的丑，到极为严重、极为错谬的丑恶之间，还存在着一片边缘过渡区域的丑陋，必须由与滑稽形态和怪诞形态都比较接近的荒唐、怪异来表现，但我们还是可以简单地说，滑稽表现一般反常，怪诞表现极端反常。

（三）怪诞的接受反应

怪诞虽然是一种审美对象，但它"毕竟是在接受过程中被体验到和最终实现的，只有结合它的接受反应，我们才能确定某些对象是否怪诞，以及某些内容要素和结构形式是不是怪诞必不可少的，所以在研究怪诞的形态特征时，我们在认定了它的构成要素和构成方式这些客观特点之后，还要进一步把握它在接受过程中的反应特点。"

怪诞引发恐怖的原因在于它的丑恶，而它的丑恶又都是由被破坏被分割的美善碎片组成的。这些美善是常有的生活现象，加上逼真的艺术描绘，因而人们对它会有相当的熟悉感、亲切感。当这些美善碎片组成丑恶后，由于采用了极端反常化方法，又会使人感到格外的陌生、疏离和凶恶。当以往无比熟悉、亲切、美善的东西，突然以极端陌生、反常、凶恶的面目出现在自己面前时，人们必然感到恐怖、可怕，猝然间产生惊骇反应。

怪诞中的丑恶都由美善组合而成，但美善为何被分割？怎能被分割？怪诞艺术均不作任何解释与说明。人们都知道，面对丑恶时，只有明白它的本质和来龙去脉，才能更好地防御它、克服它。现在对它却是一无所知，就必然引起一种束手无策的恐慌感、神秘感。读到爱伦·坡小说中如下的一段描写，看到所有活的对象和死的对象均突然不明不白疯狂运动起来时，读者体验到的就是这种恐怖的神秘："家具上雕刻的钟表……跳起舞来，壁炉架上的时钟简直抑制不住内心的愤怒，不停地敲了十三下又敲了十三下，钟摆发疯似的欢跳、扭动……猫和猪都再也不能容忍拴在它们尾巴上的小打簧钟的行为，惊惶地四处逃窜，以表示内心的怨恨，猫爪子抱地，猪鼻子拱土，猫叫春，猪喊魂。"❶

二、怪诞的审美价值

作为人类曲折的审美历程中出现的一种审美形态，怪诞具有特殊的审美意义，它把各种自相矛盾的异类因素结合在一起，使其充满激烈的冲突，不和谐因素和

---

❶ 爱伦·坡. 爱伦·坡短篇小说集[M]. 北京：人民文学出版社，1998：44-45.

不可调解的冲突是怪诞艺术表现的本质，哥特小说作家巧妙地运用怪诞的手法来塑造人物、构造情节、描写环境和揭示冲突，用怪诞艺术来表达小说的深刻含义。

（一）怪诞的认识价值

怪诞有两种认识价值：一是使人注意丑恶、醒悟丑恶、警惕丑恶；二是丰富人的反向思维。先看其一。怪诞是一种形式滑稽的丑恶，由于它有滑稽形式，因而能使人注意丑恶。滑稽展示的都是反常事物。当审美主体突然发现对象的反常时，他既会因自己拥有正常、正确而感到自豪、自信，又会因对象的反常、虚假、错误而心生否定和蔑视，并通过笑这一形式将这些情感发泄出来。因此，滑稽感体验到的是快乐，对人有一种情绪吸引力，即情趣。滑稽展示的都是反常态的事物，具有巨大的陌生性、罕见性及新、奇、特、异、怪的特点，会激起人的强烈的探索欲望，如好奇心等。因而，滑稽又会让人的认知欲望得到满足，对人又有强劲的理智吸引力，即理趣。由于怪诞都有突出的滑稽形式，对人都有这种情感与理智的吸引力，因而许多怪诞中的丑恶就凭着这种滑稽形式吸引了人们的注意。而在怪诞中，对丑恶发生的原因及过程都没有任何说明，只是客观而无言地将结果摆在人们面前。怪诞之所以滑稽，是因为它展示的内容是极端反熟悉的陌生，反习惯的罕见，都具有新奇特异怪的特点，是人类反向思维的积极成果。因此，怪诞除了使人们注意、醒悟、警惕丑恶外，还能促进人类的反向思维。怪诞的巨大能量来源于神奇，反向思维为怪诞创造了这种神奇，因而人们在追求和创造怪诞的神奇美时，必将丰富、推动人类的反向思维。

（二）震撼价值

怪诞作为审美对象，会给观众带来巨大的冲击与震撼，起到强迫注意、铭刻记忆的作用。怪，作为内容丑恶、形式滑稽的审美对象，它的丑恶引发恐怖，它的滑稽引发好笑。怪诞的恐怖包括惊骇、焦虑、恶心、惊赞，怪诞的好笑包括苦涩、自信和本能快感。怪诞在震撼中产生的强迫注意、铭刻记忆的作用，与这些情感中的惊骇、惊赞密切相关，是惊骇、惊赞的综合表现。惊骇是突然意识到危险时瞬间生成的恐怖感受，由于和生存密切相关，此时人的全部身心都被激活、惊醒，集中投射到恐怖对象上，并随时准备逃跑或攻击。因而，惊骇中最突出的心理活动之一是"不由你不看，不由你不听"的强迫性注意。所有的怪诞都会引发惊骇，都具有强烈的强迫注意的功能。在现实怪诞之外，艺术怪诞也会在惊骇中产生强迫注意的作用。

（三）怪诞的快感价值

怪诞的内容是丑恶，形式是滑稽，作为审美对象，它的这种外美内恶的特殊品性引发了人们独特的快乐享受。怪诞中的滑稽引发的快感有顿悟快感和自信快感。滑稽展示的都是人的反常活动。当读者以自己经验中的正常与这种反常相对照时，他会突然明白对象的反常、错误，他又会突然发现自己的正常、正确，这样他就会产生一种顿悟快感。由于这种顿悟是审美主体对滑稽对象的反常、错误和自己的正常、正确的判断，包含着对滑稽对象的蔑视和对自己的赞赏，因而在顿悟快感中又会充满自信。这种自信也是一种喜悦，一种快感。怪诞中丑恶引发的快感有本能复仇快感和理智快感。

（四）怪诞的威慑价值

怪诞最原始的功能是威慑侵犯。怪诞作为审美形态最早在装饰图案中出现。古代文化史表明，人类有一种根深蒂固的观念，可怕只能用可怕来克服，你要想战胜可怕，你就必须比可怕更可怕。这种既可怕又可笑的怪诞图案，就是出于战胜邪恶的目的而创造出来的。自古以来，人们对怪诞威慑侵犯的这一功能不仅有着充分的认识，而且绝对重视。

满足人类在现实困境中难以如愿的情感和欲望，满足人类与生俱来的渴望探究未知领域的强烈好奇心的需要，正是英国哥特小说创作的内驱力。由此，它获得了经久不衰的艺术魅力和意味深长的审美价值。

第四章 哥特文学艺术特征分析——恐怖

第一节 恐怖的特征

英国哥特小说中的怪诞多与恐怖性质联系紧密，恐怖已然成了怪诞中一个不可忽视的重要因素。也许包括英国哥特小说在内的西方鬼怪艺术在创作实践中都与恐怖有亲缘关系，所以西方理论家在探讨怪诞时，往往把恐怖作为其内部的一个重要因素加以强调。

恐怖，这一命名主要针对其追求的阅读效应而来。斯蒂芬·金曾说过，"对我来说，最佳效果是读者在阅读我的小说时因心脏病发作而死去。"这戏谑之言夸张而真实地道出了绝大多数恐怖小说作者及读者的旨趣。作者必须调动一切情节手段去造成读者的不安全感，使读者受到心理上的高强度惊吓刺激；同时，"恐怖"一词也指向这类小说的题材和情调。恐怖小说必制造险恶、阴森的情境和情节，使主人公的生命时时受到威胁，自始至终心寒胆战，甚至使其死于非命。恐怖，根源于事件的过程和结局，并且这种恐怖不是局部的，而是弥漫于作品的各个方面，是作品的主色调。事件本身的恐怖、事件发生的场景氛围的恐怖等，都决定了哥特小说又是恐怖小说。哥特小说就是典型的被恐怖、痛苦紧紧控制着的叙事。这种作为一大美学范畴来追求的恐怖，带给人的不仅是感官的恐怖，也是思想的恐怖，且"思考得愈多，愈觉得那危机重大而深远。这里是一种延续不断的惊恐，它的美学价值不在于自我释放的快感，而在于它那绵延不断的思考"。❶

哥特小说中的恐怖，主要有以下几种表现特征。

---

❶ 应锦襄，等.世界文学格局中的中国小说 [M].北京：北京大学出版社，1997：127.

一、阴森黑暗的生活场景

人总是生存在一定的自然和社会环境中，为了更好地生存，人总是在不断地寻求着与自身相适宜的生存环境。但是，人一旦置身于一种非常态的陌生的活动空间，陌生感就必然会衍生出一种可怕的恐怖感。哥特小说以展示非常态环境为其显著特征。读着这些展示非常态环境的文字，令人恍如置身其间，产生毛骨悚然的恐怖。

马斯洛将人类的心理需求按层次分为生理需求、安全需求、社交需求、尊重需求、自我实现。人们在基本生理需求得到满足后就有了安全需求，安全需求是人类渴望安全的生活环境、安全的工作环境、安全的社会环境等，不希望受到生命、财产等方面的胁迫与危险，期望能免于灾祸，同时有美好的将来。这些都是在生理需求得到满足后人类更高层次的需求，我们每个人都会有对安全感的渴望和自身不受到威胁的渴望❶。恐怖小说对肉体极尽想象的伤害就是毁坏这种需求，当然小说通过这种恐怖的想象让我们能清楚感受到自己的安全所在，也算得上一种另类地满足了我们的安全需求。这也就是许多恐怖元素的小说和影视作品常常运用黑色的因素来制造恐慌氛围，却依然受大量读者和观者追捧的原因。

选择的场景和事物也是普通的生活中都共有的几个因素：壁炉、烟囱、房间、剃刀、头发等。我们说的恐怖其实很多时候都是自我的一种心理暗示在发酵，我们所恐惧的并不是恐怖的场景或者是这些黑色元素构造的氛围，而是我们自己心中根据这些元素产生的联想和暗示。

哥特小说阴森恐怖感的重要载体是地狱。在地狱里，最让人感到恐怖的就是燃烧心脏的烈火，这烈火的意象正是地狱的象征，作者用它来作为对贪欲者和作恶者的惩罚手段。从艺术的接受上说，它带给人的视觉冲击和心理感受十分直接，因此也就更为恐怖。

另外，英国哥特小说描写的地方常常是城堡和修道院，这里多有地下室、秘密通道、地牢、墓穴、暗设的窗户、活动门板装置等。墓穴，是英国哥特小说情有所钟的描写对象。墓穴，在英国哥特小说中得到了典型的表现，成为最具特色、也最具意味的场景或意象。英国哥特小说之所以选择并安排墓穴作为展现人物活动的地方或背景，或者是为了暴露暴力、凶杀等罪恶的需要，因为墓穴本身就是

---

❶ Maslow－AH,HirshE,SteinM,etal.AClinicallyDerivedTestforMeasuringPsychologicalSecurity－Insecurity[J].TheJournalofGeneralPsychology,1945,33(1):21-41.

死亡的象征；或者是为了达到与实现某项神秘的工作所需要的外部环境的和谐，以反衬事件本身的神秘恐怖。为了配合这一旨意的完成，作者调动一切可以利用的艺术手段，来极力渲染墓穴的可怕环境，展示这个腐尸遍地、毫无生命迹象的死人世界，以取得最佳的恐怖效果，来刺激、震撼读者的心灵。因此，英国哥特小说中的墓穴描写，更多地意味着爱情的扭曲、良知的泯灭、人性的堕落。这些环境或地点的选择，本身就带有神秘性和恐怖性。当然，这与作品人物刻画、主旨表达等密切相关。英国著名文学评论家桑德斯就曾这样评价《修道士》，说它的叙事结构利用了密室、地下通道和封闭的地下室，巧妙地暗示了安布若西奥暗无天日的坟墓般生活的复杂性质 ❶。

二、恐怖发生的时间

哥特小说呈现故事情节时选择最多、也最受青睐的一个时间段是夜晚。在《修道士》中，安布若西奥一系列的罪恶活动都是发生在夜晚，是"天上没有月亮，也没有星星的漆黑的夜晚"，"一片死寂的"夜晚。安布若西奥在深夜凶残地杀死了艾尔维拉，又在夜间墓穴里强暴并杀死了安东尼娅。马蒂尔德选择深夜的墓地和幽暗的地下室实施巫术；那个一手持刀一手拿灯、浑身滴血的修女的幽灵也常在半夜的城堡与荒野游荡。还有，强盗们在寒冷的夜幕包裹下的荒地客栈与谷仓疯狂杀人掠财。这些无不让人惊恐万分，毛骨悚然。《奥特朗托城堡》中，凶杀就是发生在夜色昏暗的墓地，疯狂的曼弗雷德误杀了自己的女儿。《弗兰肯斯坦》中的主人公最初造人同样是在半夜的墓穴里进行的。"怪物"是诞生在11月一个阴郁的夜晚；他也总是在夜间现身，又在黑暗之中隐没；他先后三次杀人均在夜晚。探险家沃尔顿又是在"午夜"亲睹"怪物"，并听其自白，最后目睹其"消失在黑暗的远方"。这些描写都为小说染上了浓厚的恐怖色彩。

恐怖发生的时间，不是孤立的时间，而是含有特定空间的时间，恐怖氛围的营造也总是在特定时间与特定空间以及特定行动相互作用的基础上完成的，也就是说，恐怖氛围的形成是特定时间、特定空间与特定行动互动的结果。英国哥特小说中的罪恶就发生在夜幕下的城堡、教堂墓穴、地牢、地下室、地下通道、荒野、地狱等地，这种非常的时间、非常的地点，再加上非常的行为，就构成了哥特小说特有的恐怖感。

故事的作者之所以把情节常常安排在夜间，是因为人们一向认为鬼怪总是出

---

❶ 安德鲁·桑德斯. 牛津简明英国文学史 [M]. 北京：人民文学出版社,2000:4.

没于夜晚的。"从原始社会开始，人们相信鬼灵有三个特点：① 鬼灵是虚幻不实的影像；② 这个影像的活动极为轻灵缥缈；③ 这种影像似的鬼灵总是在黑夜活动。"同时，因为夜晚总是充满了无限的神秘感和恐怖感，更能激发人们丰富的想象力。英国哥特小说作者多选择夜晚作为展现故事情节的时间，究其根本原因，在于它与暴露具有"黑色"性质的邪恶与罪行密切相关。黑夜的自然颜色，与邪恶、罪行的"黑色"已融为一体。因此，哥特小说中表现的"黑夜"本身，有助于我们深刻地认识和理解社会的黑暗与人性的丑恶。

三、恐怖主题思想

暴力凶杀是最能刺激并唤起我们生理与心理恐惧的一种。它带给我们的视觉刺激也最为强烈。英国哥特小说有大量的这类内容的描写。例如，在《修道士》中，作者刘易斯对修道院长安布若西奥残忍杀害安东尼娅母亲艾尔维拉的过程，就做了直接详细的展示。安布若西奥强奸安东尼娅的企图被艾尔维拉发现后，为了避免自己的名望和地位受到威胁，他做出了一个野蛮并且绝望的决定，突然转过身，一只手卡住艾尔维拉的喉咙以阻止她的叫嚷，用另外一只手把她推倒在地，然后拽着她向床走去。由于这意想不到的攻击，她几乎没有力量来挣脱他的魔爪。修道士从安东尼娅的床边抓起枕头，捂在艾尔维拉的脸上，用尽所有的力量用膝盖顶住她的肚子，企图置她于死地。她愤怒地拼命挣扎着，但毫无用处。在她死之前，安布若西奥一直用枕头使劲地捂住她，并用膝盖顶住她的胸膛，残忍地看着她在下面挣扎、痉挛。终于，她不再反抗了。安布若西奥拿掉枕头，盯住躺在地上的这个不幸的女人。她脸色黑青，表情可怖，脉搏已停止了跳动，体内的血液开始变冷；她的手已经僵硬、冰凉。安布若西奥看到，刚才还是高贵、威严的艾尔维拉，现在已变成一具死尸，令人厌恶。❶

同样，作者对圣克莱尔女修道院长被愤怒的众人打死的可怕场面，也做了细致的描写。当院长的暴行被当众揭露后，愤怒的人群像洪水一般突破警戒线，冲到她跟前，把她拖过去，进行报复：

这个可怜的女人极度恐惧，也不知道自己说了些什么，只会尖叫着乞求同情。她辩解说不是自己害死阿格尼丝的，并且能够彻底证明自己的清白无辜。但骚乱的人群根本不理会这些，用各种方式侮辱她，往她身上扔泥巴和污秽的东西。用最恶毒的字眼来诅咒她。这个掐一下，那个拧一下，而且一下比一下狠。人群的

---

❶ 刘易斯.修道士[M].李伟昉，译.上海：上海译文出版社，2002：227-228.

吼叫和憎恶的谩骂淹没了她乞求的声音，他们把她拉过街道，啐她，踢她，用各种仇恨和愤怒所能产生的手段对待她。最后，不知谁用一块石头一下子把她打昏在地。她满身血污躺在地上，顷刻之间就一命呜呼。虽然她已经无法感觉到这些侮辱，骚乱的人群仍在这个毫无知觉的躯体上报复着。他们打她，踩她，踩蹦她，一直到她变成了一堆肉，难看，变形，恶心❶。

四、恐怖的生死过程

极力渲染、凸显痛苦、受难和濒死过程，是生成英国哥特小说恐怖感的又一表现特征。在这类小说里，无论正面形象还是反面角色，常常被置于难以摆脱的痛苦受难状态，备受折磨。例如，在《修道士》中，作者以极其敏感细腻的笔触，惊心动魄地描写了安布若西奥面对宗教与情欲的两难选择而引发的痛苦挣扎。特别是他杀害两条生命后，深知自己罪孽深重，永远不会得到上帝的宽恕，但又极为害怕永堕地狱，饱受惩罚，因此一直处于惊恐不安的痛苦状态，甚至害怕睡觉，因为他一闭上眼睛，就"发觉自己正处在一个燃烧着大火并散发着硫黄气味的洞穴里，魔怪命令他的打手将该洞团团围住，并把他扔进各种痛苦的熔炉中，每一种可怕的痛苦都胜过以往。在这种骇人的景象中，艾尔维拉和她女儿的鬼魂在徘徊漫游着，它们向魔怪列举着他的罪状，对他大加谴责，要魔鬼用更严酷的方式折磨他"。

他死亡前所遭受的缓慢而痛苦的死亡过程更被作者不厌其烦地详加渲染。他被魔鬼的魔爪深深插进头里，从高空扔下，摔在一块尖顶的岩石上，结果在悬崖间滚来滚去，最后滚落至河边。这时，他已是伤痕累累，血肉模糊，气息奄奄。他还试图挣扎着站起来，然而他已不可能再站起来了。太阳从地平线上冉冉升起，温暖的阳光照射在安布若西奥身上。他浑身都是血，一大群昆虫很快爬满了他全身，都纷纷叮在伤口上吸吮他的血，而他却无力驱赶它们，只好遭受这种难以忍受的痛苦过程。栖息在岩石上的鹰也飞过来，争相撕裂着他的肉体，他的眼珠也被鹰用钩形嘴啄出。他口渴难忍，听到身旁不远处有汩汩的流水声，便企图往河边爬，但丝毫也动弹不得。这时的他已眼瞎、乏力、无助、绝望。可他还在竭力发泄着胸中的盛怒和诅咒，但是在可怕的死亡来临之前，已注定要使他忍受更大的痛苦。这种痛苦他忍受了六天。第七天，狂风呼啸，飞沙走石，大雨倾盆。河水暴涨，不断地冲击着岸边的岩石。终于，安布若西奥的尸体也被卷进了湍急的

---

❶ 刘易斯.修道士[M].李伟昉，译.上海：上海译文出版社，2002：263.

河流里。❶

　　小说中的另一个人物阿格尼丝也遭受了空前的痛苦磨难。因出逃修道院的计划失败，她被凶狠残忍、冷酷无情的多米娜院长打入修道院下面腐尸遍地、气味恶臭、暗无天日的墓穴，让她与腐尸蛆虫为伴，让她饱受饥饿、寒冷、病魔、早产丧子的悲惨痛苦。请看这两段凄怆的文字：

　　地牢里空气污浊、腐臭，阴冷潮湿。孩子出生后几小时便死了。我是怀着难以诉说的悲痛，无可奈何地目睹着孩子死去的啊！但我枉自伤悲，我的孩子死了，无论如何叹息，他也不能再活过来。我把孩子裹起来，搂在怀里，让他柔软的手臂搭在我脖子上，让他苍白冰凉的脸蛋贴在我脸上。我让他这样安息，我一千遍一万遍地吻他，同他说话，哭泣、哀伤。卡米拉每天来一次，给我送吃的。尽管她心冷如铁，看到这场面也不能无动于衷。她担心极度的哀伤会使我发疯，而实际上，我的确已处于疯狂的边缘。出于同情，她劝我把孩子埋掉，但我决不同意。我发誓只要我活着，就决不同他分离。他是我唯一的安慰，无论如何我不会放弃。尸体腐烂了，人人看了都恶心、厌烦。但在一个母亲的眼里，他仍然是那么珍贵、可爱。我经受住了、压抑了那味道，仍然把他搂在怀里，爱他，为他哀伤。

　　我就陷于这种悲惨的境地。地牢里寒冷刺骨，空气也更污浊不堪，令人窒息。我的身体更加虚弱，更加憔悴，不久开始发烧病倒，起不来床。虽然感到疲倦、衰弱，却难以入眠，因为时常被一些爬到身上的昆虫所侵扰。有时，癞蛤蟆在我胸膛上得意地爬来爬去，散发着令人恶心的气味；有时蜥蜴爬到我的脸上，并且缠绕在我那一团污脏散乱的头发里；早上醒来时，经常发现我的手指上爬满长长的虫子，它们在我孩子腐烂的肉体上繁殖。每次遇到这种情况，我都是带着厌恶和恐怖发出尖声叫❷。

　　在《弗兰肯斯坦》中，我们同样被主人公所遭受的巨大痛苦和灾难压抑得喘不过气来。弗兰肯斯坦创造的魔鬼先后杀死了他的弟弟、朋友和新婚妻子，老迈的父亲也终因经受不住这连连的打击而伤心地死去。弗兰肯斯坦痛悔万分，发誓追杀魔鬼，但最终还是被魔鬼活活拖垮，历经身心痛苦折磨后悲惨而死。

---

❶ 刘易斯．修道士 [M]．李伟昉，译．上海：上海译文出版社，2002：321．

❷ 刘易斯．修道士 [M]．李伟昉，译．上海：上海译文出版社，2002：301－303．

第二节　恐怖特征的文化探源

一、社会经济

商业性经济特征，是西方社会的主导特征。随着资本主义的兴起，古希腊人的航海、经商、殖民活动更是成为西方主要国家赖以生存、发展的主要途径。英国这个近代西方大国的形成与发展，就与航海、经商、殖民活动密切相关。在这整个过程中，征服大自然，特别是征服大海，就常常成为商人们必须面对的大问题。他们要在茫茫大海上战狂风斗恶浪，随时都有被巨浪掀翻、被巨鲨吞没的危险。大自然不以人的意志为转移，它似乎处处与人为敌。凡此种种，形成了西方人与自然尖锐对立的关系。也因此，挑战大自然的过程铸就了西方人不惧冒险、敢于进取、突出个性的民族性格。大海裹挟着人类超越了那些思想和行动的有限的状态。航海的人都想获利，因为他们冒了生命财产的危险来求利。但是，他们所用的手段和他们所追求的目标恰好相反。这一层关系使他们的营利、他们的职业又超过了营利和职业而成了勇敢的、高尚的事情。从事贸易必须有勇气，智慧必须和勇敢结合在一起。因为勇敢的人们到了海上，就不得不应付那奸诈的、最不可靠的、最诡谲的事物。同时，商业活动中充满紧张而凶险的竞争，又使人与人之间的关系蒙上了厚厚一层冷漠敌对的冰霜。西方民族注重感性与理性、个人与社会、人与自然的对立与斗争，在审美理想上崇尚冲突之美，表现出激烈的冲突和残酷的结局。于是，自古希腊伊始的西方文学创作就具有了渲染、展示冲突、暴力、残酷的恐怖性的一面。18 世纪后期至 19 世纪初期的英国哥特小说不过是其中颇为典型的一个代表而已。

二、思想

（一）诗学

探究英国哥特小说恐怖表现的学理依据、存在价值与审美特性，其思想理论渊源可以追溯到两千多年前古希腊文学理论家亚里士多德的《诗学》。

英国哥特小说最鲜明的审美特征就是恐怖、惊险、痛苦和罪恶，特别专注于不寻常、极端事件的描写，着力追求强烈的文学效果。英国哥特小说中的恐怖、惊险、痛苦和罪恶，不仅能引起读者的恐惧之情，而且能引起读者的怜悯之情。

亚里士多德就特别强调恐惧与怜悯之情。从西方文艺理论和美学史来看，亚里士多德大力倡导文学作品表现恐怖、罪恶、凶杀、惊奇与苦难，并成为对其描写价值与功用做为理论探讨的理论先驱。在《诗学》中，他之所以重视对这类内容的描写，是因为它们能最大限度地引起人们的恐惧与怜悯之情。悲剧所模仿的行动不但要完整，而且要能引起恐惧与怜悯之情。如果一桩桩事件是意外发生的而彼此间又有因果关系，那就最能（更能）产生这样的效果。这样的事件比自然发生，即偶然发生的事件，更为惊人。

因为没有阴森场景就难以营造恐怖的氛围和情调，于是早期恐怖小说总是将场景设置于与死亡、危险、黑暗关系密切的所在，如古堡、废墟、墓室、洞窟、森林、庙宇、医院、停尸间等。随着时代的变迁和发展，恐怖小说大大地扩张了场景领域，日常生活环境也被纳入笔底，但这些日常环境也已非同寻常：阴森化了生活场景。更进一步，将人物视野中的一切对象都阴森化，器物、动物、其他人物甚至自身肢体，都罩上阴森的暗影。由此，小说中的整个空间都笼罩着惨厉色彩，造成整体性的恐怖氛围。空间对象阴森化的基本方法，就是把人物或叙述者疑神疑鬼的情绪和恐惧想象投射于其上。恐怖这种与客观事实最相悖谬的奇幻内容小说偏偏必须营造真实感，这并不奇怪，如果小说中的情节、场景和道理都是赤裸裸的虚假荒诞，其惊悚效果将全部消失殆尽，而这种体裁也就没有了立足之本。所以，所有的恐怖小说都要竭力把所叙之事装扮得令人信服，这种装扮术就是"逼真"，就是托多罗夫所说的"关键不再是确立事实（这不可能），而是接近事实，给人以真实感"。在恐怖小说的具体创作中，逼真手段主要落实为以下几点。① 以真实可信的细节掩盖整体情节的非真性。恐怖小说的局部细节大都遵循写实法则，取自真实生活并以现实的样态呈现出来，把怪诞的情节建筑在逼真可感的细节之上。聪明的恐怖小说家设置恐怖事物时不会去写青面獠牙、血盆大口，因这种怪象只能使人感到滑稽或恶心，却不能"接近事实"而令人震惊。连细节都一并失真，情节就会荒诞化或者土崩瓦解。② 真假参半。在题材中既使用子虚乌有的想象材料，也采撷确凿无疑的现实材料，常态生活与诡异事件交织于一体，造成似真似幻的效果。③ 拉近时空距离。让神秘事件发生于当下时空，造成一种强烈的现实感，使读者恍觉故事就发生在身边。④ 内聚焦视点。由于这种视点是以"我"的口吻讲述亲历或亲闻的故事，故事便具有了直视性，自然带有一种可信性或真实感。

亚里士多德认为，恐惧与怜悯之情可借对象来引起，也可借情节的安排来引起，不过以情节安排为佳。真正的悲剧应该给我们一种特别强烈的快感，从痛苦之中，从恐惧之中激起人们的恐惧与怜悯之情，使之惊心动魄❶。因为恐惧乃是一种痛苦的或困恼的情绪，所以他特别强调悲剧中的苦难，并把苦难视为悲剧情节的三大重要成分之一（另外两个是"突转"与"发现"）。所谓苦难，就是毁灭或痛苦的行动，如死亡、剧烈的痛苦、伤害等事件。为了表现这种苦难并使观众或读者感到痛苦，研究哪些情节即哪些行动是可怕的或可怜的，就成为作家的当务之急。亚里士多德对此有清楚的说明。他认为，如果谋杀发生在仇敌之间，则不能引起我们的怜悯之情，只是被杀者的痛苦有些使人难受罢了；如果仇杀的双方是非亲属非仇敌的人，也不行，因为这样的行动只是意外发生且无因果关系。因此，他明确主张，只有当亲属之间发生苦难事件时才行，如弟兄对弟兄、儿子对父亲、母亲对儿子或儿子对母亲施行杀害或企图杀害，或做这类的事——这些事件才是诗人所应追求的。

可见，亚里士多德格外强调对足以引起恐惧与怜悯之情的苦难事件的模仿，特别推重表现"惊奇"而又似乎不合情理的亲人之间的血腥残杀，就在于它"更能产生悲剧的效果"，更能"使人惊心动魄"，给人带来悲剧的审美快感，让人自我反省，取得教训，从而使人从中得到情感宣泄、思想陶冶和道德净化，并最终使人得到"善"或"美德"。显然，亚里士多德绝不是主张为凶杀而凶杀，为邪恶而邪恶，他要揭示和提升的恰恰是"黑色"背后所蕴含的功能和意义。他清醒地意识到，"衡量诗与衡量政治正确与否，标准不一样"，"如果诗人写的是不可能发生的事，他固然犯了错误，但是，如果他这样写，达到了艺术的目的，能使这一部分或另一部分诗更为惊人，那么这个错误是有理由可辩护的"。❷因此，文学的目的在于激起人们的情感，并使种种恐惧、痛苦、怜悯之情得到宣泄、发散，人们不仅从仇杀、乱伦、罪恶的艺术模仿中获得了审美的快感，而且得到了一种"净化"。

亚里士多德的探讨不仅具有巨大的理论价值，而且具有了不起的叛逆意识与开创性。因为柏拉图主张"以美为美"，坚决反对诗人描写邪恶、放荡、卑鄙和性欲等。因为描写这些内容就是有伤风化，就是"培养发育人性中低劣的部分，摧残理性的部分"。本来，这些内容"都理应枯萎"，而诗人"却灌溉它们，滋养它们"，"逢迎人心的无理性的部分"，柏拉图将此作为诗人的"最大的罪状"，宣布将它们赶出他的理想国。所以，柏拉图认为，如果读者接触了罪恶的形象，就如

---

❶ 亚里士多德.诗学[M].罗念生，译.北京：人民文学出版社，1984：42-43.

❷ 亚里士多德.诗学[M].罗念生，译.北京：人民文学出版社，1984：93.

牛羊卧在毒草中咀嚼反刍，近墨者黑，不知不觉间读者的心灵便会受到伤害。他甚至建议从《荷马史诗》乃至词汇中剔除可怕的"阴暗""凄惨""游魂幻影""阴间""地狱""死人""尸首"等词，因为"它们使人听了毛骨悚然"。更重要的是，"我们担心这种恐惧会使我们的护卫者软弱消沉，不像我们所需要的那样坚强勇敢"。故而，他倡导人们远离描写罪恶和性欲等的作品，经常耳濡目染优美的作品，"使他们如坐春风，如沾化雨，潜移默化，不知不觉之间受到熏陶，从童年时，就和优美、理智融合为一"。❶

而亚里士多德从净化效果的独特角度，从其师拒斥和否定的内容中看出了价值和意义，并给予了精彩的理论阐释。曹顺庆曾指出："净化恐惧与怜悯之情，并非悲剧效果之专利，而是文学艺术的普遍规律之一，是艺术的最佳效果。这是我们在论述亚里士多德效果论之时必须首先明确的。"❷他认为，亚里士多德的效果论可分为两个层面。其一是对柏拉图"以美为美"的观点的继承和光大，即将现实中的美模拟、概括和集中起来，获得艺术的真实美、典型美，从而使读者获得审美的愉悦。"其二是'以丑为美'，即将现实中的丑转化为艺术中的美，令观众（读者）从'丑''痛苦''恐惧'之中得到情感上的陶冶、宣泄或净化，获得艺术的快感。"❸这正是亚里士多德对柏拉图的超越与创新之处。显然，只注意到他的第一个层面不够，还应高度重视后一个层面的内容。

亚里士多德曾明确而深刻地提出过化丑为美的艺术观点："经验证明了这样一点，事物本身看上去尽管引起痛感，但惟妙惟肖的图像看上去却能引起我们的快感，如尸首或最可鄙的动物形象。"❹引起"痛感"的东西，甚至是"最可鄙"的形象，何以能转化为审美的快感呢？亚里士多德曾在《尼各马可伦理学》中解释说，"思维的快感"远比一切更为纯洁，"只要是一方面有被思想的东西、被感觉的东西，另一方面有判别力和思辨力，那么在活动中将有快感（快乐）存在"。❺这里再清楚不过地表达出，所谓化丑为美的"审美的快感"，其实就是一种"思维的快感"，或者称之为"思想的快感"。以丑为美并非把丑本身视为美，而是当人们能从丑恶中看到最本质的东西，即思想到"被思想的东西"，感觉到"被感觉的东

❶ 柏拉图.理想国[M].郭斌和，等，译.北京：商务印书馆，1997：83-84.

❷ 曹顺庆.中外比较文论史（上古时期）[M].济南：山东教育出版社，1998：655.

❸ 同上.

❹ 亚里士多德.诗学[M].罗念生，译，北京：人民文学出版社，1984：11.

❺ 范明生.西方美学通史（第一卷）[M]：上海：上海文艺出版社，1999：490-491.

西", 同时具备"判别力和思辨力"的时候, "丑"才能化为"美", 才能产生"快感"。这一"快感"是要达到一种合乎理性的和有价值的精神状态。柏拉图未能看到文学艺术中的"丑"所具有的这种特殊的审美转化功能, 更未认识到其中合乎理性的和有价值的精神内核与实质。因此, 亚里士多德这一理论创见, 不仅总结了古希腊文学艺术的实践, 而且开启了西方文学艺术化丑为美的理论先河, 其深刻的美学内涵对西方后世产生了尤为深远持久的影响。19 世纪后期, 象征主义先驱波德莱尔之论, "丑恶经过艺术的表现化而为美, 带有韵律和节奏的痛苦使精神充满了一种平静的快乐, 这是艺术的奇妙的特权之一"❶, 正是亚里士多德思想的直接继承。

亚里士多德认为, 哀伤和战噤的突然降临表现了一种痛苦的分裂, 在此分裂中存在的是一种与所发生事件的分离, 也就是一种对抗可怕事件的拒绝接受。但是, 悲剧性灾祸的作用正在于使这种与存在事物的分裂得以消解。就此而言, "悲剧性灾祸起了一种全面解放狭隘心胸的作用。我们不仅摆脱了这一悲剧命运的悲伤性和战栗性所曾经吸住我们的魅力, 而且同时摆脱了一切使得我们与存在事物分裂的东西"。❷

这种悲剧性的哀伤背后所表现出来的对抗可怕事件的拒绝接受, 正是一种肯定, 即一种"向自己本身的复归"❸。显然, 正是那种由某种过失行为所产生的不均衡性和极可怕的结果, 才对观看者表现了真正的期待。悲剧性的肯定具有一种真正共享的性质。它就是在这些过量的悲剧性灾难中所经历的真正共同物。观看者面对命运的威力认识了自己本身的有限存在。因此, 伽达默尔认为, 那种突然降临的震惊和胆颤深化了观看者与自己本身的连续性, 观看者在悲剧性事件中重新发现了自己本身, 因为悲剧性事件乃是他自己的世界, 他在悲剧里遇到了这个世界, 并从中获得了自我认识❹。

(二)崇高理论

西方的崇高理论也是英国哥特小说创作的思想资源之一。它和亚里士多德的《诗学》一样, 为我们理解、接受英国哥特小说提供了弥足珍贵的理论依据和有力的思想支持。依据这些理论, 我们来观照哥特小说这种所谓的"黑色小说", 它不

---

❶ 龚翰熊.20 世纪西方文学思潮[M].石家庄:河北人民出版社, 1999: 15.

❷ 伽达默尔.真理与方法[M].上海:复旦大学出版社, 2001: 630.

❸ 同上, 第 631 页。

❹ 同上, 第 633 页。

仅能大大拓展我们阅读、鉴赏、思维的空间，更有助于清除我们意识中积存已久的"死角"，从根本上改变对英国哥特小说的认识偏见。

古希腊文论家朗吉努斯是西方最早从审美的范畴提出崇高概念的批评家。他的《论崇高》对后来一系列崇高理论的发展产生了深远影响，这与英国哥特小说的兴起有密切联系。朗吉努斯的《论崇高》虽然是从文学风格的角度谈起的，但它不限于只谈文学风格，更重要的是它涉及崇高这一美学范畴的特征和本质问题。他认为，赢得我们惊叹的永远是不寻常的事物❶。

在朗吉努斯看来，崇高就是那些巨大的、恢宏的、不同寻常的事物，以及人的心灵对这些不同寻常事物的热烈追求和永恒惊叹。这一观点标志着西方文学理论发展中一个新的转折，突出体现在他对文学的功能提出了迥异于前人的观点。他既不像柏拉图那样强调文学为政治服务，也不像贺拉斯那样偏重文学的"寓教"功能，而是进一步推进了亚里士多德所提出的文学的独特的审美功能："不平凡的文章，对听众所产生的效果不是说服而是狂喜，奇特的文章永远比只有说服力或是只能供娱乐的东西具有更大的感动力。"❷这种对文学强烈效果的要求像一根红线贯串全书。这一崇高理论在此后相当长的时期未引起重视，直至18世纪启蒙主义时代，新兴资产阶级在政治上反对封建专制制度，在艺术上反对新古典主义的虚伪纤巧，崇高的美学风格才如一股清新的风，四处飞扬。朗吉努斯的《论崇高》也从此大受推崇，并产生深刻影响。

在18世纪启蒙主义时代的英国，艾迪生（1672—1719）和伯克（1729—1797）这两个经验主义美学家不仅深受朗吉努斯崇高论美学思想的影响，而且影响了德国康德的崇高理论，更与英国哥特小说的产生直接相关。艾迪生在《想象的快感》中，把"伟大""新奇"与"美"并列为三种引起快感的对象。他发现世间有些东西是如此骇人或不快，它引起的恐怖或厌恶可能压倒它产生的快感，但在它给予我们的厌恶中却又混杂着一点愉快。他认为，神在一切新奇或非凡的事物中加添一种神秘的快感，以鼓励我们去追求知识，促使我们去探索神创造的奇迹❸。

在朗吉努斯和艾迪生的基础上，伯克进一步对崇高做了深入系统、别开生面的探讨和研究。他的《关于崇高与美的观念的根源的哲学探讨》（1757）被公认为康德之前西方论述崇高与美这两种审美范畴的最重要的美学理论著作，为康德崇

---

❶ 朗吉努斯.论崇高[M].刘象愚等，译.北京：北京大学出版社，2000：160.

❷ 朱光潜.西方美学史（上卷）[M].北京：人民文学出版社，1984：112.

❸ 艾迪生.想象的快感[M].北京：中国人民大学出版社，1987：42.

高理论思想的建立奠定了坚实的基础。伯克从人的生理、心理机制入手，把人类的基本情欲分为"自体保存"和"社会交往"两类。崇高感就与这种要求维持个体生命本能的"自体保存"相联系，它是产生崇高感的生理、心理基础。因为"自体保存"的情欲一般只在生命受到威胁时才被激发起来，激起它们的一定是某种痛苦和危险，它们在情绪上一般都表现为恐怖和惊惧，而这种恐怖和惊惧正是崇高感的主要心理内容。因此，伯克认为，凡是能以某种方式引起苦痛或危险观念的事物，即凡是能以某种方式令人恐怖的，涉及可恐怖的对象的，或是类似恐怖那样发挥作用的事物，就是崇高的一个来源❶。

但是，伯克又提到，"如果危险或苦痛太紧迫，它们就不能产生任何愉快，而只是恐怖。但是如果处在某种距离以外，或是受到了某些缓和，危险和苦痛也可以变成愉快的。"❷即实际的痛苦和危险只能令人恐怖，产生痛感，而崇高感却是一种夹杂着痛感的快感，它来自痛苦与恐怖的消除，是由痛感转化而来的审美快感。在论及欣赏能引发崇高感的痛苦和危险时，伯克十分注重"同情"这一因素在欣赏过程中的审美作用：由于同情，我们才关怀旁人所关怀的事物，才为感动旁人的东西所感动。同情应该看作一种代替，这就是设身处在旁人的地位，在许多事情上旁人怎样感受，我们也就怎样感受。因此，这种情欲可能还带有自身保存的性质。主要根据这种同情的原则，诗歌、绘画以及其他感人的艺术才能把情感由一个人心里移注到另一个人心里，而且往往能在烦恼、灾难乃至死亡的根干上接上欢乐的枝苗。大家都看到，有一些在现实生活中令人震惊的事物，放在悲剧和其他类似的艺术表现里，却可以成为高度快感的来源❸。

在伯克看来，"烦恼""灾难"和"死亡"之所以能产生快感，除与之保持一定距离外，主要是"同情"在发挥作用。由于这种同情，我们根本不可能对他人的痛苦和灾难视而不见，无动于衷，而是设身处地地与他人一起感受。在感受中，还有"自身保存的性质"在里面，这使我们在看到他人遭受痛苦和厄运时能有所思，从而获得某种快感与启迪。

由此，伯克在他的美学中正式引入了"审美快感"这个概念，认为"任何堪称引起恐怖的事物都能作为崇高的基础"，"我也注意到任何产生快感——确定的和

---

❶ 朱光潜.西方美学史（上卷）[M].北京：人民文学出版社，1984：237.

❷ 朱光潜.西方美学史（上卷）[M].北京：人民文学出版社，1984：237.

❸ 朱光潜.西方美学史（上卷）[M].北京：人民文学出版社，1984：239.

本原快感的事物都可以同美联系在一起"。● 这实质上也是一种净化说。因为伯克认为恐怖和痛苦"清除了感官中危险的讨厌的障碍物，所以能引起愉快"●。此说与后人对亚里士多德的"净化说"的阐释颇为一致，而且为类似的阐释开辟了道路。例如，桑塔耶纳对恐怖中的审美快感做过这样的阐发："恐怖的提示使我们退而自守，于是随着并发的安全感或不动心，精神为之抖擞，我们便获得超尘脱俗和自我解放的感觉，崇高的本质就在于此。"● 小泉八云也说："一点点恐惧的原质可以缔结大量的高贵的情感，特别是能与更高形式的唯美情感相缔结。"● 他认为，恐惧虽然是一种很原始的感情，一种与生俱来的本能，但其中蕴藏着丰富的审美因素。

　　尤为可贵的是，伯克详细探讨了能产生快感的崇高本身的性质特征。首先，他认为崇高的对象都具有可恐怖性，"凡是可恐怖的也就是崇高的"，"惊惧是崇高的最高度效果"●。崇高的对象之所以崇高，关键就表现在它能在人的心理上直接造成或引起压倒一切的恐怖感。这种恐怖感具有压倒一切的力量，它是非理性的、直觉的，不仅不能"由推理产生，而且使人来不及推理"，因为当这种恐怖感独占心灵时，"心的一切活动都由某种程度的恐怖而停顿"●，从而完全丧失了任何进行推理等运用理性思维的能力。而这种恐怖感所以能使人丧失推理能力，就在于它强烈害怕痛苦和死亡。因此，恐怖在一切情况下总是或隐或现地成为引发"崇高"的主导因素。接着，他对引起恐怖感的"崇高"在自然界和人类社会生活中所体现出来的种种具体的感性性质，做了独到而细腻的精彩分析。第一，体积无限巨大，如无边无际的沙漠、一望无垠的天空、浩瀚深邃的大海等。第二，声响和寂静，如滂沱的大雨、狂怒的风暴、雷电或炮击的轰鸣声，都足以引起恐怖感。"单靠声音的力量使想象力变得惊恐与混乱，精神处于犹豫与慌乱中，连最有修养的人也难免失去自我克制。"那种具有强大力度的声音突然开始或突然停止，也足以令人毛骨悚然，危险感骤起。还有一种在必要的位置上间歇出现的捉摸不定的声音，这比完全寂静无声更令人恐惧。第三，朦胧、晦暗、模糊不清的形象较之明朗清晰的形象更容易激发"崇高感"，因为它们具有更大的力量来唤起人的想象。所以，

● 伯克.崇高与美：伯克美学论文选[M].上海：上海三联书店，1990：151.

● 鲍桑葵.美学史[M].张今，译.北京：商务印书馆，1985：265.

● 乔治·桑塔耶纳.美感[M].缪灵珠，译.北京：中国社会科学出版社，1982：163.

● 小泉八云.美国文学杂谈[M].韩侍桁，译.上海：上海北新书局，1929：310.

● 朱光潜.西方美学史（上卷）[M].北京：人民文学出版社，1984：242.

● 同上。

"黑暗比光亮更能产生崇高的观念","黑夜比白天更显得崇高、庄严"。❶ 与此相关,就颜色而言,崇高的对象不宜采用柔和、明亮的色彩,而必须偏重于黯淡的或深色的,如黑色、褐色、深紫色等,这也是"崇高"的根源之一。

此外,伯克已经意识到丑与崇高的某种内在联系。他说:"虽然丑是美的对立面,它却不是比例和适宜性的对立面。因为很可能有这样的东西,它虽然非常丑,却合乎某种比例并且完全适合于某种用途。我想丑同样可以完全和一个崇高的观念相协调。但是,我并不暗示丑本身是一个崇高的观念,除非它和激起强烈恐怖的一些品质结合在一起。"❷ 这一看法,实际上承认了丑的东西同样可以引起恐怖感,即崇高感,因而具有"某种用途"。当然,这种用途,是审美意义上的。

在这里,我们需要特别指出,首先,伯克的崇高论与朗吉努斯的崇高论有根本上的区别。朗吉努斯是把"崇高"与"永恒的爱""真正的伟大""神圣的东西""惊心动魄"等积极的社会价值联系起来,因此,他对崇高的理解是积极的、理性的。而伯克虽然有时也把"崇高"与"伟大"联系起来,但从其具体论述来看,他主要是把"崇高"等同于"恐怖",把"崇高感"等同于"恐怖感";而且,他主要是从感觉出发,将感觉作为认识的泉源和基础,把"由客观的崇高事物而引起的崇高感,仅归结为心理和生理上的恐怖感,全然排除了崇高感中的理性因素,实质上将崇高感看作非理性的,更严格说是反理性的"。❸ 其次,伯克在其崇高论中,明确反对法国美学家杜博斯的"画比诗较明晰,所以也较优越"的观点,崇尚朦胧、模糊、黑暗、孤独、不和谐,以及形式上的粗犷不羁、杂乱无序、庞大的体积、无法驾驭的力量等,强烈显示出他在价值观念上的反理性倾向与反常心态,表现出新兴的浪漫主义的审美趣味。因此,可以说,伯克的崇高论具有颠覆主体的性质,是浪漫主义者挑战古典主义文艺思想的一面旗帜,"从优美过渡到崇高,其最基本、最有力的因素是导致优美的和谐瓦解的不和谐因素"❹。从这里我们也可以清楚地看出,伯克的崇高论对反理性、反古典主义的哥特小说创作的理论支撑与明显影响。因为此后率先在英国出现的哥特小说就强烈地表现出了对"黑暗""模糊""恐怖""孤独""不和谐""混乱无序"等的偏好与钟情。

作为德国古典美学的开创者和奠基人的康德(1724—1804)是西方美学理论

---

❶ 伯克.崇高与美:伯克美学论文选[M].上海:上海三联书店,1990:92-96.

❷ 伯克.关于崇高与美的观念的根源的哲学探讨[M].北京:人民文学出版社,1963:60.

❸ 范明生.西方美学通史(第一卷)[M].上海:上海文艺出版社,1999:439.

❹ 牛宏宝:西方现代美学[M].上海:上海人民出版社,2002:58.

史上崇高论的集大成者。有关这方面的论述集中体现在他前批判时期的《对美感和崇高感的观察》（1764）和批判时期的《判断力批判》（1790）两部著作中。《对美感和崇高感的观察》是康德在伯克美学思想的影响下完成的。在此文中，康德把崇高感分为"恐惧的崇高""高贵的崇高""壮丽的崇高"，这三种崇高都是从对象在主体心灵中的反映的角度去理解的，依次反映了对象在主体心灵中引起震撼的强度。他还阐述了知性原则和道德品质在崇高中的地位，并且进一步阐述了知性原则和道德品质在崇高中的相互关系。这为批判时期审美的合规律与合目的性统一的基本原则做了有益探索。

在《判断力批判》中，康德不仅对伯克美学做了评述，认为伯克是用经验的方法去研究美学的人中间的"最优秀的作者"，而且进一步系统接受伯克著作中关于崇高思想的论述，并在此基础上，把崇高分为"数学的崇高"和"力学的崇高"❶。他对后者的分析尤为精到。他说："自然界当它在审美判断中被看作强力，而又对我们没有强制力时，就是力学的。"❷接着，他又描述了"力学的崇高"及其审美心态：

"险峻高悬的、仿佛威胁着人的山崖，天边高高堆聚挟带着闪电雷鸣的云层，火山以其毁灭一切的暴力，飓风连同它所抛下的废墟，天边无际的被激怒的海洋，一条巨大河流的一个高高的瀑布，诸如此类，都使我们与之对抗的能力在和它们的强力相比较时成了毫无意义的渺小。但只要我们处于安全地带，那么这些景象越是可怕，就只会越是吸引人；而我们愿意把这些对象称为崇高，因为它们把心灵的力量提高到超出其日常的中庸，并让我们心中一种完全不同性质的抵抗能力显露出来，它使我们有勇气能与自然界的这种表面的万能相较量。"❸

这就是说，对象的可怕，作为一种"强力"，是"力学的崇高"产生的不可缺少的条件；但又强调，只有在我们处于可怕的对象不能对我们造成实际的威胁和伤害的"安全地带"，并与对象发生审美关系时，才能产生"力学的崇高"。而且对象越可怕，就越吸引人。之所以如此，关键就在于它能把我们"心灵的力量提高到超出其日常的中庸，并让我们心中一种完全性质不同的抵抗能力显露出来"，从而"使我们有勇气能与自然界的这种表面的万能相较量"。这里所说的那种"完全不同性质的抵抗能力"，不是指实在的抵抗力，而是特指一种精神力量，一种"非感性的尺度"，它使我们具有一种优越感，在这种优越感上又让我们建立起完全不

---

❶ 康德.判断力批判[M].宗白华，译.北京：商务印书馆，1964：119.

❷ 杨祖陶，邓晓芒，编译.康德三大批判精神[M].北京：人民出版社，2001：477.

❸ 同上，第478页。

同于受到外在自然的威胁和攻击时所产生的那种"自我保存"的"自我保存"。这种"自我保存"不是阻止或摆脱自然暴力的实际侵害，只是让我们面对危险时保持性格力量的伟大和自我尊严感的神圣！

总之，康德的崇高理论在伯克的思想基础上发展起来，但又突破了伯克从生理和心理学角度进行研究的局限，把崇高放在自己的批判哲学体系框架中进行研究，得出崇高不在物而来自主体心灵，以及崇高是表现道德情操的心意情调等结论。他把崇高感引向了主体的道德领域。在这里，崇高的鉴赏者"不再是一个纯粹静观的审美主体，而是一个具有实践意向的道德主体，一个在崇高的对象中体验到自身力量的能动主体，这个主体已经超越了自然的必然性领域，在内心培植起了一种自由的、积极向上的性格力量"❶。这体现了康德对人的主体性价值的肯定和高扬。因此，崇高理论到了康德那里得到了极大充实和提高。迄今为止，无人能在崇高理论方面超越康德。

席勒（1759—1805）的崇高理论也是 18 世纪末期西方重要的美学理论成果。这一成果主要体现在他 1793 年至 1795 年完成的两篇《论崇高》的论文中。他认为，崇高是人的自由本质的体现。面对崇高的对象，我们的感性本性与理性本性呈现为相互矛盾的不协调性，即我们的感性本性感觉受到了限制，而理性本性却感觉到一种超越客体之上的独立性。崇高的产生就是这种主体独立性的结果。他还强调，"如果要使巨大的可怕的东西对我们具有审美价值，这种意识就绝对必须占压倒优势"，因为在这样的表象面前，"不是它征服了我，而是我自己征服了自己"，由此"精神才感到振奋并且感到高过了自己平常的水平"。❷

席勒重新把崇高分为"理论的崇高"和"实践的崇高"两种，并且进一步将能引起痛苦感的"实践的崇高"细分为"观照的崇高"和"激情的崇高"。他认为，一切异乎寻常的、神秘的、难以捉摸的东西，还有黑暗等，都是观照的崇高对象。与之相对的另一种对象，它把人的可怕性客观地表现为痛苦本身，而且使判断的主体将全部精力投诸道德状态中，同时从可怕的东西中创造出崇高来，这种客体就是激情的崇高对象。他认为，激情的崇高的产生依赖于两个先决条件：一是有一个生动的痛苦表象，以便引起适当强度的同情的情感激动；二是具备反抗痛苦的表象，以便在意识中唤起内在的精神自由。对象通过前者才能成为激情的，经由后者才能同时成为崇高的。从中产生出一切悲剧艺术的两个基本法则：一是表

---

❶ 吴琼.西方美学史 [M].上海：上海人民出版社，2000：402.

❷ 席勒.秀美与尊严：席勒艺术和美学文集 [M].北京：文化艺术出版社，1996：88-99.

现受苦的自然；二是表现在痛苦时的道德的主动性。"痛苦本身从来不可能是表现的最终目的，也从来不可能是我们在悲剧作品中所感到的快感的直接源泉。激情的东西，只有在它是崇高的东西时才是美学的。"❶这样，席勒就把崇高与悲剧联系起来，使悲剧的本质在美学上获得了价值肯定，并开启了谢林和黑格尔关于悲剧的论述的先河。这一分类显然有别于康德。康德的分类源于经验的概括，其崇高理论是要把审美引向道德领域，却又否认它们之间有必然的关联，因此他认为崇高只能是一种主体性意义上的道德的象征。而席勒的分类是建立在主体对自然对象的不同关系之上的，他直接视崇高为自由的表现，是道德主体的力量的见证，因为崇高感就根源于理性的道德主体的介入。

对崇高的作用，席勒更是强调有加。在他看来，崇高是证实人心中超越感觉能力的感性手段，它证明人是具有理性能力的意愿着的生物，它能引导主体超越感性世界的界限，从现象世界进入理念世界。他把崇高看作"一面镜子"，在这面镜子中他看出他心中绝对伟大的东西，从而使人成为真正自由的存在物。同时，崇高还是完整的审美教育不可缺少的重要组成部分。因为"我们的使命是，即使在面临一切感性限制的情况下也要按照纯粹精神的法典行事，所以崇高就应该联合美，以便使审美教育成为一个完整的整体，并使人类心灵的感受能力按照我们使命的范围扩展，因而也就扩展到感性世界之外"❷。他认为，只有将美与崇高结合为一个整体的审美教育，才能使人性真正趋于完整。至此，席勒一改以往把"崇高"与"美"视为截然对立的观念，开始将两者在自由的显现上有机地统一起来。

因此，席勒的崇高理论在康德的基础上推进了一大步，即始终立足于人的主体性的自由，将崇高看作使人从自然向自由飞升的必由之路，是人实现自我完善的必需，这就是席勒崇高理论的重要价值之所在。

19世纪后期以来关于崇高的论述，虽然与英国哥特小说的产生无关，却对我们理解英国哥特小说不无裨益，故值得一提。例如，英国文艺理论家布拉德雷（1851—1935），在论悲剧时也涉及崇高问题。他认为，悲剧的主人公理应是"崇高"的人，即使是反面主人公，如像犯有可怕的弑君之罪的麦克白这样的人也不例外，他与哈姆莱特、李尔王处于同一水平，因为他有着可怕的勇气，处在内心的震颤之中。布拉德雷说："崇高通过克服我们的有限或使之受到震荡而唤醒对无

---

❶ 席勒.秀美与尊严：席勒艺术和美学文集[M].北京：文化艺术出版社，1996：160.
❷ 席勒.秀美与尊严：席勒艺术和美学文集[M].北京：文化艺术出版社，1996：213.

限或绝对的意识。"❶在他看来，悲剧主人公之所以是崇高的，主要是因为在各种崇高中没有伦理方面的差异，每一个主人公都有着崇高的无限性。他指出，崇高是对有限的克服和对无限的意识，表明他是从精神的角度来审视崇高的，更强调崇高与主体的联系，这是对的；但他认为在崇高中没有伦理方面的差别，则无疑是错误的。不过，抛开他的这一错误观点不谈，认为反面人物身上也具有崇高性的看法，又无疑有助于我们对包括哥特式小说在内的文学作品中反面艺术形象或悲剧艺术形象的鉴赏与批判。

法国当代著名思想家、后现代理论代表人物之一利奥塔（1924—1998）的崇高论也值得一提。他认为，崇高感是在自由形式表现的缺失时出现的，"它呼应着无形式"，"甚至正是当表现形式的想象力发现自己缺失时，这样一种感觉出现了"❷。崇高感揭示出来的匮乏对于概念的力量来说，"是一个否定的符号"，当崇高时，话语就易于受到内容的缺失和形式的破碎与不完善。这源于话语能力与存在的不相容，话语不能表达存在，它无法将自身的形式要素归属到某一对象上。他还强调："自然首先是显示某种东西的，故而它把自己传达给我们。其次，自然显示给我们不止一个，而是许多东西。"❸由此，在崇高感中形成各种能力互相"异争"的局面，但它们总是围绕着某种"此在—现在"的刺激所引起、所展开。对于这种刺激来说，不仅应该发现多种解释的可能性，而且这些多种可能性是不可能一样的，每种解释都有其自身存在的理由，因为"对于通过自由的偶然性来说，则要考虑到条件系列中的异质的位置"。因此，主体在刺激中，并非处于"被动性"状态，而是处于"易感性"状态。"这种无序，对我来说，是一种易感性，一种强占"。这种"易感性"是与主动性、参与性紧密相连的❹。在这里，我们看到了康德对利奥塔的影响。

因此，我们认为，西方的崇高理论，虽然诞生于古希腊的朗吉努斯，但直到18世纪中后期的伯克、康德、席勒才真正产生世界性的影响，并且矗立起了一座崇高理论的高峰，此后其余脉仍绵延不断。而产生于18世纪后期的哥特式小说从一开始就接受了崇高理论的影响，加之深受文学固有传统与当时社会历史背景的影响，遂盛极一时。

---

❶ 张玉能，等，编.西方美学通史（第 5 卷）[M].上海：上海文艺出版社，1999：689.
❷ 朱立元，等，编.西方美学通史（第 7 卷）[M].上海：上海文艺出版社，1999：781.
❸ 朱立元，等，编.西方美学通史（第 7 卷）[M].上海：上海文艺出版社，1999：783.
❹ 朱立元，等，编.西方美学通史（第 7 卷）[M].上海：上海文艺出版社，1999：783-786.

综上所述，从理论这一层面说，亚里士多德的《诗学》和崇高理论不仅是英国哥特小说创作的理论基础与思想资源，而且是帮助我们阅读、理解、鉴赏英国哥特小说的重要指南和向导，为我们真正走进哥特小说的世界提供了绝好的理论依据和鉴赏的心理学、美学的基础。它启示我们，文学中表现恐怖、惊险、黑暗、邪恶等内容并不一定庸俗低级，并不一定仅在追求感官刺激，恰恰相反，因恐怖、惊悚、黑暗等引起的痛感可以转化为审美快感。更为重要的是，它能在主体心中培植起一种自由的、积极向上的性格力量，是构成审美教育的一个不可分割的组成部分。

第五章　哥特小说对读者的塑造功能分析

第一节　道德观念

西方评论界一般认为，哥特小说是一种重气氛轻人物的小说。哥特小说的人物不像 19 世纪英国小说的主人公，并不经历明显的成熟过程。一些评论者以《尤多尔佛之谜》为例指出，圣奥贝尔对于女儿爱弥丽的谆谆教诲是父女关系的重要组成部分（小说因此看似女性教育小说），但这一部分（如同故事的其他情节一样）被小说的"重头戏"恐怖与悬念抢了镜头；同时，由于爱弥丽自始至终是个"好女孩"，成长也无从说起。另有学者指出，爱弥丽似乎未因尤多尔佛城堡中的恐怖经历而对人性的复杂性获得更深的感悟，或对其弱点表现更多的同情。这些评论虽都不无道理，但均失之片面。哥特小说的正面主人公，特别是女主人公的思想成熟主要体现于选择，而并无明显的语言宣示。离家远行是女主人公成长的重要阶段，她们身处于斯的种种矛盾和冲突通常在此期间暴露与展开。出门远行的女主人公在矛盾与冲突中认识自己，教育自己。

哥特小说女主人公出行经历的原因各异：或为生活中的重大变故，或父母亡故，或被绑架，或为逃婚。旅行不仅是女主人公增加阅历的过程，也是她寻找和发现自我身世的过程，因此出行过程对于她的身心成长至关重要。

寻找父母，尤其是母亲是哥特小说的一大主题，而在哥特小说里，女主人公寻找到的其实远不止母亲；寻母主题反映的是 18 世纪中产阶级对于自身与历史的疑问与思考。以拉德克利夫的《西西里传奇》为例，女主人公朱莉亚逃婚、追求自由爱情的过程也是她发现自己母亲的过程。侯爵马齐尼与前妻育有两女一男。前妻死后，他娶了一位貌美的年轻女子续弦。多年来，马齐尼家族居住的古堡时有古怪的现象发生，但无人知其原委。马齐尼计划把女儿朱莉亚嫁给罗佛公爵，但朱莉亚生性叛逆，坚拒不从。朱莉亚心仪年轻伯爵希波里特斯，为抗拒父亲逼婚，她与恋人私奔。期间为躲避罗佛公爵的追捕，两人聚散反复，历尽艰辛。后希波里特斯为罗佛公爵捉拿，朱莉亚逃入一连串山洞之中。在穿过一系列洞穴与暗门后，她在一个地下穴室中见到一个中年妇女，孰料此人正是自己的母亲侯爵夫人。原来，喜新厌旧的马齐尼为与后妇维洛尔诺结婚，竟将妻子囚禁于地下室中，对外谎称已逝，并做了一具假尸埋葬以掩人耳目。然而，维洛尔诺是个水性杨花之女，与多名年轻男子有染。一日，奸情暴露，维洛尔诺下药毒死马齐尼，而后自杀。另一边，希波里特斯逃脱罗佛公爵之手，杀回城堡将朱莉亚母女救出。对于朱莉亚而言，地下室囚禁中的母亲是一个符号，象征她所追求的自由——她在追求自由爱情的过程中发现了自己被囚禁的母亲，在自己获得自由的同时，也解救了母亲。故事最后，她与心爱的希波里特斯结为伉俪，两人生死与共的过去使现在的生活显得更加甜蜜。对于朱莉亚而言，同时获得母亲与自由一事意义非凡，它标志着她这个侯爵之女的政治重生：随着她与母亲被同时解救，一个独立的资产阶级自我正式诞生。

《尤多尔佛之谜》中初次出行前，爱弥丽窥见父亲圣奥贝尔在书房偷阅信件，而后凝视一位美丽女子的画像，情绪异常激动，时常掩面而泣。爱弥丽发现画像中的女子并非亡母，因此甚感惊讶。旅行途中圣奥贝尔因年老体弱，经不起旅途颠簸，殒命于异乡，临终他以无比坚定的语气叮嘱女儿销毁上述物品。将这些事件累积起来看，圣奥贝尔对于婚姻是否忠诚令人生疑，而爱弥丽的身世同样成为疑点：她是父亲婚外私生的女儿，还是母亲与别人偷情而出？爱弥丽两度外出实际上也是她认识身世、寻找自我的过程。父亲下葬后，爱弥丽带着重重疑问随姑母再次踏上路途。她在圣克莱尔修道院的见闻一度似乎证实了此前的怀疑。该院修女阿格尼丝临死前见到爱弥丽，神情极度惊恐，举止异常，称爱弥丽与某位维尔如瓦侯爵夫人极其相像。这位夫人实乃爱弥丽的另一姑母，被阿格尼丝伙同情人所害。爱弥丽因与这位姑母外貌酷似，修女阿格尼丝坚称爱弥丽是侯爵夫人的女儿，她在病中恍惚间甚至以为侯爵夫人鬼魂再现。阿格尼丝告诉爱弥丽，这位侯爵夫人婚前曾爱过一位加斯科涅男子，后为父亲逼迫嫁给侯爵维尔如瓦，但侯爵怀疑夫人婚后仍与该男子来往。罗伦蒂尼所讲的几处细节与爱弥丽早先的怀疑似乎严丝合缝，她越发相信自己是父亲与侯爵夫人婚外私生。小说末尾秘密大白，疑点消释，爱弥丽不仅确认了自己的合法身世，并在这一过程中学到了有关感情的珍贵教训。原来阿格尼丝是尤多尔佛城堡的真正主人罗伦蒂尼，也是唆使侯爵毒死妻子的女子。罗伦蒂尼以自己的悲剧告诫爱弥丽，一个人若沉溺感情不加节制，可能会导致犯罪，甚至自我毁灭。尽管从整个故事的发展来看，爱弥丽的意识形态并未发生根本性变化，但这一过程使她确认父母的纯洁与善良，从而肯定父亲庭训的正确。圣奥贝尔在对女儿爱弥丽的谆谆教诲中，如何把握感情与理智之间的平衡点是其重中之重，他多次告诫女儿：切勿沉溺于细腻的感情与过度的感伤，因为纵情于感情与感伤可能导致邪恶。此前，对于父亲的谆谆教诲，爱弥丽虽然铭记于心，但有关自己出身的疑问毕竟给父亲的性格打上了问号，其遗训的说服力也会打些折扣。例如，父亲死后不久，爱弥丽回到家乡，按照父亲嘱托烧毁了那些信件，此时瓦朗高前来求婚。爱弥丽的第一反应是思维陷入混乱：

爱弥丽再次努力压抑自己混乱的思维，尽量说点什么。认识瓦朗高时间尚短，她惧怕此时就信赖自己对于他的偏爱，怕给他希望。尽管在这很短的时间里她在他的趣味与性情中观察到许多值得仰慕的东西，尽管这一意见也获得了她父亲的认可，但这些还不足以反映他的总体价值，她还无法就此在对她的未来幸福如此重要的一件事上做出决定。

在择偶问题上，爱弥丽基本上仍然遵从父亲有关感情的教诲，父亲的选择与她内心所向不谋而合，但她此时已不再完全地、不加怀疑地接受父亲对于瓦朗高的评价，似乎父亲道德上可能存在的疑点使她对自己的判断都提出了疑问，所幸小说最后还了圣奥贝尔一个清白。因此，最后谜团的解开，其意义远不止于身世本身，此事实际上恢复了父亲在爱弥丽心目中的地位，恢复了父亲所代表的意识形态的主导地位。与此同时，经历波折的爱弥丽也更加成熟稳健，在处理感情方面显得尤为冷静。当恋人瓦朗高再次出现时，虽然爱弥丽因过于激动而不省人事，但醒来后仍努力控制自己，要求瓦朗高对于有关他的传闻进行解释。巧合的是，她对父亲的性格怀疑的这段时间，瓦朗高的名誉也遭受歪曲；而父亲的形象恢复后不久，瓦朗高背负的坏名也得到清洗。误解冰消雪释后，两人结为百年之好。婚后，爱弥丽充分继承并发扬父亲仁爱、中庸的处世风格，慷慨资助贫弱者，选择拉伐雷的田园生活，远离铜臭熏人的城市。在整个故事中，爱弥丽确实并未表现出质的变化，但面对矛盾和处理矛盾使爱弥丽更加稳健成熟。虽然她向来是顺从父母的"好女孩"，但出行之前她对于父亲的教导并未表现出理解与接受，是出行经历使她充分认识父亲教导之正确，并选择践行其遗训。爱弥丽在故事结束部分的一系列举动反映了父亲的偏好与选择，只是这种立场选择并未形诸语言而已。爱弥丽是典型的哥特小说人物，她与19世纪小说人物不同，类型性重于个性，大多并无属于自己的思想。这可能是因为18世纪末期英国国内外气氛紧张，小说家很难通过其主人公之口表达带有明显时代色彩的思想，如阶级平等、自由和民主；

主人公前后纵有思想变化，也难以用语言表达。尽管如此，作为某一类人（未成年女性，准中产阶级成员）的代表，爱弥丽却经历了深刻变化。在她两次出游期间，父亲及其意识形态的权威受到怀疑、挑战，后又得到恢复。圣奥贝尔道德疑点的消除，标志着女主人公对其价值与教导的认识与接受，同时意味着她真正进入了父亲所代表的中产阶级意识形态与价值体系。因此，爱弥丽的出行不仅是一次寻母旅程，也是她作为未来中产阶级成员的一次性格塑造。两番出游使女主人公有机会在道德规范与审美趣味等方面按照中产阶级的理想接受教育与塑造。在她的意识形态化过程中发挥重要作用的，除了父亲的庭训，还有她在出行期间耳闻目睹和个人亲历的事件。父亲的教诲对她的价值取舍影响至深，而这些现象的教导又在其后的见闻和经历中得到证实与巩固。莽托尼夫妇和罗伦蒂尼等人，或为财所役，或为名所累，或沉溺于情而不能自拔，无一善终。这一系列失败的婚姻与恋情似乎在提醒女主人公，正确把握感情、地位与财富的关系对于婚姻幸福至关重要。这些悲剧使爱弥丽得以深刻领会并认真贯彻亡父遗训，避免重蹈其覆辙。她与瓦朗高的恋爱关系体现的正是圣奥贝尔式的中产阶级中庸原则：分开时极度思念，以至神思恍惚；相聚时却又故作矜持，若即若离。学者基尔格指出，爱弥丽的教育，无论在父亲生前或死后，其目的都在找到这条中庸之道，实践平衡与自律，以理性控制感情，而不是简单地压抑感情，甚至将其变成一种冷漠无情的坚毅。两度从拉伐雷出发，直至最后回到拉伐雷，爱弥丽不仅完成了从少年到成年的重要过渡，更从一个生物人变成一个社会人，一个中产阶级成员。

　　哥特女主人公出行寻找母亲或自我身世这一主题承袭自中世纪传奇。骑士传奇的一个基本模式是骑士远行寻找失散的恋人、配偶（如 16 世纪的仿骑士传奇《仙后》）或其他相约之人（如《加韦爵士与绿骑士》，途中遭遇歹人，骑士战胜象征邪恶的歹人，最后找到所寻之人。对于骑士而言，出行有两重意义：一是在经受考验中认识世界；二是证明自己的能力与美德。在《仙后》里，红十字骑士因寻找走失的女伴巫娜而接触邪恶，抵御诱惑，布列特玛也在寻觅未来夫婿的过程中遭遇并战胜了诸多邪恶的化身。在《加韦爵士与绿色骑士》里，亚瑟王的侄子加韦按照头年之约，出门寻找绿色骑士以偿还脑袋之债。路上，他受人之邀来到一庄园，在那里经受了女主人的色诱而未失节，他的忠诚使他在最后的砍头游戏中保住了脑袋。加韦爵士的经历表明：骑士在接受教育、增长见识的同时，也以选择与行动证明了自己的美德与能力；出行对于他们而言，是塑造自我、表现自我的过程。哥特女主人公的长途旅行与此类似，也是一个经受考验证明自身美德的过程。这两种文学作品相似的不仅是形式。传奇中的骑士通过行动而非出身证明自身能力，反映其价值观更接近于中产阶级或下层贵族的意识形态，而不是当时的王公权贵。如此看来，哥特小说在情节和题材上模仿中世纪传奇，本身就有一定的价值基础。

《尤多尔佛之谜》的表层情节在整体上体现了圣奥贝尔温和中庸的处世原则。小说似乎在告诫人们，过分想象将危及己身。拉德克利夫的小说多是看似恐怖的神秘事件，但这些事件本无神秘或恐怖可言，也非妖魔鬼怪所为，恐怖怪异全因人们过多想象而致。《尤多尔佛之谜》书中那个著名的黑帘布所遮之物究竟为何，作者几番欲言又止，故事悬念环生。期待许久的读者后来得知，曾经使女主人公昏死过去的"恐怖物体"不过蜡像一具。又如，尤多尔佛城堡多次传出痛苦之声，即便恶棍莽托尼也为之毛骨悚然。小说后来透露，呻吟并非鬼怪所为，也非来自某个绝望的濒死者，而系于城堡之中误入墙体夹层的杜邦先生（爱弥丽的追求者）发出。《意大利人》中也有不少"超自然"情节，如频繁与维瓦尔蒂遭遇的神秘修士，以及教廷审讯室里的"隐形人"。但小说最后交代，所谓"隐形人"实乃神父尼古拉，他通过狱中诸多暗道暗门制造时隐时现之幻觉和神秘恐怖之假象。教廷为迫使犯人招供，常用此招迷惑犯人，是一种屡试不爽的攻心战术，故事末尾水落石出，一切怪象非人为即自然，无一真为鬼怪。小说情节起伏跌宕，颇具情绪冲击力，作者借此劝喻中产阶级读者切勿沉溺于想象，而应以理性的态度待人处事。这种圣奥贝尔式的中产阶级实用主义思想体现启蒙运动对于理性和科学的追求。中产阶级不同于衣食无忧的贵族阶级，多以个人奋斗起家，常需考虑利害得失，因此一个精于权衡利弊的冷静头脑是成功的关键。哥特小说表层的理性思想为正在上升之中、即将主导社会的中产阶级提供了一本生动的为人处世指南。

不过，圣奥贝尔对于女儿的中产阶级式家教也带有浓重的仿贵族色彩。前面提到，18世纪英国中产阶级相对于旧贵族在文化与政治上处于弱势，因此在生活上争相模仿贵族阶级。英国社会又与欧洲大陆，尤其是法国差异甚殊，即便在完成工业化后仍对旧制度表现出惊人的宽容。对于处在社会上层的贵族，英国中产阶级的态度是对抗、艳羡与模仿兼而有之；中产阶级在政治上争取为自己从贵族那里分得更多的权利，在生活方式与态度上主动向贵族趋同。一些原来属于贵族的典型态度，如对于商业的厌恶、对土地与自然的过分依恋，常为中产阶级甚至平民所效仿。有的中产阶级成员开始大量投资于地产，并鄙视贸易，在这些方面他们做得甚至比贵族还贵族。《尤多尔佛之谜》一书中圣奥贝尔厌倦城市，偏好田园生活，就是非常明显的贵族化倾向。对于爱弥丽而言，出游外地使她置身山水，感悟自然之美与力量。双亲去世后，爱弥丽随其监护人姑母歇容太太离开家乡，来到离图卢兹市极近的姑母家中。这是女主人公首次离开乡村，接近城市，而她的苦难也自此而始。飞扬跋扈、变化无常的姑母先极力促成她同瓦朗高的婚姻，后又出尔反尔，将二人生生拆开。爱弥丽被姑夫姑母带往意大利，在威尼斯期间，姑夫莽托尼企图强迫她嫁给自己的朋友莫拉诺。两度出行使爱弥丽充分感受城市的邪恶与奸诈以及乡村的宁静与快乐，从而更加珍惜她与父母曾经享受的乡居生活。瓦朗高在巴黎的经历以及她同舅舅盖斯耐尔的不愉快交道也都印证了这种差别。故事末尾，爱弥丽虽然获得多笔财产，但她处理了在图卢兹的房产，依旧选择与瓦朗高回到世外桃源般的拉伐雷，重续父亲对于土地的贵族、乡绅式依恋。同时，她将部分遗产分发给贫弱者，尽显圣奥贝尔的仁慈、博爱遗风。两人的仁慈善良之心固然体现了资产阶级的平等、博爱的精神，但屈尊俯就、救助贫弱的仿贵族心态同样彰明较著。传统上英国贵族以社会领袖自居，认为自己对于地方上尤其是封地内的民众拥有与生俱来的保护与道德示范责任。圣奥贝尔父女以及瓦朗高虽非贵族，但待其仆佣颇有传统贵族的社会领袖之风。爱弥丽的选择体现了她所接受的以贵族价值与生活方式为模仿对象的中产阶级教育，而她的出游经历实际上是对圣奥贝尔家庭教育的一次实习。

第二节　意识形态

哥特小说不仅描述性格塑造，在故事之外，这种小说对于当时的中产阶级读者同样发挥着塑造性格和意识形态再生产的功能，而充塞于小说的恐怖气氛又在其中起着关键作用。人们通常将恐怖与毁灭和死亡等负面之物联系起来，但恐怖也有创造和建设等正面功能，哥特小说中的恐怖与黑暗即为18世纪晚期中产阶级塑造、装扮和销售自我的重要手段。西方一些学者发现，克里斯特娃的"抛弃论"为分析这一文学现象提供了一个难得的解读视角。克里斯特娃发展了弗洛伊德和拉康的学说，指出人生之初与母体若即若离，是一种既生又死、既独立又依赖、无可名状的恐怖状态。此时人带有母体传与的各种原始欲望与冲动，而唯有抛却这种状态，切断同母体的联系，人方可成为一个独立完整的自我个体。克里斯特娃将这一过程称作 Abjection，字面意思是"扔掉""抛弃"。对于健康人而言，任何带有多种形态和种类的状态，因其扰乱归类，影响人们的自我身份感，都会触发"抛弃"欲望。"抛弃"过程在文学作品中司空见惯。文学作品通常用某一符号代表某种混杂状态，将所示之物描绘得可恨、可恶、可鄙，使其显得严重怪异而不可识别（极端"异类"），与原先所犯之物区别开来，从而起到维护原有秩序的作用。克里斯特娃举例说，人见到半腐尸体就会产生这种"抛弃"反应。伤口流出的血与脓液和汗臭味处于生（尸体具有人形，因而象征生命）死（该躯体已停止运动）边缘，将生死两种不同的状态连在一起，使观者感觉处于两种状态的交界处，从而在心理上危及他对于自身存在的认知。观者必须竭力将此状态抛向界线的另一边，或将自己抛向界线的这一边，才能寻回稳定、踏实的存在感。同样，文学作品的读者在阅读类似描述时，通常会产生恶心与拒斥感，在心理上抛弃这种混沌、恶心状态，以求一种安全、稳定的自我感觉。因此，这一状态唯其令人恶心、不可名状或"另类"，读者观众的自我感方显得更安全、更牢靠。

哥特恶棍大多介乎两种或多种状态之间或兼具封建贵族和中产阶级暴发户特征，或来回穿梭于两个世界，或违反社会等级观念，或扰乱伦理道德。《修道士》中，"神面兽心"的安布若西奥是个典型例子。这位马德里天主教方济会修道院的院长以虔诚和纯洁闻名。据说安布若西奥自小进入修道院后，除每周的教堂布道外，几乎从未出过院墙，日日潜心研读经书，已届而立之年却不知男女之别。在马德里，安布若西奥是个头顶光环的圣人，每周布道常使该市万人空巷。然而，这位圣洁的神父在私下里却过着另一种生活。在他那间只有几米见方的斗室里，安布若西奥每晚纵情于无度的肉欲，酝酿了一个又一个淫荡、罪恶的计划。安布若西奥自小为僧，欲望久遭压抑，一朝受玛蒂尔德诱发而不可收拾，两人日夜鬼混于象征纯洁与禁欲的修道院深处。安布若西奥欲望与日俱增，连性感貌美的玛蒂尔德也"不敷其用"，不久便垂涎于向其求助的少女安东尼娅，并利用自己的民望骗取其爱戴与信任。在玛蒂尔德（魔鬼的代理人）的帮助下，道貌岸然的安布若西奥将美丽天真的安东尼娅绑架至修道院的地下室中，肆行奸污与迫害。安布若西奥实际上由两个截然相反、互为对立的自我组成，并且每日来回穿行其间。他之的所作所为搅乱了社会固有的体系和善恶分界线，在18世纪的人们看来无比可憎。《意大利人》中的恶棍也是个秩序扰乱者。身为天主教高级神父，斯开东尼却是个佛口蛇心、两面三刀的阴谋家，大庭广众下满口仁义道德，暗中忙于拆散恋人、杀害无辜。早年他曾犯下弑兄夺妻之事，后隐姓埋名入院为僧，但侍奉上帝的职责并未改变他凶残冷酷的本性。哥特恶棍的混杂状态，即克里斯特娃所谓的被"抛弃"、被"拒斥"状态，正是他们危害社会、制造恐怖的重要条件。恶棍的权贵地位本身就是其肮脏行径的最好掩护，这一保护伞使他们得以为非作歹而免受惩罚。安布若西奥的公开身份是其私下活动的有效保障：这位虔诚神父的声望、名誉以及人们对他的爱戴与信任，解除了安东尼娅对一个陌生男人应有的戒备，使他得以接近、绑架和迫害其受害者，并在作恶之后不受怀疑，免于处罚。在神圣、纯洁的光环保护下，修士们休息、反省的斗室竟成安布若西奥同玛蒂尔德纵情肉欲的淫窝。安布若西奥和斯开东尼是中产阶级爬升者的典型代表，他们身上的多种特征使中产阶级与暴君（奸杀者）之间应有的界线变得模糊不清，这种似是而非的联系在心理层面威胁着中产阶级读者身份意识的纯净性与确定性。哥特小说将恶棍可恶可憎的行为加于无比异类的古代外国天主教神父形象之上，使其更为令人拒斥，使读者在心理上与之划清界限，从而更加心悦诚服地认同 18 世纪中产阶级的身份地位与意识形态。

哥特小说很少在相貌描写上做文章。除少数人物，如《德库拉》中的同名吸血鬼外，我们无从得知哥特恶棍的长相。

在哥特小说中，这种"抛弃"效应除了在心理上塑造中产阶级，也在道德和伦理方面发挥着"文化警察"功能，为正在到来的资产阶级社会创造合格的主导者。小说中的"抛弃"现象，是人们对侵犯界限或秩序的行为的本能反应，担负区分善恶好坏美丑的社会责任。哥特恶棍（也包括一些非负面人物）的所作所为皆因侵犯规范或秩序而导致恐怖或悲剧性后果，令人望而却步。小说将这些行为描写得恐怖、可恶，在现实生活中有以儆效尤、维护现有秩序的正面效果。

哥特小说中普遍存在的民族主义倾向同样具有塑造英国中产阶级臣民的意识形态功能。哥特小说极力丑化欧洲大陆，无疑会加强英国人的民族自豪感。哥特小说的故事情节一般分为两个阶段：第一阶段，恶棍篡夺爵位或财产，好人遭受迫害或埋没；后一阶段，恶棍被推翻，原有秩序得到恢复。哥特小说中的黑暗与恐怖主要发生于第一阶段，这一部分有影射欧洲人占领与统治英国的意味，而恶棍篡夺前的封建社会对应英国人想象中诺曼征服前的黄金时代。哥特恶棍大多为意大利、法国或西班牙的贵族或僧侣，他们凶狠残酷，极尽奸淫、杀戮和阴谋之能事，而他们能够为非作歹，大多与权力至高无上的罗马天主教廷有关。甚至可以说，哥特小说中的黑暗与恐怖主要来自天主教会。固然，教会在故事末尾依然是拨乱反正的正义力量，书中描述的黑暗仅是一小撮害群之马的不轨行为，但恶棍之所以能够作威作福、欺压百姓，利用的正是教会的势力，而此类行径能够在教会庇护下长久畅行无阻，也足见教会的黑暗与腐败。《修道士》与《意大利人》中，罗马天主教会在日常生活中似乎无处不在，对于百姓往往拥有生杀予夺的大权，天主教会本身也是迫害百姓的权力机构。即使安布若西奥和斯开东尼等平日不可一世的位高权重者，一旦进入教廷阴森恐怖的囚室，其状之惨远甚于先前为其迫害的无辜青年男女。小说的描写显示教会内部有审讯室、刑具和监狱等设施。青年维瓦尔蒂（《意大利人》）目睹了教廷刑讯逼供的场面，而神父安布若西奥

（《修道士》）更亲身体验了酷刑对于意志的考验，审问他的法官们试图通过刑罚强迫他承认并未犯下的罪孽。安布若西奥尽管罪孽深重，但对于同魔鬼为伍心存忌惮，犹豫再三，是定于午夜进行的火刑最终使这个神父放弃了宗教拯救。两部小说均引入超自然因素，给天主教会增加了几分神秘气氛，印证了英国人对于这一宗教的惯用蔑称 Romish Superstition, 即罗马（天主教）式的迷信。《意大利人》在描写某修道院时如是写道："墙上画有粗糙的图画，其主题显示这个地方深为迷信所惑，令人产生伤感的畏惧。"由于历史原因，英国人多信奉新教，宗教偏见也是长期以来影响英欧关系的芥蒂。《修道士》对天主教的抨击最为激烈。故事开始时的布道场面即隐含对天主教传统的讥讽。据其描写，由于前去聆听布道的人数众多，教堂内外人满为患，一些孩子甚至爬到雕像的身上："圣弗朗西斯和圣马克肩上各扛一个，而圣阿加莎发现自己不得不托上两个。"根据基督教的传说，圣阿加莎是 3 世纪西西里岛一位美丽而富有的年轻女子，因坚拒异教徒贵族的求婚和一个老鸨的威胁而被害，成为基督教史上有名的烈女。死前阿加莎被人割下乳房，因此在宗教艺术中，这位圣人通常手托一个装有其乳房的盘子。刘易斯的场面描写有轻慢、挪揄圣人之嫌，在天主教会看来，是大逆不道的亵渎。小说还交代，安布若西奥的布道活动令马德里万人空巷，而在刘易斯看来这实际上是一场准色情聚会：台上神父的滔滔口才并非发乎宗教虔诚，而是为掩盖其卑微出身、巩固其高贵地位的虚假表演；台下的观众同样无心于宗教拯救，女人来此只为展示她们的身材与容貌，男人们为看女人蜂拥而至。随着情节的展开，小说透露，安布若西奥身为天主教神父却不能修行守节，竟为女色所惑，将神圣的修道院变为发泄欲望的淫窝。小说的另一条线索同样将天主教会揭露得体无完肤。被迫出家修行的阿格尼丝与恋人雷蒙德偷情怀孕后，被修道院囚禁于潮湿阴暗的地下室，仅供以面包和水维持生命。阿格尼丝在地下狱中分娩产下一子，然婴儿因严重营养不良而夭折。阿格尼斯被救时，已奄奄一息，怀中尚抱婴儿腐尸，精神近乎失常，其状惨不忍睹。在刘易斯的笔下，罗马天主教是个虚伪、淫秽、凶残与黑暗的专制机构。

与结局方面相去甚远，但对天主教会的负面描写大同小异。《意大利人》里的罗马天主教会也是个神秘又恐怖的权力机构，其神职人员似乎掌握超人的巫术与魔力。主人公维瓦尔蒂在前去恋人艾丽娜家中时几次遇到一个行踪神秘的僧人，在罗马教廷的审讯室中也几番目睹一位忽隐忽现的修士，而在场旁人对此却毫无觉察。与此同时，审讯室里刑具齐备，令人不寒而栗。恶贯满盈的斯开东尼被教会抓捕后，慑于惩罚之严酷，在狱中服毒自杀。《游魔梅尔莫斯》对于欧洲天主教也无恭维之词。小说包含多个故事，各主人公所受磨难与迫害几乎均与天主教会有关。在"西班牙人的故事"中，蒙萨达的自述就是一篇对天主教会尤其是修道院虚伪、黑暗和凶残本质的控诉。蒙萨达回忆说，修道院为吸引年轻男子接受修行，经常伪装宗教虔诚，故作乐于寺院生活状。从蒙萨达踏入修道院的第一天起，他就发现整个寺院如同一个化装会，小僧们表面上信誓旦旦于侍奉上帝，背后却常牢骚满腹。初入院时，蒙萨达曾与一慈眉善目的老僧相谈甚笃。由于为人正直，老僧在修道院中颇受尊敬，蒙萨达对他也推心置腹。在谈到其个人意向时，年少气盛的蒙萨达接过老僧的话题说，要他接受修道院生活，除非眼前的泉水干涸、大树枯萎。翌日晨，蒙萨达发现院内人头攒动，群情兴奋，众僧集合于泉水前，个个表情做惊讶状。原来，泉水已经干涸，而旁边的大树也已枯萎。僧侣们急忙向蒙萨达道喜，称他昨晚所发誓言已感动上帝，有此"奇迹"为证。蒙萨达虽感不妙，面对眼前情景也无言以对。后来老僧病重将亡，临终向蒙萨达吐露真相。原来他在修道院被赋予特殊任务，专司接近和诱惑年轻人接受修行之职，此前泉水干涸、大树枯萎的"奇迹"也由他一手操办。老僧透露，该泉水在某处有个控制阀，只要将阀门关闭即产生自然干涸之象。至于大树，他在其叶上喷洒了一种药物，可使其枝叶暂时萎蔫。老僧告诉蒙萨达，他的"一生都是个谎言"，在修道院中所作所为均非发乎内心，而出于虚伪。至于动机，老僧的解释相当简单，却令人震惊。事实上，修道院中的虚假绝不止于此类障人眼目、无关痛痒的小伎俩；为使新入院的年轻僧侣感受聆听天籁的狂喜，老僧们经常对其施用鸦片等毒品，以制造幻觉。宗教常被人称作精神鸦片，看来此言不虚。令人费解的是，修道院为使新僧接受修行可谓处心积虑，不择手段，却不允许其阅读圣经，可见其良苦用心并非出于拯救目的，而是保证人们对于其规则和等级制度的绝对服从。小说作者对此并无宏论，几件小事，将天主教之虚伪揭露与黑暗描绘得鞭辟入里。虚伪外衣下掩盖的是黑暗与凶残。僧侣们若对于修道院或教会规矩稍有不从，轻则忍受孤立、冷待和谩骂，重则招致禁食、毒打甚至谋杀。一名年轻修士因行为稍失检点而被罚下跪三天，另一名出于同情为他送去垫子以减轻其痛苦，不想因此获罪于院长，被屡罚鞭刑，多次鲜血直流。一日半夜，蒙萨达为痛苦的呼喊惊醒，见这名修士全身赤裸、鲜血淋淋地逃窜于走廊中，四名修士紧追其后。是夜，修士惨遭毒打，于八日后含恨而死。蒙萨达在后来的未遂逃遁中也亲自体验了修道院的冷酷。收取他弟弟贿赂、答应帮助营救他出院的弑父者其实是受院方指派诱使他犯错（以期以更大的罪名处罚他）的奸细。弑父者在逃遁途中将其领入一间地下暗室，并向他讲述了当年引诱一对企图逃出寺院的情侣至此室并将其饿死于室中之事，而不久蒙萨达本人及其弟弟也成为这一圈套的受害者。类似揭露天主教及其修道院罪恶的事件在这部篇幅冗长的小说中不胜枚举，而这些罪恶行径的动机可能是权欲。鉴于《游魔梅尔莫斯》中的此类丑化描写，有人认为马楚林可能有反宗教倾向。但马氏身为神职人员，此说法可能言过其实。这部小说反对的并非宗教或广义的基督教，而是天主教会，是宗教组织，尤其是修道院式的机构。在这一点上，他与英国其他哥特小说作者（特别是刘易斯）并无二致。在马楚林看来，天主教的机构组织形式违反人性。《游魔梅尔莫斯》如是控诉道："在这里（修道院），自然（即天生）的美德永远是罪过。"而刘易斯的《修道士》似乎也将安布若西奥的悲剧归咎于天主教，尤其是修道院的组织形式。

从《修道士》《游魔梅尔莫斯》等小说的情节看，天主教对于主人公的迫害与上帝和耶稣这些宗教传统或概念无甚干系，完全出于权欲；天主教拒绝理性和科学，践踏人的基本尊严与权利，其做法与启蒙思想背道而驰。

由于宗教分裂的缘故，天主教在英国常带有异域色彩，罗马天主教在信奉新教的英国几乎是欧洲大陆的代名词。在18世纪的英国，天主教更是迷信、狂热和怪异行为的代名词，因此丑化天主教是哥特小说刺激英国民族主义意识的一条捷径。教会的黑暗与恐怖象征欧洲的愚昧与落后，而小说对欧洲君主专制政体的抹黑式描写，又反衬英国的议会制政府与君主立宪政治的开明与先进。18世纪晚期，英国与欧洲大陆关系紧张。那时欧洲诸强力量消长变化剧烈，英国参与了一系列争夺殖民地与势力范围的战争，如1701—1714年的西班牙继位战争、1740—1748年的奥地利继位战争以及在北美地区同法国进行的多次殖民地争战。这些战事使英国脱颖而出成为一个国际强权的国家，但也加深了它同欧洲诸国尤其是与法国的矛盾。18世纪末，法国爆发资产阶级大革命，后形势失控，国家旋即陷入雅各宾派专政的白色恐怖之中，其混乱局面使英国一些本来向往革命的人心灰意冷。羽翼渐丰的英国中产阶级虽然向往民主与平等，但过于激进的运动使英国人望而生畏。哥特小说中的某些夸张式描写反映的正是英国人对白色恐怖的惧怕。长期的分歧与对抗，使欧洲大陆成为当时英国人天然的、具有实际心理意义的对手，以及敌对时期现成的妖魔化对象。一般认为，《修道士》一书中的暴力场面是对法国革命后巴黎乱局的间接批评。故事中女修道院长关押、迫害修女阿格尼丝的丑闻暴露后，在马德里引起公愤，触发暴动。愤怒的市民纷纷涌向修道院，焚烧院舍，殴打院内人员，善恶不分。凶恶的院长嬷嬷被暴徒打成肉饼，曝尸街头。这位曾经不可一世的修女固然令人憎恶，但小说对于暴动的描述也有谴责过分暴力的意味。鉴于小说写作之时正值法国大革命之后不久，此书描写暴动如此细致，告诫国人切勿重蹈法兰西覆辙的意味浓厚。《修道士》和《意大利人》中阴森与恐怖、大权在握的宗教裁判所与法国革命中独断专行的政治机构与组织有何关系，明眼人一望而知。

英国对于欧洲大陆的戒心远不止革命思想。法国革命后拿破仑上台，其军队南征北战，铁蹄横扫欧洲，英国人若无海峡相阻，恐怕也难逃亡国之患。有学者指出，《尤多尔佛之谜》中人身安全时刻置于恶棍威胁之下的女主人公爱弥丽象征着英国这个国家，与她隔岸相对的是一个燃烧着革命激情和充满敌意的欧洲大陆——这个比喻也因英国的女性象征形象（Britannia）而显得尤为贴切。20世纪40年代，希特勒称霸欧洲时，英国也因一水之隔而免于亡国之难。由于这些因素，时至今日，英国人对于欧洲一体化仍充满疑虑。哥特小说的描写为亟须张扬民族主义情绪的英国人，特别是行将主导社会的中产阶级，制造了一种良好的自我优越感。

公平地说，丑化欧洲显然并非哥特小说的目的所在。这种小说反映的主要是人们对于18世纪晚期社会现实的矛盾心态，小说只是顺便利用英国人对于欧洲大陆的敌意与戒心，表达人们对于资本主义负面成分的恐惧。在这里，象征资本主义罪恶的恶棍被方便地披上外国贵族和独裁者的外衣，似乎腐蚀道德、破坏社会秩序的资本主义是一种欧洲暴君硬加于英国人之上的生产和生活方式。这反映了18世纪英国社会情况复杂，英国人不敢正视现实。

哥特小说在美化本国传统方面同样不遗余力。前面讨论过，模仿或抄袭名人名作是哥特小说的普遍特点。除了借名家之光为己"撑腰"外，哥特小说对莎士比亚等本国大师的模仿也有发扬光大民族文学传统的意图。17—18世纪，欧洲文坛占统治地位的是由法国传人的新古典主义，民族意识日增的英国人需要一个属于自己的传统与之抗衡，需要缔造一个英国人的文学谱系，而英国文学史上最能担当此任者非莎士比亚莫属。莎士比亚是公认的大师，用批评家布鲁姆的话说，"在西方文化传统中，最好的韵文和非韵文均出自莎士比亚之手"。莎士比亚在西方文化中的重要性超过柏拉图、亚里士多德、康德和黑格尔等人。学者基尔格也指出，在18世纪的英国，对于哥特小说而言，莎士比亚常是一个自由想象力的保护神形象，一个来自黄金时代的声音，那时代表新古典主义专制的清规戒律和统一性尚未到来。

此外，小说这种文学形式本身就带有一定的民族色彩或民族主义意味。小说并非英国特有，但与其他多数文学类型不同，它形式自由，不需依照哪位先贤开创的风格与体例而创作。其他文学类型，如诗歌和史诗等，其"开山鼻祖"大多为欧洲文学先人，因而都带有明显的欧洲大陆色彩，如颂诗（ode）是古希腊诗人品达（Pindar）、萨福（Sappho）和古罗马诗人沃波尔等人开创并形成的传统，而十四行诗（sonnet）的祖先是意大利诗人彼特拉克（Petrarch）。英国作家只能沿用这些文学形式，最多稍事简化与修改（如莎士比亚），而无法改变其欧洲血统，更难独树一帜，标新立异。小说不然，它并无固定的韵律与格式，不需要遵从来自海峡对岸的规则，对于语言和题材也没有特殊的要求，因此任何国家的作家都可以发展适合本民族语言和文化特点的小说。有鉴于此，小说与其他文学类型相比，可能是最易本地化的文学形式。同时，由于小说之出现晚于诗歌和戏剧，英国在这一文学形式方面并不落后于欧洲。在市场经济的推动下，18世纪英国小说无论在数量抑或质量方面均领先于同时期的欧洲大陆。理查逊和笛福等人的作品在欧洲大陆都产生过深远的影响。到了18世纪后期，小说应是一种足令英国人骄傲的文学形式。沃波尔、拉德克利夫和刘易斯等人正是利用小说的包容性，在情节上模仿英国文学泰斗莎士比亚的剧作，在文字上频繁引用莎士比亚等人的诗句，高调弘扬英国的文学传统。

　　沃波尔写作《奥特朗托城堡》这一仿古作品本身也有弘扬民族传统之意。沃波尔之父乃当朝"首相"，为儿子在政府中谋得一个闲差，但沃波尔偏偏无心从政，沉迷于古董旧物，自建"草莓山庄"仿哥特式城堡。沃波尔的小说所述之事虽假称发生于中世纪的意大利，但实际上暗指当代英国，对于这一点批评界人所共知。据作家司各特称，沃波尔的学业和爱好都表明，他对英国古董有浓厚兴趣。这固然是一种个人兴趣嗜好，但也反映一定的政治倾向性，因为古董、古堡和中世纪传奇等不同种类的艺术品一起能够制造某种景观效应，它们互为证明，共同构筑出一个未必存在的"黄金时代"。

　　在人类历史上，社会但凡表现出美化、向往过去的倾向，往往反映某种深刻的变化正在发生。18世纪，哥特文学对于古代传统的浓厚兴趣颇似文艺复兴时期的文学。在文艺复兴时代，文学作品也大多假借古代希腊罗马或其他地区的人与事来反映今世的生活，莎士比亚的戏剧多属此列。在文艺复兴时期的众多作品中，通过叙述古代英雄事迹来歌颂今世人物的文学中，较有名的是前面提到的《仙后》。这首未完成的长诗由六部分组成，各讲述富含寓意的故事，赞扬基督教的美德与人文主义理想。该诗第三部（也涉及四、五部）讲述了青年女子不列特玛的不凡经历。不列特玛少年时遇到魔术师莫林（Merlin），这位西方文化传统中的魔术人物向她展示一面魔镜，内中有她注定要嫁的夫婿。不列特玛不由自主地爱上这个看似英俊勇敢的骑士，决心离家寻夫。经过一段时间的刻苦磨炼，她练就一身本领，遂女扮男装，以骑士的装束，佩剑策马，离家远行。一路上，她遭遇并战胜象征各种罪恶的敌人，如贪婪、淫荡、懦弱等，经过千辛万苦，最终得以与命中夫婿阿特高尔会面，并结百年之好。这首长诗表面上事关中世纪，涉及亚瑟王子和"红十字骑士"（Redcross Knight）的故事，但实为颂歌一曲，旨在颂扬当时的英国女王伊丽莎白一世以及正在形成中的英吉利民族：不列特玛的名字 Britomart 暗藏"不列颠之母"（Mother of Britain）之意，而寻夫途中过关斩将的过程显示其美德之坚贞足以经受各种考验。对于斯宾塞而言，塑造一个勇敢、贞洁的女骑士形象不仅有奉承君王之意，也在为处于婴儿期的英吉利民族塑造一个灵魂性象征人物，用以凝聚全社会。文艺复兴时期，英国击败了西班牙的"无敌舰队"，取而代之成为当时的海上霸主。国力提高后的英国民族意识日升，急需一个足以令全民为之骄傲的国家形象来代表这种民族意识，而斯宾塞的《仙后》适时响应了这一需求。这部史诗不仅创造出一个英国式民族神话，它连同这个时期在文化、政治和宗教等方面的变革一起，给人以本国古老传统辉煌重振的印象。与此同时，亚瑟王子、不列特玛和格罗里亚娜等英伦父母的基督教美德与人文理想，似乎又为古老传统增添了新的时代意义与合法性。

史诗、神话和童话的诞生往往是文化对于社会心理需求的回应，为正在形成或国力上升之中的民族创造一个想象空间。中世纪的欧洲见证了一批史诗的诞生，如《贝奥伍夫》《罗兰之歌》《尼伯龙根之歌》和《伊格尔远征记》，这些作品为正在形成的英、法、德、俄等民族建立民族渊源意识和归属感创造了文化与历史空间。这些历史色彩浓厚的文学作品对于当时的新兴国家而言，是其民族想象秩序（Imaginary Order）的重要组成部分，给正在形成的社会秩序增添了纵深度和悠远感。《格林童话》（出版于 1812—1815 年）的出现反映了某种民族心理需求；新的国力、政治体制和国际地位需要具有全新思想意识的国民，而《格林童话》之类的文学作品能够在文化与心理层面起到培养国民素质的作用。除文学作品之外，在史诗的前两部分，亚瑟王子也经历了寻找命中妻子格罗里亚娜的类似过程。英国社会自文艺复兴而始，人们对于塑造和改变个人身份的意识日益强烈。这种身份意识同样适用于整个民族。

绘画和建筑等其他文化形式也常发挥这种意识形态功能。例如，一些地标建筑通常以伟峻的外形与壮美的风格，为国民创造他们急需的民族自豪感。完成于 17 世纪后期的凡尔赛宫雄伟华丽，固然是路易十四炫耀王权的"形象工程"，但也在增强法国民族自豪感、为封建统治者发动各类战争获取民众支持等方面发挥着间接而重要的作用，是意识形态的物化品，是调节国民与主流秩序之间关系的媒介。18 世纪的英国社会与文艺复兴时期的情形有些相似。此时英国国力再次上升，在北美各地同法国等欧洲殖民国家的争夺中屡有斩获，其强国地位得到进一步巩固，在民族心理上需要一种与之相应的历史感和宏大感。这一系列事件又恰逢法国革命和拿破仑崛起，英国的帝国事业面临挑战，社会需要一种强烈的民族意识，国家也需要一个在政治上充满自信、在意识形态上忠于国家的国民群体。然而，在国内，英国社会处于急剧变化、充满矛盾与斗争的时代，中产阶级正在逐步走向社会中心，但仍缺乏政治与文化基础；对于即将到来的时代，他们深感困惑与矛盾。哥特小说应运而生，对于迷惘之中的中产阶级是一味镇静剂，甚至是麻醉剂。哥特小说反映的是涉及中产阶级自身的、发生在 18 世纪并且远未得到解决的深刻矛盾，但小说刻意将这种矛盾投放到古代与异域，使之显得可恶、另类、恐怖、遥远，在表面上与当代中产阶级了不相涉。这种"抛弃"效应在心理上起着转移矛盾的作用。以《尤多尔佛之谜》中的莽托尼为例，他是个勤勉不倦、嗜财如命的早期资产阶级形象，困扰他的那些问题，如地位和财产来源的合法性，以及追求经济利益造成的人际关系疏远等，其实是 18 世纪英国社会的隐含性暴力，也是中产阶级读者十分关注、需要面对却又令其十分尴尬的矛盾。哥特小说巧妙地将资本主义的矛盾与冲突加于凶残、暴烈的外国旧贵族，使中产阶级读者能够在某个心理安全距离之外面对这些问题。更重要的是，哥特小说为 18 世纪中产阶级读者制造了一种虚幻的优越感。小说中外国封建贵族的黑暗与恐怖，使正在到来的资本主义生产生活方式显得更为进步，更加易于为中产阶级认可与接受。用阿尔图塞的话说，哥特小说是物化了的意识形态，它参与了资本主义秩序的再生产。阿尔图塞和格兰西（Antonio Gramsci）认为，一种秩序的稳定延续首先取决于其子民对于这一秩序的认可与接受，而促使他们接受秩序的往往不是以暴力为后盾的国家机器，而是学校、家庭、教会和媒体等所谓意识形态国家机器。这些机构通过不间断地对个人进行社会角色分配和相应的巩固性教育，使个人接受现有的社会、政治和经济秩序。

　　哥特小说是英国 18 世纪后期红极一时的通俗文化，其意识形态功能不可小视。这种小说在一个历史关键时期为英国民众树立了一个良好的民族自我形象。哥特小说虽然在质量和地位上难与《仙后》等史诗同日而语，但也通过其独有的方式讲述了一段悠久的历史与光荣的传统。哥特小说的主要情节均为恶棍如何篡夺和破坏现有秩序，后又如何被正义的力量所挫败。在这些故事里，为恶棍谋害或篡位的人多为仁慈宽厚、充满正义之士。《奥特朗托城堡》中被奸臣谋害的祖先阿尔方索就被称作一个"好人"，他在故事末尾的显灵起到了拨乱反正的关键作用。《英国老男爵》中爱德门德的父母、拉弗尔男爵夫妇生前也以其善良宽厚赢得仆人忠诚相待。老仆约瑟夫见到爱德门德后称他酷似以前的主人拉弗尔，两人都有文雅的风度和慷慨的心胸。《奥特朗托城堡》中实为王子但埋没乡野的青年农民西奥多即使在陌生人眼里，也拥有高贵的气质、宽广的胸怀和勇敢的胆略，令人不禁怀疑他的真实身份。这些小说在暗示，英国历史上曾经有个自由祥和的黄金时代，那时先民骁勇善战、刚直不阿，主仆关系和睦温馨，后遭恶棍篡夺，而恶棍的最终失败使这一古老而光荣的传统得以恢复。

这是一个由多个文化领域共同制造的历史神话。18 世纪的其他一些文献与文化形式对于这段"历史"表现出异乎寻常的热情。主教理查德·赫德于 1762 年出版的《骑士精神与传奇信札》将所谓古代先民（即来自北方的日耳曼部落）称作一群勇敢、善良、具有骑士精神的人，忠诚和虔诚的人，他认为这些优秀品质与他们实行的封建制度休戚相关。赫德的著作在当时影响深远。该书不仅引领和推动了当时英国文化的复古风潮，也为英国人的民族意识创造了一个难得的历史基础与文化空间。据记载，从 17 世纪开始，英国人已经显示日渐强烈的寻根意识，历史学家、政客和学者对于传说中的英人祖先哥特人兴趣浓厚。1777 年，有人翻译出版了古罗马历史学家塔西佗早在约 1600 年前撰写的著作《日耳曼尼亚志》。此书将古代哥特人描绘成宽厚、仁慈和酷爱自由的民族。该书说，日耳曼人的国王并无绝对或至高无上的权力；他们的将军指挥军队主要依靠以身作则而非倚仗权力。尽管日耳曼人勇猛善战，但该民族以其品质服人，而非依靠武力。更难能可贵的是，他们还能发扬民主精神，事无巨细，均以协商形式处理事务。日耳曼人也无比忠诚，对叛徒深恶痛绝。贞洁是他们的又一项优秀品质，在人口如此众多的一个民族，奸淫私通等罪行几乎闻所未闻。作者称赞其为慷慨大方的民族，济贫救困，从不取分毫利息。

哥特小说接受并继承了一个世纪以来人们对所谓哥特历史的美化式表述，小说中扣人心弦的故事，让那个若有若无的黄金时代显得更加真实，更加触手可及。哥特小说的场景虽然多为地中海沿岸诸国，但因英国人自认是"哥特"人之后裔，哥特小说实际上是英国历史的某种文学表述。

18 世纪的各派政治力量对于英国历史的认识不尽相同，但在政客、文人的政治论战中，举凡提及"古老的哥特式宪法"之说，骄傲之情常溢于言表。一些政治派别为创造本国古老传统，甚至刻意强调"哥特"历史上的传统美德。对于 18 世纪处于"历史饥饿"中的英国人，这个由文学与历史文献共同创造的"哥特时代"颇能满足其民族虚荣心。英国读者在为其祖先曾经拥有的权威与荣耀倍感骄傲的同时，更感受恢复这一黄金时代之迫切，而在其废墟中产生的本地新古典主义多少满足了这种民族自豪感。自 17 世纪以来，"哥特"一词常有创造性、言论自由等正面意义，与法国古典主义的清规戒律以及机械复制式的死板不同。诚然，哥特小说讲述的历史似是而非，欲言又止。但作为一种虚构文学，小说所起的作用并非来自它所记载的史实本身（显然无人会相信小说描写的具体内容），而在于小说所发挥的参照作用，即历史背景功能。小说所述之故事往往能够与其他文体与文献互相呼应，共同"证明"一段历史的存在。哥特小说是18世纪中后期中世纪文化复兴潮流的一个分支，与赫德的著作《骑士精神与传奇信札》和哥特式建筑艺术的复兴等，构成有关中世纪英国历史的一个知识节点。由于18世纪英国人对于中世纪历史不甚了然，这种知识足以左右人们对于民族渊源的认识，并影响他们对现世秩序的感受——既然现有秩序是古代光荣历史的复兴，人们的历史自豪感将自动转化为对现行制度的认可与支持。当然，哥特小说是一种"装旧文体（文化批评学者苏珊·斯图阿特的术语）"，其表面情节本身也足以制造一股浓郁的传统氛围。斯图阿特指出，自17世纪以来，出于旧有氛围、道德秩序与英雄时代的怀念，欧洲文学界将一些口头文学（如神话寓言故事、谚语和歌谣等）包装成古董，以书面文学的形式发表。装旧文体一般出现在社会大变动时期，此时往往怀旧与动荡、革命和文化痛苦相伴而来。装旧不仅出于怀旧，也是某种情绪或价值的再生产，而由于一种文学或艺术形式往往对应某个时代或价值体系，文化领域里的价值再生产通常需要依托特定的文化形式进行。哥特小说出现之时正值现代小说业已成形并大行其道的18世纪，沃波尔和拉德克利夫等人却专心于写作一种类似中世纪传奇的文学作品，无论其目的为何，都有再现封建时代文化氛围与价值观的客观效果。哥特小说所依托的中世纪传奇通常讲述年代久远的事件，其情节又高度模式化，这些都给它所颂扬的传统价值以一种亘古不变的古老感，而承载这些价值的英吉利民族似乎也有了一种悠远与厚实的感觉。因此，仅从其复古性而言，哥特小说并不代表对现代社会的全盘否定；相反，小说情节还暗示新旧两种社会形态之间的有机联系。在一个人心疏离、唯利是图的个人主义社会，一种沉溺于描写正直、名誉和忠诚等传统品质的文体，对于当时的中产阶级而言，能够制造出有机社会的子民所特有的归属感，而这些感觉是人们在一个高度个人主义的社会中能够恬然自安地生活下去所亟须的一种幻觉。

哥特小说有关欧洲历史的描述以及对于现实社会的作用与之有重要的相似之处。一如欧洲文学、游记对于东方的描述，所谓"欧洲封建历史"是一段未必存在、至少是严重歪曲的历史。造成歪曲的主要原因在于，哥特小说对于这段所谓历史的描绘经历了某种意识形态过滤与筛选，反映的是18世纪英国新教社会对于欧洲天主教社会的偏见与抵触。经过筛选和过滤后，哥特小说中的欧洲封建史几乎千篇一律，高度模式化、面具化和丑陋化。尽管今天我们很难了解当时哥特小说的整体情况，但从流传至今的几部"名篇"也可窥一斑而知全豹。18世纪中后期的通俗小说通过其高度一致性，互为证明，共同创造出一个虚构的欧洲封建社会，一段野蛮、黑暗、专制与残暴的历史。个别作家即使有意另起炉灶，也难以突破这一模式形成的"霸权"地位。任何作品若有别于这一模式，都将冒巨大的商业风险，而经济利益正是刺激哥特小说繁荣的直接原因。萨伊德所说的东方学之所以能够形成高度一致性或内部统一性，全赖一种不对称的霸权关系；而18世纪的哥特小说也有一种与之对应的"权力关系"。18世纪晚期，英吉利海峡两岸之间充满敌对情绪；同时，小说表面情节发生在久远的古代，可谓死无对证，作家们大可对所写对象随意编造与歪曲而无所顾忌。

　　哥特小说反映的是18世纪晚期英国社会的种种矛盾，对于当时的本国社会同样产生了不可忽略的影响，其范围涉及美学、政治和经济等多个方面。例如，在建筑领域，哥特复兴是18世纪、19世纪欧美建筑风格上的一股重要潮流，著名作品有英国的议会大厦等。文学与建筑中的哥特复兴运动互相呼应，构成18世纪、19世纪欧洲文化尚古风潮的主流。学者麦尔斯运用福柯的理论分析哥特式美学趣味在18世纪的流行及影响。他认为，哥特风格是该时期渗透各领域的一个概念与话题，是权力与知识的交汇点。例如，受赫德影响，哥特美学趣味深入教育领域，特别是青年女子的教育。麦尔斯指出，《尤多尔佛之谜》中，爱弥丽所经历的恐惧是其道德教育过程，她想象出的罗伦蒂尼故事以及帘布后面的可怕"腐尸"等事件，对于她的感情（这种感情对父权制度构成潜在威胁）具有极大的震慑力与约束作用。因此他认为，哥特小说产生的崇高感是一种有性别针对性的艺术特点，这种美学风格造就的是一种符合父权制度要求的女性。旧式父权制度对于女性的要求与中产阶级意识形态其实并不抵触：父权制度要求女性被动、克制和忠贞，这些品质对于新时期中产阶级核心家庭的稳定与健康同样至关重要。

　　哥特小说在18世纪、19世纪的影响所及远不止于此，这种小说以其特有的方式催生着适应时代要求的新一代国民。哥特小说对于所谓欧洲封建历史的描述在一定程度上起着维护现有政治与文化秩序的作用。将欧洲描绘成野蛮、专制与黑暗的封建社会，有助于英国人克服文化自卑心理。地中海沿岸是西方文化发源地，历史上英国又两度为欧洲人统治（罗马帝国时期和诺曼征服时期），因此相对于欧洲大陆，英国向来处于文化弱势地位。先不论古典时期，即便从中世纪结束到18世纪，英国文化中的重要思想运动或文艺潮流，即文艺复兴、新古典主义和启蒙运动，其源头也均为欧洲大陆（且主要为拉丁语区）。18世纪中后期，沃波尔与伏尔泰之间的隔海口水仗很大程度上是英国人的文化自卑感在作祟。哥特小说中欧洲的黑暗和愚昧似乎让英国人看到了超越欧洲的可能，而莎士比亚当时在欧洲的影响力使这一目标（至少在哥特作家眼里）显得不再遥不可及。文化与政治、军事难以分割。18世纪晚期，英国处于内忧外患的紧张时期，由于担心欧洲人入侵和英国人效法法国进行革命，英国政府对内实行高度压制的政策。哥特小说在意识形态上基本反映并顺应这种政策。小说助长鄙欧心理和民族主义情绪，为英国臣民接受政府的内政与外交政策营造了一种有利的政治气氛。从更为长远的角度看，即使撇开哥特小说场景的特定地域，这种小说对天主教和封建社会的丑化也能够促进英国读者认同和接受与其对立的启蒙思想与价值，从而以更坚定的信念与热情进入新时代所赋予的历史角色。哥特小说在描写欧洲的同时，催生着一个向往自由、民主和仁爱的英国中产阶级，或许这才是真正意义上的文学民族主义。

第三节　移情与审美

　　移情不是人类与生俱来的本领，也不是主观情感随意外射给外物的结果，而是由于人类经过长时期的社会生活和文化教养，在这种生活环境和文化的熏陶下自然形成的一种不自觉的直觉反射，这种直觉反射包含着深刻的客观性。所以，人们为什么会移情，怎样去移情，是由整个人类社会所决定的，由此可以看出移情的社会性。由于移情的社会性，在移情的过程中会表现出一定的社会意识，社会意识是社会客观存在的反映，所以移情也有一定的客观性。

　　在移情过程中，虽然客观审美对象的审美特征引发审美主体的内心情感，但是从根本上来说，人类的社会生活环境才是影响这种情感的根本因素。审美主体内心的情感体现着其生活的环境，所以移情现象在反映客观现实的时候，不只是简单地反映客观的事物，还间接地反映审美主体所处的社会环境和所经历的社会生活，不仅反映客观事物与社会之间的联系，还反映自然与社会的和谐统一。

　　移情是一种不自觉的直觉反射，这种直觉有着非常深刻的客观性，它是以客观性为基础，建立在美本身的社会性上的。所以，移情作用并不是一种简单的主观直觉的外射。移情作用只是一种外射作用，但外射作用不都是移情作用。移情作用和一般的外射作用有两个最重要的区别：第一，在外射作用中物我不必同一，在移情作用中物我必须同一；第二，外射作用由我及物，是单方面的，移情作用不但我及物，有时也由物及我，是双方面的。在聚精会神的观照中，我的情趣和物的情趣往复回流，有时物的情趣随我的情趣而定，有时我的情绪随物的姿态而定。物我交感，人的生命和宇宙的生命互相回还震荡，全是因为移情作用。在物我同一中，物我交感，物的意蕴深浅常和人的性分深浅成正比。深人所见于物者深，浅人所见于物者浅。

从哥特小说的整体风格进行分析，哥特小说的教育重心并非伦理道德，而是审美趣味。爱弥丽的两次出游经历也是她接受审美教育的过程。审美在教育中的重要地位体现了英国中产阶级同旧贵族的微妙关系。18世纪以后，贵族在文化方面依然保持相当的影响力。即使在19世纪，英国资产阶级的价值中还带有浓重的贵族色彩。在英国，传统的"文明"行为准则均来自传统贵族，而非市民社会。在中产阶级模仿贵族的同时，18世纪后期的贵族经历了一个资产阶级化的过程。受法国革命以及宗教因素的影响，英国贵族逐渐不再以有闲阶级标榜自我，而开始提倡节制、节约、虔诚和勤劳等通常属于平民的作风，有的甚至开始从事起传统上属于平民的行业，尤其是没有继承权的贵族幼子。中产阶级的贵族化与贵族的资产阶级化两种倾向互相交汇，共同孕育出一个新的英国人理想形象"绅士"，女性是"淑女"。成为绅士至今仍然是许多英国人追逐的理想，经济力量雄厚的中产阶级尤其如此，绅士风度或品质在18世纪后期至19世纪成为贵族与中产阶级区别于劳工阶级的主要标记性特征。绅士作为一种有文化、有教养、远离商业、热爱自由与平等的上等人，在18世纪后期开始已经成为英国社会具有霸权地位的社会形象，成为人们尤其是中产阶级竞相仿效的目标。对于一心出人头地的中产阶级而言，绅士阶级的象征意义无疑重于其实用价值，而相比于内在品质，那些具有"景观性"的成分，由于其明显的符号功能，也显得更为重要。从《尤多尔佛之谜》可以看出，18世纪后期，中产阶级对绅士的要求仍然关注道德品质——爱弥丽与瓦朗高都是以品行高尚见长的人物，绅士风格在那个年代是一种时尚。爱弥丽与瓦朗高婚后定居拉伐雷，有双重意义。这一选择显示他们已经领会并接受父辈传下的中产阶级意识形态。他们的结合意味着新的一代又将降生，而从上一代人（圣奥贝尔）传下来的中产阶级的审美和道德意识形态又会随着第三代人的出生和成长而继续传承下去。

第六章　哥特小说与少年儿童的自我意识分析

第一节　自我意识的概念

一、"自我"的内涵

关于"自我"，不同的学者从不同的角度、用不同的方法对其分别进行了不同的解说，他们在对"自我"词语的使用上，也是各自使用，不尽相同。

海德格尔说："语言是存在之家。""我"这个词是单数第一人称代词，语言学家把代替名词的用词称为代词，人称代词与各种语境中使用的指示代词不同，总是含有语法的人称内容，"我"表示说话人，"你"表示交谈者，"他""她""他们""它"分别表示所说的人或事物。但是第一人称和第二人称原则上都专门指人，与第三人称有别，真正的人称（言语主体）只有"我"和"你"这两者有别于无人称的"它"，具有专一性和互换性，"我"称为"你"的那个人，自己总是用"我"这个词思考自己，他把我的"我"变为"你"。

除了个体的"我"，还有集体、群体乃至国家、民族的"我们"，即"大我"。在"小我"与"大我"的关系上，有两种观点：一是"我"在历史上是陌生的，是在"我们"的基础上产生的；二是无论是在儿童的言语发展还是语言的历史发展上，"我"的出现先于"我们"。我们认为，"我"作为观念而存在，"我"的出现是与个体的"我"的意识相随而生，原始人的群居生活是以集体为先的，观念上的集体即个体，劳动是集体的，猎食也是集体力量的结果，因而是"我们的"。没有现代语言学意义上的"我们"，即"我"＋"你们"以及"我"＋"他们"。

在可考证的语言历史上，以复数式替代单数式的情况也很普遍。在公元3世纪的欧洲罗马帝国，君主以"我们"自称，所颁发的敕令使用的是多数人称代词"我们"，以后几百年的君主专制，君主即"我们"。在我国，古代历代帝王以"朕""寡人""孤"自称，"普天之下，莫非王土，率土之滨，莫非王臣"的皇室之意昭然于世。即使在当代，个体为建立一种亲和感，"我们"一词也常见于生活及文书当中，如"总之，我们相信……"这个句型，它代表的就是集体的意见。

"我"的出现是随着个体对自身利益的关注程度而产生和演变的。瑞士结构语言学家索绪尔认为，语言自身有两个侧面：一个侧面是历史的、纵向进化的，称为"历时性"（diachrony）；另一个侧面是断代的、横向分布的，称为"同时性"（synchrony）。从人类学的角度看，由于人的交往的拓展和个体需求的内倾化，尤其是私有制的产生，"我"从"我们"，即个体从群体中游离出来，并进一步得到增强，促使个体关注自身的生存与发展，"我"的产生成为必然。

从表面看，人称代词的语法问题同哲学上的"自我"问题并没有直接关系，但是哲学著作、心理学著作以及其他著作的叙述必然反映它们所用的那种语言逻辑。概念的历史与词语、语法结构的历史密切相关。例如，当威廉·詹姆士需要区别作为活动主体的"自我"和作为自我知觉客体的"自我"时，就采用了现代语言学结构 I（"主我"，"我"的主格）和 me（"客我"，"我"的宾格）。在我国古代，孔子提出的"吾日三省吾身"，前"吾"指行动发出的我，即"主我"，后"吾"则是指行动接受的我，即"客我"。

"自我"始终表示人称，亦即主体，它是独有的、第一的东西，同心灵或者某种实体性的积极性载体相联系。"我"与"非我"的对立除了肯定自己的区分，即从周围世界中分出而外，没有任何内容。在同他人相关的语境中看，"自我"含着复合的意义，"我"与"他"不仅要求区分，而且以潜在的相互作用为前提。"我"与"我们"表示归属，即参与某种共同性，"我"与"我的"表示整体与局部或主体与客体的关系，"我"与"你"表示称谓，即同另一个"我"的交流，"我"与"我"表示自我交流，即自己与自己的内心对话。因此，"自我"只有在同别人的交往中才具有存在的实在性，一离开具体的语境，就毫无意义可言。

（一）哲学上的自我

法国思想家蒙恬曾经说过，世界上最重要的事情就是认识自我。德国哲学家卡西尔也认为，认识自我乃是哲学探究的最高目标。自我是一个古老而又年轻的命题，是伴随人类始终的一个问题。古希腊戴勒菲神庙有一句著名的神谕：认识你自己。之后，赫拉克利特说出了"我已经寻找过我自己"。由此，开始进入西方人对自我本身的认识阶段。从西方哲学史上，我们可以看到一条自我在哲学探索中步步深入发展的明显轨迹。可以说，一部西方哲学史就是一部自我认识的历史。

由于哲学观点的不同，人们对自我的理解和认识也存在着很大的差异。为了更好地研究自我观的发展，我们有必要对自我的历史发展进行简单追溯与概括。

1. 西方哲学的自我观

在西方哲学史上，自我曾以灵魂、实体、主体等诸多形态出现过，张晓静和黄震概述了这样一条线索：自身自我→精神自我→物质自我→孤独的自我。

在古希腊，自我是以直观的形式呈现出来的，以肉体与灵魂直接结合为生命呈现在人们眼前。就近代之前的整个古代哲学而言，"自身""自我"以及"自识"并不是一个明显的论题，"自我"这时是以"自身意识"呈现出来的，而自身意识指向的对象是自然。虽然在那时已经有了"心智"和"灵魂"的概念，但它们与"自然"和"物理"并不处在一种对峙的状态中。虽然近代意义上的主体"自我意识"已经呼之欲出，但在笛卡儿之前仍处在没有苏醒的蒙眬状态。无论是古希腊还是中世纪的哲学，都还行进在朝向主体反思和自身认识的途中。

西方哲学"自我"概念的发展在很大程度上可以看作对"认识你自己"这句哲理的展开解释。苏格拉底曾对这句箴言进行过解释。其中一种解释：人可以并且应当认识自己的心灵，而且首先是心灵中包含着知识和理性明察的那一部分。我们可以将此视为理性自识的一个重要根源。另外，它被理解为一种警告，即警告世人不要过高估计单个人的个体可能性，"认识自己"在这里被理解为认识自己的能力。

在苏格拉底对"认识你自己"之神谕的双重解释中，我们可以发现一种尚未获得结果的取向：对自身心灵这种确然性的追求虽然没有达到肯定的确然性，但至少达到一种否定性的确然性——"我知道，我一无所知"。

"自身意识"问题发展到亚里士多德，我们似乎已经可以隐约地发现近代意义上的自识问题的萌芽。亚里士多德将"对其自身的思想"或"对思想的思想"称为最出色的思想。他甚至说："以自身为对象的思想是万古不没的。"他认为，"思想就是对被思想的东西的接受、对实体的接受"，因此"思想和被思想的东西是同一的"。

亚里士多德"对思想的思想"仍然在根本上有别于近代笛卡儿的"我思"，主要是因为他把这种"对思想的思想"视作神的"自想"，而非人的"自识"，在对自身的思想中，神的思想和神的存在达到同一。亚里士多德在《谈灵魂》中进一步将"对思想的思想"归结为"心智"所具有的一种潜能，"它能够思维它自身"，或者说，心智是灵魂的认识能力，灵魂的其余部分则由感受能力构成。亚里士多德的"心智"背后站着理性。因此，这里的"自"并不意味着作为本己行为或灵魂活动之最初起点的"自身"或"自己"，而是受理性支配的活动者。

在古代哲学后期，普罗提诺对"自识"问题做了深入挖掘，取得了开拓性进展。普罗提诺的哲学被称作关于太阳、心智、灵魂三位一体的形而上学。而这门哲学的一个中心问题就在于心智的自身理解，他以柏拉图的太阳比喻为例，在神里面发光和被光照亮的是同一个东西。心智之所以能够自己理解自身，乃是因为心智。正如亚里士多德所说，既是活动的、行为的，又是静止的、对象的。当后一种状态在前一种状态中被意识到时，心智便获得了自身理解。普罗提诺常常将"心智"的前一种状态称作"思维"，后一种状态称作"存在"。

由此可以看出，西方哲学中"自身意识"是作为"自我意识"的前期状态存在的，"自身意识"中包含了"自我意识"的某种可能性。从"自身意识"到"自我意识"经历了一个主客分体的过程。"自身意识"仅是在自然反思的意义上，而不是在哲学反思的意义上进行的。"自身意识"是对自身的意识和感觉，并不是对象性的，而是物我直接一体未分化的直观自我意识，是自己把自己变为对象，并自觉以自身为其对象的意识，观者和被直观者是同一的。

2. 我国哲学的自我观

中国哲学自我观的发展是从"非我"开始的，经历了以下几个阶段。

第一阶段："非我"。正统的儒家文化在本质上是一种道德文化，而非功利文化，或者说是一种"非我"文化，其根本的价值取向是社会的稳定与和谐，而不是社会的发展。这种文化必然从整体的需要出发，否定个性差异，要求人自觉地把自己消融在整体之中，或者用整体湮没个人。道家正是看到了中国社会对个人的这种控制性，所以主张遗世独立、超然物外以完善自我。这种以"遗世"为前提的"独立"当然不可能是真正的"独立"，只能是向自然的逃避。而离开社会追求的"自我"最多只能说是裸露了人的一点儿天性而已。因此，在中国传统的人文主义中，最主要的不是某个人的精神潜力、智力丰富和全面发展，而是一切个人不论其个体素质和特点如何，都必须符合一定的社会角色。他们强调"人"，但不强调"个人的我"，这个"人"是和社会融为一体、极端社会化的人。这种价值观强调人的价值，但个人的价值是外在的，只有当它作为实现社会利益的工具时，才有价值。每一个人也都只有牵涉他人，才有存在的意义。所以，这种自我观是由"非我"向"社会自我"逐步发展起来的，与西方自我观所强调的"个体"的内涵大不相同。

第二阶段："社会自我"。"社会自我"（群体自我）在中国的产生无论对传统的中国社会还是现在的中国社会，无疑都是一个巨大的冲击，对"社会自我"的高扬和对"个人自我"的压抑超越了常人的标准。对于绝大多数人来说，其他的"自我"也许可以泯灭，但人的利益自我是无法泯灭的，它总是要在社会中寻找出路。既然社会不许言"我"，"无我"乃是人的唯一出路，"无我"也就成了人们实现其利益的必然的和唯一的途径。这种文化对待自我的态度所产生的结果是把人的自我剥落殆尽，直到剩下一点利益的自我，而利益的自我又采取了一条隐蔽、曲折的途径实现自己，即通过"无我"的途径实现自己。因而，利益的自我便具有一种合乎儒家规范的虚假的形式，披上了一层道德的光环。因此，积极的自我在这里得不到尊重，当然更得不到发展。

第三阶段："个体自我"。应当看到，过分追求群体至上与人身依附，压抑了人的个性的发展，压抑了个体自我精神的形成，但传统哲学重视人的群体性，重视社会自我，其意义也无疑是重大的。

纵观东西方哲学思想中关于"自我"的意蕴，可谓众说纷纭。如果说西方人是通过自己与他人的区别而认识自己，那么东方人就只能在"我与他人"不可分割的关系中使自己获得实现，自己就是"自己的部分"或"自己的一份"（"自份"）。后者不是抽象的实体性的"自我"。

有人曾把西方的个人类型比作带壳鸡蛋，把东方的个人类型比作无壳鸡蛋。"带壳鸡蛋"的外壳有硬度而无弹性，其蛋心有蛋壳保护而不易被破坏。可是外界的压力一旦超过容许的限度，鸡蛋顷刻就会破裂。与此相反，"无壳鸡蛋"柔软而有弹性。它没有蛋壳保护，比较容易被破坏，但不是由于突然袭击，而是由于逐渐受到外界的压力。从这个角度看，西方人（硬性性格）的内在世界和"自我"是一种摸得到的实在，他们的生命就是他们实现自己原则的战场。东方人则更关心保持自己"柔性"的认定性，以此来确保自己的集团从属性。这些差异自然与一系列复杂的社会条件和文化条件有关。

自我的含义在当代有了进一步的发展。东西方对自我的理解趋于统一，都把自我看成积极主动的个体，使自我发展到"主体自我"的水平。自我不仅构成了世人眼中的世界的基石，而且成为人们与外部联系的纽带和全部人生态度的核心。

（二）伦理学的"自我"

伦理学是一门研究道德的学问，而道德是调整人们之间及个人同社会之间行为规范的总和。长期以来，"自我"在伦理学领域成为忌语："自我"就是自私，"自我"就是唯我。的确，由于道德具有排他性的特点，利己是以利他为对立面和参照物的。正如普列汉诺夫所说："实际上，道德的基础不是对个人幸福的追求……相反，它总是要以或多或少的自我牺牲为前提。"

中国传统文化的自我学说是伴随着伦理道德的阐释而展开的，在漫长的历史长河中，儒、佛、道三家思想在融合中发展，形成了中国文化独特的面貌。有学者指出：如果说儒家学说更偏重于人在社会生活中的自我价值的实现，佛教更偏重于人的内心精神生活的心理满足，那么道教则更偏重于人在生命上的永恒与愉快；如果说儒家学说对潜藏在人的意识深层的欲望更多地采取在社会理想中升华、转化的方法，佛教更多地采用在内心中压抑、消灭的方法，那么道教则更多地采用一种通合的方法，使它在虚幻中满足，在宣泄中平息。

中国古典道家中并没有"自我"这一概念，但拥有丰富的关于"自我"的思想。道家的自我包含三层意思："三无"的自我、顺应的自我和幽默化的自我。"三无"的自我即无知的自我、无为的自我、无欲的自我。"无知"并不是缺少某一类知识，即那种依靠本体论上的存在的知识，它是不以原理为基础的知，而非日常意义上的无知。道家的"知"强调"不将不迎""应而不藏"，反映的是此刻的世界，既不附加已经逝去的世界之形，也不以尚未到来的世界的期望歪曲它。道家的"知"强调作为一面镜子来映照世界，老子强调"用心若镜"，这样才能反映外物而又不损心费神。庄子在其《天道》篇中称"圣人之心"为"天地之鉴""万物之镜"。这样，作为一面镜子，它反映出来的是作为单个事件和作为过程的事件本身，以及从特殊视角解释的秩序。同时，道家的"无知"是不可言说的，所以只能借用寓言和形象的比喻来交流、表达。道家的"无为"不是消极的无所事事，而是努力不破坏事物的自然秩序（道），摆脱外在的对象性活动，以"达到绝对的和谐"。它是一种真诚而不勉强的行动，是未受已有的知识和根深蒂固的习惯影响的行为，是指除却私欲妄见的活动，而返璞归真，是不以理为指导的，是自发的，无为也就是"顺应自然"。

老子的一个基本观点是主张无欲。所谓的无欲不是绝对没有欲望，而只是要求人们把欲望减到最低限度，即"寡欲"。庄子也是主张无欲的，认为情和欲都有害于德、性，都是不可有的，主张"同乎无欲，是谓素朴，素朴而民性得矣"。

道家的这种"欲望"是以"听其自然"和"洒脱"的能力为基础的，正是在这个意义上说，无欲是一种不加分析的、无对象的欲望，是一种暂时的欲望。在道家看来，暂时的欲望是唯一听任事物自然变化的欲望。

佛教认为，现实的人生是"无常""无我""苦"。"苦"由每人自身的"惑""业"所致，"惑"指贪、嗔、痴等烦恼，"业"指身、口、意等活动。"惑""业"为因，造成生死不息之果。根据善恶行为，轮回报应。主张依据经、律、论三藏，修持戒、定、慧三学，以断除烦恼，超脱生死轮回，达到"涅"或"释"的最高境界。佛教所宣扬的这一过程是通过否定现实自我的"无我"来对抗世俗生活的压迫。

儒学有别于佛教和道教的是，它在中国是沿着伦理政治一体化的方向发展的，体现了"道德政治化"和"政治道德化"。在儒学创始人看来，"礼"既要内化为修己之道，又要外化为治人之道，重人伦、重道德，强调以礼节情，提倡性格的自我完善，致力于人际关系的统一和谐。在儒学经典之一的《大学》开宗明义的第一章里，就讲了"格物→致知→诚意→正心→修身→齐家→治国→平天下"，即性格自我修养的全过程。按儒学的精义，自我价值的实现实际上是人伦价值的实现。

在西方，人本主义伦理学的最高价值不是无我，也不是自私，而是自爱，不是否定个人，而是肯定真正的自我。弗洛姆在谈论"人性和自我"的关系时，强调人性是道德规范的前提和依据，道德是个人需求（人性）在正常情况下的体现，如果没有人性，道德原则就失去了依据。因此，认识了人性，才能有道德良心和责任感。但是，普遍的人性一定在作为个体的自我身上才得以发展。关于自私、爱己和利己，弗洛姆指出，在现代文化中，盛行对自私的禁忌，结果把自私等同于爱己，认为爱人是美德，爱己是罪恶，但是在心理分析时应当区别自私与爱己。如果我爱作为人类一分子的邻居是一种美德，则爱我自己也必然是美德——因为我也是人类之一分子，爱己表示尊重自己的完整独立性，爱护自己同了解自己，同尊重、爱护以及了解他人是不可分的。因此，在原则上，我把别人作为爱的目标时，自己也应当是爱的目标。但是，对"利己"也应有新的理解。因为现代人生活在市场经济环境中，把自己当作商品，他们的利己观念也是错误的，没有认清他们的真正利益是什么，当他们不顾一切地把追求财富作为自己的利益时，他们已经丧失了自我。所以，弗洛姆得出结论：现代文化的失败不在于个人主义原则，不在于道德理想等同于利己的追求，而在于利己的意义蜕化变质；不在于人们过于关切他们的自我利益，而在于人们对真正的自我的利益没有充分关切；不在于人们太自私，而在于人们不爱自己。

（三）教育学的自我

1."自我"是教育过程的主体

如果说哲学把"自我"看成贯穿于整个人类的问题，那么教育学则把自我看成人类发展到一定历史阶段的产物，也即人类教育有了相当的发展后，对教育对象作为个体所具有的独立性、积极性开始认识。如果说哲学和心理学是从"蕴含其内"的角度去看待和研究"自我"的，那么教育学则是从"形诸其外"的角度去研究"自我"的。教育家看自我就要考察在教育活动中自我占据什么位置，它是如何体现的，等等。自我在这里被定义为个体，即个人的社会选择和行为支配的主体，也是教育活动的主体，这一主体必然表现社会生活关系的一切方面。

因此，从教育的角度看自我，首要的是必须明确："自我"并不是指个人，也不是指"我"；"我"只是一个客观存在，是一个受环境支配的存在；"自我"是指被"我"所意识到的和在现实生活中表现出来的独立的主体。因此，不是环境支配"自我"，而是"自我"支配环境；不是环境选择"自我"，而是"自我"选择环境；不是环境先天定义"自我"，而是"自我后天定义环境"。教育学的自我观体现在将儿童作为"人"来看待，确立"自我"在教育过程中的"主体"地位，这是教育学提高到人学水平的标志，也是文明开化的标志。

2."自我"的主体在教育和教学过程中表现为儿童是学习和自身发展的主体

具体体现在以下几个方面。

（1）儿童对教育者及学习内容的选择。儿童可以对教育者的讲授选择排斥或接受，可以对教育者的内容根据自己是否有时间、精力、兴趣，根据自己简单的价值判断进行选择，从而表现自己的主体性。

（2）儿童对学习内容的接收、内化。在教育活动中，儿童主要通过自己的主体性集中地组织自己的心向系统去倾听、理解、接纳教育者发出的教育内容，并且要运用自己原有的知识体系和认知结构对教育要求和教育内容中那些并不熟悉的知识予以辨认，以达到理解、消化和吸收，并充分调动自己的主体性因素，将这些教育内容和知识与自己原有的知识体系和认知结构相沟通和融合，以内化为自己的新的信息和知识能量，进而形成新的知识体系和认知结构。没有儿童的主体性，教育活动的实施、教育目标的实现也是不可能的。

（3）儿童对教育者作用的借鉴、创造与超越。在教育活动中，儿童的主体性作用不是被动的主体性反映。对教育者的教育内容和教育要求，主体性发挥好的儿童会由此产生一定的联想和创造，会从教育者作用的内容和方式中获取悟性，进而对教育者的内容和要求产生批判性的、创造的、发展的甚至超越性的能动反映。比如，儿童某个知识疑问的产生、某个问题新的想法的形成、某个作业新的思维的出现等都表现出他们的能动反映。儿童对教育者作用的借鉴、创造与超越的过程正是儿童自身主体性的开发、唤醒、发展的过程。

二、自我与自我意识

从心理学对自我的研究开始，自我、自我意识、自我概念就有剪不断理还乱的联系，孙圣涛、卢家楣对此做了概述。

在我国，人们更多提到的是自我意识，而对自我概念很少提及。对于自我意识的定义，我国研究者众说纷纭。有的定义为，自我意识是一个人对自己的心理过程和心理内容的反映，并将其分成两个层次：一层为人能体验或意识到自己心理活动的结果，另一层为人能意识到自己心理活动的内容。也有的将自我意识和自我等同：自我意识也称自我，就是自己对属于自己身心状况的认识。有的强调对人我关系的意识：所谓自我意识，即关于主体的自我意识，特别是人我关系的意识。还有人把自我意识看作一种特殊的心理过程，是所有心理反应相互联系、相互统一的综合体。自我意识是一个人对自己的意识。詹姆斯把我分为主我和客我，因而自我意识也就是主体的我对客体的我的意识。比如，一个人对自己的外貌、身高的了解，对自己能力、性格等的认识，对自己与他人相处的融洽程度和自己在他人眼中的地位的理解等，这些都是自我意识的具体表现。因此，概括地说，自我意识是对自我及其与周围关系的意识，包括个体对自身的意识和对自身与周围世界关系的意识两大部分。

　　自我概念在西方心理学中是一个非常笼统的术语。心理学家们曾从多维度、多层次提出自己的看法。关于自我概念的定义很多，有的宽泛，有的狭窄。宽的等同于自我意识，如有的把自我概念看作由一系列态度、信念和价值观等组成的认知结构，这个结构包括对自己和对他人的关系的一切心理活动。窄的定义为对自己某一方面的知觉，如 Byme 的定义是"关于自己的特长、能力、外表等方面的态度、情感和知识的自我感觉"。

　　我们认为，自我概念无论在其概念还是内容上都不同于自我意识。我们不妨先将自我意识的结构进行剖析。从形式上看，自我意识可表现为认识、情感、意志三种形式，即被称为自我认识、自我体验、自我调节。从内容上看，自我意识又可分为生理自我、社会自我和心理自我。自我认识是指一个人对自己的生理、社会、心理等方面的意识，属于自我意识的认识范畴，包括自我观察、自我图式、自我概念、自我评价等。自我概念只是自我认识中比较重要的一部分，反映着自我认识甚至自我意识发展水平的高低，对自我体验和自我调节影响深刻。也就是说，自我概念是自我意识的一部分。

　　自我意识、自我概念都是从自我（Self 和 Ego）这个大标题沿袭而来的。对于 Self，James 最早提出有一定系统的理论。Self 是指认识、行动着的主体，是由生物性、社会性以及自我意识诸因素结合的有机统一体，被分为主我和客我，主要受后天和社会环境影响。而 Ego 是保证个人适应环境、健康成长，取得个人自我意识同一的根源。这就是 Fvued 最早提出的概念，它是从本我中分化而来的，Ego 主要由先天遗传因素决定。在 Self 这个标题下，研究领域十分广泛，有大量实证研究成果。自我意识、自我概念的研究都是在 Self 的意思上进行的，我国也有一些研究。

对 Ego,人们的探讨多在思辨领域绕圈子，没有实证研究，我国有研究者曾对此做过介绍。

自我即自我意识，是个体对自身或部分相关事物进行反映和意识活动的所有心理现象的总称。它既是一种心理状态，在该状态下，个体的注意力集中于自己的身体、心理内容或相关事物；又是心理过程的总称，当个体注意集中于自身某些部分后进行的各种心理活动——行为活动，也称为自我意识活动，由主我对客我的反映构成。从心理形式上看，自我意识表现为认知的、情绪的和意志的三种形式。

1.属于认知的有自我观察、自我概念、自我图式、自我评价等，统称为自我认识。自我认识使个人认识到自己的身心特点——自己和他人及自然界的关系，个人在不断变化的条件下和他一生的时间内，他始终是他自己。自我认识主要涉及"我是一个什么样的人""我为什么是这样的一个人"等问题。

2.属于情绪的有自我感受、自爱、自尊、自恃、自卑、责任感、义务感、优越感等，统称为自我体验。自我体验主要涉及"我是否满意自己""我能否悦纳自己"等问题。

3.属于意志的有自立、自主、自制、自强、自信、自律等，可统称为自我控制、自我调节。表现为个人对自己行为活动的控制、自己对待他人和自己态度的控制等，如"我怎样节制自己""我如何改变自己的现状，使我成为自己理想中的人"等。

自我的三个方面互相影响，互相促进，构成一个统一的有机整体。自我认识直接影响自我体验的正负和自我控制的力度，是自我的基础，带有先导的性质。自我体验可以强化自我认识和自我评价，对自我监督起动机作用。自我认识与体验本身是在意识监控下进行的，而通过自我监控使自我得到发展，又会使自我认识与体验产生相应的变化。自我的上述三种表现形式综合为一个整体，便成为个性的基础——自我。

自我使一个人的个性心理特征和个性倾向性等成分成为统一的整体。如果自我发生障碍，人就有可能失去自己肉体的实在感，或者感觉不到自己的情感体验，觉得自己陷入了麻木不仁的状态，或者感到自己不能做主，总是受人摆布，导致性格障碍。个性结构中的诸种心理成分不是无组织的、杂乱无章的，它们是由自我进行协调和控制而成为一个有组织的、稳定的整体。

第二节   自我结构的要素分析

自我结构是一个开放系统。所谓系统是指由相互作用和相互依赖的若干组成部分结合而成的、具有特定功能的有机整体。系统本身又是它所从属的一个更大系统的组成部分。任何系统都可以做多种描述，自我也可以做多种描述。

一、主客体关系维度

詹姆斯把自我视为心理学中"最难解的谜题"，并将自我分为经验客体的我和在环境中主动行动者的我。主体的我指代自我中积极地知觉、思考的部分，客体的我指代自我中被注意、思考或知觉的客体。比如，当我说"我看见帕特"时，其中只牵涉到主体我，当我说"我看见我自己"时，两个术语都涉及了——我是看的主体，也是看的客体。

詹姆斯继续把经验自我的不同组成部分分成三类：物质自我、社会自我、精神自我。物质自我指的是真实的物体、人或地点。物质自我还可以分为躯体自我（身体自我）和躯体外（超越躯体的）自我（它包括与我相关的他人、宠物、财产、地方以及我们的劳动成果）。社会自我指的是我们被他人如何看待和承认。

米德吸取了詹姆斯从多重自我出发并把自我分为主体我与客体我的做法，他用"主我"（I）与"客我"（Me）两个概念来描述自我的两个侧面。在米德看来，自我的发展包含着"主我"和"客我"之间的不断"对话"。他指出，"主我"是有机体对其他人的态度做出的反应；"客我"是一个人自己采取的一组有组织的其他人的态度，"主我"与"客我"都必须与社会经验相联系。在他看来，"主我"是正在进行社会互动的主体，是无法预见的、不确定的东西，是社会个体的自发性、创造性活动以及自由感的源泉，是社会个体对照他自己的行为举止处于其中的社会情境所做出的行动，这种行动是某种我们无法预先告知的东西，"客我"则是从他人的态度和视角出发观察和评价的自己的自我，是作为自己审视和评价对象的自我。

总之，从主客体关系维度可将自我作为主体自我和客体自我进行分析。主体自我是主动的我，如自我指导、自我监控、自我批评、自我实现、自我图式和自我决定等；客体自我是被认知的我、被体验的我，如自我知觉、自我概念等。

二、时间关系维度

霍妮把性格看作完整动态的自我，将自我区分成可能的自我（真实自我）、理想自我和现实自我三种基本存在形态。"可能的自我是指个体的潜能。理想自我是指个体头脑中设想的形象，是不可能实现的一种纯粹虚幻的形象，又称为不可能的自我。现实自我是指个体此时此刻身心存在的总和。"

1986 年与 1987 年，马科斯提出了可能的自我与动态的自我概念。他还特别指出，可能的自我既包括我们梦想成为的自我，如富裕的自我、被爱的自我及爱人的自我，也包括害怕成为的自我，如失业的自我、生病的自我及学业失败的自我。罗森伯格在霍妮和罗杰斯的理想自我的基础上提出了理想自我概念，并区分了有可能实现的理想自我概念和自我崇拜的形象自我概念。Higgin 进一步提出至少有三种自我概念："现实自我"概念；"理想自我"概念；"应该自我"概念。它们表示个人或他人拥有的特征的自我概念，这些自我概念之间的差异会给个体带来动力或压力。

如果将动态的自我按时间状态来分，则可分为：过去自我、现在自我和将来自我。

过去自我是个体对自己过去的特性的认知和评价，现在自我是个体对自己当前属性的认知和评价，将来自我是个体对未来的自己的认知和评价。现在自我即现实自我，将来自我即可能自我或理想自我。

三、心理内容维度

按照心理的内容不同，自我可以分成生理自我、社会自我和心理自我。

（一）生理自我

生理自我意识是人对自己的躯体的意识，包括占有感、支配感和爱护感，是产生最早的自我意识，是人的基本自我意识。生理自我是"自我意识"最原始的形态。

新生儿是不可能把自己的躯体与外部世界区分开的。但是，随着年龄的增长和智力的发展，个体在 8 个月左右，开始产生了"生理自我"，即能把自己的躯体与外部世界区分开。不过，这时的物质自我还很不成熟，个体真正能把自己的躯体与外部世界区分开，并意识到自己的生存是寄托在自己躯体上的，要在 3 岁左右才能够完全实现。因此，生理自我是逐渐形成的，是学习的结果。

生理自我不仅指对自己身体的意识，还包括对自己的衣着打扮以及对自己家庭财产等方面的意识。所以，生理自我是个体对自己的身体以及对客观环境中属于自己的那一部分物质的认识。

（二）社会自我

从 3 岁开始，个体通过幼儿园的学前教育和学校的正规教育，受到社会文化的影响，增强了社会意识，逐渐认识到自己是社会的一员。这个社会化过程中产生的对自己身份、角色、人与人之间的关系和人我关系的意识叫作社会自我。

"别人是怎样看待我的""别人是否把我放在眼里""别人是否尊重我""我在社会上的名誉、地位如何""我在同学中是否有威望"，等等。

这些都是个体对自己被他人关注的反映。所以，还可以说，社会自我就是个体对自己在社会关系、人际关系中的角色的反映，包括对自己在社会关系、人际关系中的地位和作用的反映，对自己所承担的社会义务和权利的反映。

社会自我的发展在经历了幼儿、小学、初中几个时期后，才达到基本成熟。社会自我的成熟是心理自我形成和发展的基础，社会自我的准确性将会影响个体以后的心理健康水平。

（三）心理自我

心理自我是自我意识发展的最高阶段。一般在高中阶段，学生逐渐脱离了对成人的依赖，独立出来，更关注自己内心的想法，表现出自我的主动性和能动性，强调自我的价值与理想，表现为能够透过自我去认识外部世界。

心理自我是指个体对自己的心理活动的反映，包括对自己的性格、智力、态度、信念、理想和行为的反映。心理自我意识使个体依据主客观需要，对自己的心理特征、性格特点进行观察和评价，进而修正自己的经验，调节、控制自己正在进行着的心理活动和行为，使自己的心理得到健康的发展。可以说，心理自我意识是自我的核心内容。

心理自我发展完善的学生能够以客观的社会标准来认识社会和评价事物，树立正确的人生观和价值观。学生的心理自我意识与其心理健康是密切相关的。

第三节　少年儿童自我意识的发展

一、自我认识的发展

自我认识属于自我的认知层面。它是自我的首要成分，也是自我调节、控制的心理基础。自我认识使个人认识到自己的身心特点、自己和他人及自然界的关系。它有四个方面的内容，即对自己的生理状况、心理特征、自己与外界的关系及自己的学业（事业）等的认识，具体表现在认识自己的身体、身体特征和生理状况，认识自己的智力、能力、情感、意志、性格等心理特征，认识自己在社会集体中的地位、作用、人我关系，认识自己的学业（事业）状况、成就等。自我认识有自我知觉、自我评价、自我概念等形式。

（一）自我概念的发展

1.婴幼儿自我概念萌芽

自我概念的形成经历了从无到有的过程，婴儿刚出生时分不清楚自己和其他物体的区别，渐渐地，他们意识到自己的存在，话语中频繁地使用"我"。进了幼儿园、小学，他们的自我概念在与他人交往中不断发展，对自我认识更加全面综合，从最开始只关注自己的外貌、年龄、性别等外在特征，到逐渐认识到自己的性格特点等抽象的方面，自我概念逐渐稳定。

自我概念的基础是婴儿意识到他或她的存在，能把自己和他人区分开。在生命的最初时期，婴儿没有自我意识，他吮吸自己的手指头、舔自己的脚指头时并不意识这些是自己身上的一部分，就像吮吸母亲的乳头和奶嘴一样。婴儿此时只有简单的感知觉，但没有自己和他人之分的意识。当他们一次次咬痛自己时，才渐渐认识到是自己的手指或脚趾。婴儿在与外界事物接触的过程中逐渐认识到，自己相对于其他人和环境中的物体是独立存在的，他们的存在有时间上的持续性。他们拉动摇篮上小铃铛的绳索，发现小铃铛晃动发出叮叮当当的响声，从而知道是自己的动作引起了铃铛响声，知道自己是动作的发起者。大致 6～8 个月时，婴儿开始有对自己身体的连续感觉。1 岁左右，婴儿学会走路，认识到自己动作的原因，开始区分自己动作的对象不是别人，认识到自己的力量和存在。

自我意识在大多数婴儿 2 岁时已经很好地建立起来。这时的婴儿对自己的照片更感兴趣，比对他人的照片看得更多。他们对自己的身体形成一种连续感，认识到自己始终是同一个人。这种自我存在感与言语发展联系着，婴幼儿以自己的名字为支撑，从日常生活各种活动中体验到自己在社会群体中有独立地位。他们起先把自己称为"楠楠""宝宝"，就像父母或家庭中其他成人称呼他一样，后来学会称呼自己"我"。他们的言语中出现了大量关于"我"的句子："我刚刚洗过手""我马上来""我困了""我今天去幼儿园"……

但是，婴幼儿的自我意识起初很薄弱。一旦获得自我意识，婴幼儿便开始获得自我概念。也就是说，一旦婴幼儿懂得他们自己的存在，懂得他们有一个独特的心理世界，他们就开始思考他们是谁，他们想定义他们自己。大约上幼儿园中班的 3 ~ 4 岁幼儿随着言语能力的迅速提高，自我概念也迅速成熟，他们能用言语描述自己的身体特征，如"我有黑色的眼睛"。提到自己的喜好，能说"我喜欢吃苹果"；提到自己的能力，能说"我能从 1 数到 50""我会唱歌，我会背古诗"。但是，这些话语的共同之处是描述幼儿自身可观察到的事物的具体特征，幼儿仅从外部特征上把自己和他人区别开。

上幼儿园大班大约 4 ~ 5 岁的幼儿自我概念维度增加，能从多方面认识自己，也能全面认识自己。他们还认识到自己是家庭里的一员，是一起玩的小伙伴中的一个，是幼儿园班级里的一分子。他们开始理解与自己有关的家庭结构，以及自己在家庭中的相对地位，自己是爸爸妈妈的孩子，是爷爷奶奶的孙子或孙女，有表兄弟姐妹。他们知道幼儿园由哪些人组成，自己在幼儿园里是小朋友。4 ~ 5 岁幼儿的自我概念虽不稳定，但开始走向成熟。

2. 少年自我概念的发展

自我概念是在经验积累的基础上发展起来的。最初，它是对个人和才能的简单抽象认识，随年龄增长而逐渐复杂化，并逐渐形成社会的自我、学术的自我、身体的自我等不同的层次。

儿童自我概念抽象复杂化符合皮亚杰描述的儿童认知发展。儿童认知发展经历四个阶段：从出生到 2 岁时经历感知运动阶段；从 2 岁到 7 岁是前运算思维阶段；从 7 岁到 12 岁是具体运算思维阶段；从 12 岁到 15 岁是形式运算阶段。每一阶段代表了儿童是如何理解周围环境的根本变化的，每一阶段标志着更高级推理类型。例如，感知运动期从出生开始，持续到 2 岁。感知运动阶段的思维与婴儿的感知和运动技能紧密相关。前运算思维阶段的幼儿关注真实和可触的东西，幼儿思维的主要特点是具体形象性，幼儿对自身的认识也具有具体形象性。因此，幼儿通常描述自己外在的和具体的特征。幼儿中期开始出现抽象思维的萌芽，小学儿童思维以具体形象思维为主要形式逐步过渡到以抽象思维为主要形式。因此，小学生的自我概念比幼儿抽象概括。形式运算阶段的中学生关注抽象、假设的思维方式应用到对自身的看法上，他们对自我的理解更抽象，更能从内心的角度看待自我。

在少年早期，儿童把一些分散的特征，如"聪明的""有创意的"综合成更高层次的、更抽象的，如"智慧的"。但这是对自己的总的一般的概述，而这些特征相互间联系并不大，有时甚至还有些矛盾。例如，12 ~ 14 岁的孩子可能会提到这些相对的特征："智慧的"对"鲁莽的"以及"害羞的"对"好交往的"。这些不同的特征源于在不同社会关系中表现不同的自我的压力——父母、同学、好朋友、恋人。当儿童的社会交往圈扩大后，相互矛盾的自我描述更多了。他们常常会为"哪一个才是真正的我"而烦恼。

到少年中后期，他们能把自己的各种特征结合成一个系统。他们开始用限定词（"我脾气很急躁""我并不是个完全诚实的人"），这说明他们已经意识到心理特征会随情境而变化。更大一些的青春期孩子还加入了综合的原则，使以前那些矛盾的、为之烦恼的问题得以解决。例如，一个年轻人说："我适应性很强。和朋友在一起时，我很健谈，因为我知道，他们都很在意我的话；在家里我却很沉默，因为没有人对我说的话感兴趣。"和刚上学的孩子相比，少年对自己的评价侧重于社会道德，如友好的、善良的、为他人着想的、合作的，说明他们很在意别人对他们的看法，自己是否受别人喜欢、是否积极乐观。从他们对自己的描述中也可以看出这一点。性格和道德观在少年的自我概念中占有核心地位。

自我概念一边日益分化，一边日益综合化。随着年龄的增长，他们越来越清楚自己在外貌、学业、人际关系、运动等不同方面存在差异，对自己各方面形成不同的自我概念。比如，知道自己长得并不是十分漂亮，但学习成绩很优秀，乐于助人，关心他人，受老师和同学喜爱，运动会上总能取得短跑比赛好名次。并且，他们接纳各方面自我概念的差异，把自己各方面差异融合到一起，形成一个笼统的、综合的、模糊的整体自我概念。

上了高中，辩证逻辑思维迅速发展，认识事物相对不那么刻板、片面，他们渐渐发现自我概念中存在一些潜在的矛盾之处，很难对自己下一个绝对的定义。例如，我们认识到：自己有时是快乐的，有时又是沮丧的；有时很勤奋，但有时也会偷懒；既喜欢学习知识，又喜欢玩耍。中学生的自我概念经常因场合而不同。一个中学生可能会说："我和陌生人在一起比较害羞，但当我和我熟悉的朋友、家人在一起时，我很放松。"自我概念的另一个变化是，出现了"理想的我"。随着思维能力发展，小学生的想象能力丰富，开始设想未来的我，中学生的自我概念经常以未来为导向，中学生经常描述他们自己的理想。

在憧憬未来的同时，中学生也会遇到许多关于自己的困惑，在不断的自我反思中为自己的未来迷惑，为"理想的我"和"现实的我"的差异与冲突而不安，他们试图寻求由许多不同、有时彼此冲突的自我成分整合而成的认同感。

随着年龄的增长，自我概念趋于稳定。在幼年有积极自我概念的儿童在以后的时间里一般也保持着这种积极的自我概念。与之相反，自小学起认为自己很差的学生到了高中之后仍自我概念消极。高中阶段是自我概念达到稳定的时期。心理学家西蒙和罗森贝尔克用横断法对比了 8 ～ 11 岁、12 ～ 14 岁、15 ～ 17 岁三个年龄组学生的自我形象特点。经对比发现：15 岁之后，学生的自我评价最稳定。一个人在高中阶段对自身的看法有许多将持续终生。

少年自我概念呈 U 字形发展。有关发展性的研究发现，自我概念的发展曲线是起伏跌宕的，尤其在某些关键期和转折期更是这样。Pirest、Harris、Soare、Simmons、Rosenberg 等人在他们的研究中都发现，学生的自我概念在青春期前期显著下降。Meso 发现，女生的自我概念下降得更早、更快。自我概念的发展呈曲线变化，从小学到初中逐年下降，随后又开始上升，到大学毕业后开始下降，至中年后又再次回升。McCarthy 和 Hage、Connell 和 Rogers 发现，青春期前期学生的自我概念明显上升，但后者发现女生的自我概念在 12～13 岁有所下降，到 17 岁才开始回升。学生自我概念各方面呈 U 字形发展，小学五年级至初一显著下降，初一至初三逐年显著上升，初一是自我概念发展的最低点。男生的同伴自我概念的发展滞后一年，最低点在初二。身体自我概念没有年级差异，但在初一、初二，女生身体自我概念显著低于男生。

少年的自我概念存在性别差异。自我概念是一个具有特定文化内涵的社会心理学范畴，社会的偏见或刻板印象会在人们的自我概念中表现出来。由于男性和女性在生理特征上的差异以及不同文化背景中社会期望和社会角色的不同，男女自我概念的发展表现出了各自不同的特点，这在少年时期表现得尤为突出。

（二）自我评价的发展

自我评价指主体对自己思想、愿望、行为和个性特点等方面的判断和估量。儿童把自己当作认识主体从客体中区分出来，开始理解我与物和我与非我的关系后，从别人对自己的评价、别人对他人的评价的比较中，逐渐学会自我评价。因此，自我评价是自我意识发展的必然产物。其发展的一般规律是评价他人的行为——评价自己的行为——评价自己的个性品质。

自我评价是自我意识发展的主要成分和主要标志。自我评价是否恰当可能激发或压抑人的积极性，不符合自身的、过低的自我评价会降低人的社会要求水平，产生对自己潜力的怀疑态度，引起严重的情感损伤和内心冲突，过高的自我评价必然与别人对自己的评价发生矛盾，遭到同伴的反对，引起与同伴交往的冲突，导致出现严重的情感损伤或不良行为。

1. 儿童自我评价的发展

自我评价的能力在 3 岁儿童中还不明显，自我评价开始发生的转折年龄在 3 岁半至 4 岁，5 岁儿童绝大多数已能进行自我评价。

（1）儿童自我评价的发展特点。幼儿的自我评价首先是依从性的评价，然后发展到对自己的个别方面进行评价，进而发展到对多方面进行评价。幼儿自我评价的发展明显停留在对别人或对自己外部行为的评价上，但同时表现出他们的自我评价有从外部行为向内心品质转变的倾向。直到幼儿晚期开始出现多面的独立性评价，并特别表现在成人的评价与幼儿自我评价不一致时，幼儿会提出申辩，表示反感和不信任。小学儿童自我评价能力在学前期就已经产生了。进入小学以后，小学生能进行评价的对象、内容和范围都进一步扩大，这使小学生的自我评价能力进一步发展，主要表现为：从顺从别人的评价发展到有一定独立见解的评价；从比较笼统的评价发展到对自己个别方面或多方面行为的优缺点进行评价，并表现出对内心品质进行评价的初步倾向。

（2）儿童已具备一定的道德评价能力。4岁的儿童能够初步运用一定的道德行为准则来评价别人和自己行为的好坏，同时发展出尊敬长者的行为，但其评价带有一定的情绪性。只有到5～6岁，儿童才能自觉模仿成人而从社会意义上来评价道德行为的好坏，但对某些道德概念的理解能力是很肤浅的，没有分化，比较笼统，幼儿还不能很好地理解道德概念的内涵。小学儿童已具有一定的道德评价能力。对某一种道德现象采用好、坏、善、恶、正义、非正义等词语做出分析、判断和鉴别的过程就是道德评价过程。道德评价能力高低往往是表示人的道德认识、道德情感发展水平的重要指标。

（3）由对自己外部行为的评价逐渐过渡到对内心品质的评价，但整个幼儿期间，基本上是对自己的外部行为进行自我评价；由主观情绪性评价逐渐过渡到客观的评价，但在一般情况下，幼儿总是倾向于过高评价自己。小学低年级儿童对行为的意向性判断已有明显的发展，超过了对财物损坏的判断；小学中高年级儿童的意向性判断已占显著优势。在对成人惩罚的公正性判断上，学前儿童和小学低年级儿童自我评价稳定性逐渐加强，对成人不公正的惩罚大部分持肯定态度，这表明他们的道德判断尚不能摆脱成人惩罚的影响，只能根据成人惩罚去判断行为的是非。

（4）儿童自我评价发展水平无男女性别上的差异。

2. 少年自我评价的发展

到了少年阶段，他们逐渐摆脱成人评价的影响，而产生独立评价的倾向。上中学之前，学生在道德判断中往往着眼于行为效果，进入中学则转向注重内部动机的判断。在良好的教育条件下，他们从初中开始就能做出效果和动机的辩证判断。另外，少年评价能力发展的一个突出特点是十分重视同龄人对自己的评价和看法。他们开始将同龄人的评价和成年人的评价同等对待，慢慢地就表现出更重视同龄人的意见，而忽视成人的意见。

二、自我体验的发展

自我体验是自我意识的情感成分，指主体在听到他人评价自己或自我评价时产生的一种肯定或否定的态度体验，表现为接受悦纳自己或拒绝厌弃自己。比如，人因自己聪明而沾沾自喜，或因容貌不美而自惭形秽。自尊、自信、自豪、自卑等都是自我体验的具体反映。在自我体验中最值得重视的就是自尊。

少年期是自我发展的关键期或转折期，少年自尊的发展对个体整个自我系统及其心理的发展具有重要意义。一方面，自尊作为个体自我系统的核心成分之一，其发展状况不仅与少年的心理健康直接相联系，而且对学生整个性格的发展都具有重要影响；另一方面，自尊作为一个起中介作用的性格变量，对少年的认知、动机、情感和社会行为均有重要而广泛的影响。

（一）自尊的概念

自尊就是一个人对他或她自己价值的判断和感觉。高自尊的人对自己判断满意，对自己感觉积极，他们会说"我喜欢我自己，我非常高兴我是我自己。我愿意成为我自己"。相反，低自尊的人对自己判断消极，对自己不满意，经常希望成为另一个人。爱自己就是尊重自己、接纳自己。自尊是爱一切的开始，一个连自己都不爱的人很难爱他人、爱社会。自尊的含义具体如下。

1.整体自尊

很多情况下，自尊这个概念被用来描述个性方面的变量，即人们通常是如何看待自己的。因为其持续时间很长，具有跨时间和情境的一致性，研究者把此类自尊看作整体自尊或者特质自尊。乔纳森·布朗把自尊定义为对个体情感的感觉。在正常人群中，高自尊具有这样的特点，即高度喜欢和热爱自己，低自尊的特点是对自己略为积极地看待，或者正反情绪并存。

2.自我评价

自尊这个术语也指个体评价自己的能力和特性的方式。比如，在学校里，一个对自己能力持怀疑态度的学生就被说成是学业自低，认为自己很受欢迎、被很多人喜欢的人则被说成具有高的社交自尊。按照同样的方式，人们可以说自己具有高的工作自尊或者低的运动自尊。自信、自我效能感等术语也可以用来描述这些信念，很多人把自信等同于自尊。乔纳森·布朗倾向于把这些信念称作自我评价或自我评估，因为它指的是人们评估或评价自己的能力以及个性品质的方式。

3.自我价值感

自尊这个概念也用来表示瞬间的情绪状态，特别是那些由好的或差的结果所引发的情绪。人们说某个经验会支持自尊或威胁自尊，指的就是这个意思。比如，当一个人刚刚取得了很大成就，他可以说自己的自尊高入云霄；另一个人在极大失败后，则可能说自己的自尊非常低。依据詹姆斯的理论，这种情绪可以被称为自我体验或自我价值感。

（二）少年儿童自尊的发展

1. 儿童自尊发展

自尊发展的总模式：在幼儿期，自尊很高；在小学期间，自尊下降，也就是自我评价和自我感觉不如幼儿期好；在初中和高中时期，自尊的水平出现另一次下降；少年末期，自尊逐渐上升。

儿童在幼儿期自尊最高。自尊是基于自我评价和自我情绪体验的发展而发展的。3.5～4岁幼儿开始会自我评价，5岁幼儿绝大多数能进行自我评价。自我情绪体验在3岁幼儿中不明显，4岁是自我情绪体验发生的转折年龄，5～6岁幼儿大多数已表现出有自我情绪体验。随着幼儿自我评价和自我情绪体验的发展，幼儿在3岁产生自尊感的萌芽。大多学前儿童对自己的外貌、运动能力等方方面面的看法都很积极，认为自己什么都比别人强，自我评价很高，自我感觉很好。进入小学后，自尊通常在一定程度上下降，小学生的自我意识得到发展，处于所谓的客观化时期，即获得社会自我的时期。有一些研究表明，从小学升上初中时，学生的自尊有所下降。

刚进入初中或高中，自尊的下降通常是暂时的。新的学校环境变熟悉了，学生们渐渐调整适应了新的排序，找到自己在新环境中的位置。并且，他们的知识能力不断地增长，如接触物理、化学等小学里没有的学科，能够运用所学的知识解释自然界现象，学会打网球、游泳，自尊随之增长。同时，他们有了更强的自我意识、更强的独立性，对自己的决定也能担负更大的责任。这些变化提高了自尊。到了少年末期，也就是上大学时期，自尊一般会上升。

2. 少年的自尊发展

少年期个体生理上的成熟、认知能力的提高以及社会角色、微环境等的一系列改变毫无疑问地会带来个体自我评价的变化，这种变化直接影响着少年自尊的发展。其中，少年自尊发展的稳定性、可变性与少年自尊发展的差异性是少年自尊发展研究关注的两个重要方面。

霍尔认为，少年期是一个充满"暴风骤雨"的时期。这一论点指出了少年期个体所受压力的程度，并直接引发了研究者对少年自尊发展的稳定性与变化性的关注。尽管国内外的研究者在此领域做了大量工作，但是由于研究角度和研究方法的不同，不同的研究者对少年自尊发展的稳定性与变化性的看法也不一致。

达塞克等指出，进入少年期的个体与他走出少年期的时候相比基本上没有什么变化。阿拉斯克等认为，少年的自我感觉会逐渐稳固，并且不大可能因为经验的不同而发生波动，少年的自尊随着年龄的增长而变得更加稳定。换句话说，儿童期具有高自尊的个体在少年期也会具有高自尊。并且，在少年期，个体的自尊水平不会降低。还有一些研究支持少年期个体自尊的波动性。

因此，事实可能是这样的，虽然个体的自尊在整个少年期不会有很大变化，但是少年早期是个体自尊波动很大的时期。从这个角度来看，关于少年自尊研究的不同结果实际上是反映了同一事实的不同方面。

三、自我控制的发展

自我控制是自我的意识成分和重要标志，是指个体在自我认知的基础上，自觉控制自我，主动协调个体与他人、个体与环境认识的关系。自我控制是一个人良好个性形成、发展的必要条件和基本保证，也是个体成功适应社会所必需的品质。自我控制并不是生来就具有的，儿童在生理成熟和教育的作用下，不断从冲动性向自我控制发展。

（一）自我控制的定义

关于自我控制的定义，国内外学术界一直众说纷纭，没有一个统一的定义，甚至也没有一个统一的用词。

关于自我控制的代表性的定义有三类。

1. 从道德与亲社会行为的角度看

自我控制指对违反社会道德标准的冲动的抑制，这是由 Kopp 等人提出的。Kopp 认为，自我控制是个体自主调节行为使其与个人价值和社会期望相匹配的能力，自我控制能力引发或制止特定的行为主要包括个五个方面，即抑制冲动行为、抵制诱惑、延缓满足、制订和完成行为计划，采取的是适应于社会情境的行为方式。从这个定义可以看出，自我控制指的是行为的控制，包括行为的选择、维持、克制、调节等方面。Berk Vaugh 以及我国学者刘金花等人都从这一角度对自我控制进行了定义。

2. 从气质的角度看

自我控制指克制一个优势反应而执行一个劣势反应的能力。这是由 Rothbart 等人提出来的，Kochanska、Murray 以及我国学者陈伟民、桑标等人采用了这一定义。

3. 从心理分析的角度看

Block 等人认为，自我控制由控制和弹性两个维度构成。控制指个体认知、情绪冲动、行为和动机表达的阈限；弹性指个体能动的调节控制水平，以适应环境的限制与可能性，或取得能量并达到长期目标的能力。

（二）少年儿童自我控制的发展

学前儿童自我控制开始发生的年龄转变期为 4 ~ 5 岁。自我控制的特点主要表现在坚持性和自制力上。3 ~ 9 岁儿童的自我控制能力随年龄增长而呈上升趋势，且这种发展的关键年龄明显在 3 ~ 5 岁之间。到了少年期，儿童开始变他人控制为自己控制，且自我教育的能力发展较快。此外，还有研究人员从意志品质的角度对儿童自我控制能力的发展进行了探讨。研究发现，学龄初期儿童意志的自制性品质随年级升高而稳步发展，但其行为仍然明显受内外诱因的干扰。随着年级的升高，儿童抵制内外诱因干扰的能力逐渐增强。小学儿童的自我激励水平和忍耐克制能力不断提高，尤其是中年级以后，注意力以及相应的组织性、纪律性明显增强，自我控制和自我调节能力得到了较好发展。

1.儿童自尊发展

3 ~ 5 岁幼儿的自我控制能力随年龄增长而呈上升趋势，且这种发展的关键年龄在 3 ~ 4 岁之间。3 岁幼儿的大脑皮质抑制机能还没有完善，兴奋过程占优势，所以这个年龄的孩子活泼好动，自我控制能力较差。另外，这个时候幼儿才刚入幼儿园，对于一些行为规则都还处于了解、理解和内化的初始阶段。随年龄增长，一方面由于内部生理上的发展使大脑皮质的抑制机能逐渐完善，兴奋与抑制过程逐渐平衡；另一方面，外部的教育作用和训练强化效果使幼儿逐渐对行为规则有了更好的理解，并内化为自觉的规则意识，从而更好地控制自己的行为。3 ~ 4 岁是一个自我控制发展的关键期。

2.少年自尊发展

少年的自我评价和自我体验的发展为其自我控制或自持的发展奠定了基础。从中学生自我控制能力发展的性别差异看，男生的情绪控制能力强于女生，而女生的行为控制能力强于男生。初中生与高中生自我控制能力从整体上看是有差异的。初中生自我控制能力的发展还是初步的，虽然开始出现以内部动力为主的特点，但其稳定性和持久性却不够理想。一方面，他们的思想方法开始转向内部归因为主；另一方面，他们又过高地估计了自己的力量与形象。

高中生则不同，意识到自己并且开始较稳定而持久地控制自己，是高中生自我意识的一个重要特点。高中生更多地要关心和思考自己的前途、理想的问题，但在主观的我和社会的我之间、理想自我与现实自我之间是存在矛盾的，这就促进了高中学生自我调节和控制能力的发展。

第四节　哥特小说中的自我意识

一、哥特小说中的自我认同与否定

　　哥特小说反映 18 世纪英国中产阶级患有严重的"历史缺乏焦虑症"。小说人物的历史常常是一团迷雾，或笼罩在一个个挥之不去的阴影中。主人公（尤其是女主人公）往往早年丧失父母，尤其是母亲，或根本不知自己的父母为何人。《奥特朗托城堡》中的西奥多表面上是附近村庄的青年农民，但其身世其实是一笔糊涂账，后经杰罗米神父（实为其父）解释才水落石出。《英国老男爵》的男主人公爱德门德与西奥多非常相似。曼弗雷德是奥特朗托城堡的王子，但有关他出身的传言不绝于耳。拉德克利夫的《尤多尔佛之谜》中，女主人公爱弥丽先丧母，后失父，她的身世之谜贯穿整部小说，直到最后才得以解开。《意大利人》中艾丽娜的出身同样扑朔迷离。艾丽娜同为孤儿，初因出身卑微而遭男友父母拒绝，后被"发掘"出贵族血统，而中间一度还被误认作恶棍斯开东尼之女。斯开东尼本人也是个身份几经改变的神秘人物，对其过去人们知之甚少。《修道士》中的恶棍安布若西奥身居高位，却来历不明，有人说是当年僧侣们捡来的弃婴。哥特小说中俯拾皆是的身世谜团反映出此时的英国中产阶级可能正经历一场严重的身份危机。18 世纪，中产阶级在数量上愈加壮大，其自我意识以及对社会地位的需求逐渐增强。而在当时的英国社会，家族历史对个人的社会地位仍然至关重要，这对多数中产阶级成员而言，是个严重问题。

　　哥特人物的身份危机在正反主人公身上体现得不尽相同。正面人物通常对身世谜团不懈探寻，反面人物则处心积虑遮盖与掩饰其可疑身份。他们通常利用封建贵族制度的符号（如图像、饰物或其他标志性特征）装扮自己，几乎每个人都是上乘的演员。霍格尔就举例说，《修道士》一书中充满层层虚假与欺骗，主人公安布若西奥企图借助其中的某些层次将自己塑造成一个高贵、虔诚和知识渊博的神父。这个修道院院长以其纯洁、学问和口才赢得信众的崇拜与追捧。他的斗室中挂有一张圣母玛丽亚的肖像，以便每日瞻仰省身，可谓虔诚之至。然而，小说后来透露，画中所示并非圣母本人，这个女子实为魔鬼代理人、前去色诱他的玛蒂尔德。魔鬼用以欺骗安布若西奥、拉他下水的一张淫画又被受骗者用来欺世盗名，蒙骗更多的人。小说在初始便已暗示，安布若西奥雄辩滔滔的演讲以及那些前往教堂聆听他演讲、欣赏他口才的人全在演戏。即使安布若西奥的学识与口才等，也具有高度的表演性。由于民间盛传安布若西奥出身卑微，他苦心经营这一神圣形象的目的显然在于使自己显得像个合格的神父，以保住他在教会中的崇高地位。安布若西奥的"个人奋斗"颇像中产阶级为获取较高的社会地位而努力的历程。应该说，早期的安布若西奥虽然略显虚荣自大，在宗教修行方面虽然也尚欠严肃（圣母画像竟令他想入非非），但在操守上仍属纯洁。在遭魔鬼色诱后，安布若西奥的自我装扮中掺入了虚假的成分，成为一种纯粹的表演。当假僧罗莎里奥向他透露自己乃女儿之身并表达爱意时，安布若西奥的内心经历了一场相当激烈的思想斗争——宗教与欲望这两股力量似乎势均力敌。这场斗争对神父本人影响如何，在此后不久他对待出轨修女阿格尼丝的态度上似乎已经有所流露。安布若西奥截获阿格尼丝与恋人雷蒙德的情书后大发雷霆。阿格尼丝苦苦哀求他退还情书，他如此回答道："什么？圣克莱尔修道院能成为娼妓的安居之所？我能让基督教堂的中心窝藏堕落与无耻？卑鄙无耻的人！对你宽恕简直会把我变成你的同犯。在这里怜悯是犯罪。你已经把自己丢弃给了诱惑者的淫欲；你的不洁玷污着你身上的圣袍；而你居然还认为可以获得我的同情。"❶

　　安布若西奥教训阿格尼丝的这番话严厉得有些异乎寻常。或许他在用自己正义的一面训斥邪恶的一面，或许他试图用外在的严厉掩饰内心的恐慌，我们无从得知。颇具讽刺意味的是，这些责骂同样适用于安布若西奥本人。当他感觉自己已经无法抵挡玛蒂尔德的诱惑时，这名年轻的神父万般无奈地感叹道："阿格尼丝，阿格尼丝，我已经感觉到你的诅咒了。"此后不久，安布若西奥向玛蒂尔德的色诱缴械投降，其行径淫荡污秽之甚令阿格丝尼的出轨黯然失色。

　　安布若西奥的厉声斥责是一种表演，用文艺复兴研究学者格林布拉特的话说，是一种自我装扮。"自我塑造/装扮"是格林布拉特等所谓新历史主义者创造的一个词汇，有两重意思：一指文学和其他文化形式对社会成员的塑造作用，二指人利用文学和其他文化形式塑造、装扮自己的过程。近年来，西方一些学者尝试利用这一理论解读哥特小说，指出这种小说反映的是上升中的18世纪中产阶级利用贵族制度的符号自我塑造、自我装扮，使自身地位合法化的过程，是一出由中产阶级作者上演的关于中产阶级自己的戏。在哥特小说里，外在与本质往往判若天渊，反面人物尤其如此。表演掩饰的是表面与实质的差别，对于恶棍人物而言，这通常是其非法地位。《奥特朗托城堡》中，曼弗雷德的爵位由祖父谋命窃得，这于他始终是块心病。因此，曼弗雷德在城堡内挂满了封地原主人阿尔方索以及自

❶　Matthew Gregory Lewis. The Monk. Mineola[M]. N. Y.: Dover Publications Inc, 2003.

己的祖父里嘉图的画像（曼弗雷德称阿尔方索死后无嗣，将爵位传与自己的祖父里嘉图），以示合法。《意大利人》中的斯开东尼向侯爵夫人献计杀害艾丽娜，而他出此毒计的理由却是家庭的名声与荣誉、社会责任和公正等听起来冠冕堂皇的东西。斯开东尼出身贵族，但因早年犯下命案而被迫出家，丧失了自己在社会等级中的较高位置。身为神父的斯开东尼后来成为侯爵夫人的专职告解神父，竭尽拍马奉承之能事。学术界一般相信，斯开东尼取悦权贵、迫害无辜的动机之一是提高社会地位，重新跻身名流。

　　人之所以需要自我装扮，通常是因为实力与地位之间失去平衡。一般而言，这是社会急剧变化的结果。在社会结构相对稳定的中世纪，人们的社会地位极少有机会发生巨大变动，其实际能力或价值与社会地位大致相符，所以无须装扮。在英国历史上，文学作品中出现大量自我装扮的时期是文艺复兴与18世纪后期，这两个时期正是英国经济快速发展的阶段。经济的快速发展通常会冲击原有的阶级结构，使一部分人获得超越其社会地位的经济力量，而另一部分人则失去与其社会地位相应的经济力量。由于社会结构的变动较之于经济力量的变化往往相对滞后，经济发展引发社会矛盾在所难免。用马克思主义理论的术语来解释，这种矛盾实际上就是经济基础与上层建筑间的矛盾。哥特小说中的恶棍所代表的18世纪中产阶级暴发户具有雄厚的经济力量，但并不主导政治与文化话语，他们渴望通过采纳这种话语以提高自己在主流秩序中的地位。在英国，"光荣革命"以及贵族的资产阶级化在很大程度上缓解了这一矛盾，但与贵族相比，资产阶级的政治代表权和社会地位同其经济力量仍极不相称。哥特小说中的恶棍的自我装扮以一种生动的方式描绘出中产阶级在进入社会舞台中心之初试图利用旧贵族、旧价值的符号提高自身地位的倾向。这种自我装扮也是一种自我兜售，具有浓重的公示性和表演性，是典型的资本主义推销术。

　　哥特小说中的恶棍利用旧体系的符号包装自己，是一种功利性行为，与符号本身所代表的意识形态和价值往往毫不相干。对于他们试图跻身于斯的主流秩序，恶棍的态度是阳奉阴违。安布若西奥刻意展示宗教德行、修养与才华，其目的并非弘扬宗教道德与精神，而是巩固其名望与地位，并利用特权强占、奸淫妇女。现实中的18世纪中产阶级的自我装扮同样半心半意，多数并非出于对贵族制度与价值的真正认同。（中产阶级在传统与现代两种价值之间首鼠两端。）这种实用主义态度是社会转型（改良）时期常见的权宜之计。通常，当社会以渐进式变革的方式从一种形态进入另一种形态时，旧有的价值必定在相当长的时期内继续发挥巨大的影响。因此，每有新的事物出现，无论与原有制度抵触多深，大多需要得到原制度的肯定与庇护，至少是表面上、形式上的肯定。而以暴力革命形式推动的社会形态变化则正好相反：革命切断了同旧制度的联系，使原有的意识形态与文化形式在新秩序下失去直接影响。英国 1688 年发生的"光荣革命"实际上并非真正意义上的革命，而是一次并不彻底的资产阶级改良运动，君主、贵族与经济力量日益强大的资产阶级达成某种妥协，使英国在保留贵族制度的前提下逐渐过渡到以工商业资产阶级占据主导地位的资本主义社会，这一过渡阶段几乎占据了整个 18 世纪。在此期间，新出现的事物利用旧制度的余威站稳脚跟，并逐渐展现其固有的特征，从而取代与之相冲突的旧事物。工商业资产阶级及其生产、生活方式在旧贵族制度的外衣下逐步取得合法地位，最终在 19 世纪完全占据政治中心。自我装扮是对旧制度的有限妥协，显示了英国资产阶级特有的政治灵活性和实用主义态度。

　　自我装扮也是哥特小说的中产阶级作者在新旧两种秩序的交替阶段获取或提高社会地位的一种途径。小说作者以一种看似超脱的态度和略带嘲讽的语气描写中产阶级的自我装扮，给人以置身其外、事不关己的印象，但他们本身多属中产阶级，书中描写的阶级爬升运动同样涉及他们自身。对于这些以纸笔为业的人，写作是他们自我装扮的主要途径。一部品位高雅的作品通常反映作者的文化素养。因此，哥特小说中那些传统和精英文化的成分对作品和作者具有相同的形象提升作用。例如，沃波尔和刘易斯在社会地位方面介乎贵族与中产阶级之间，大体属于上层中产阶级，贵族情结很重，都希望通过写作塑造上层贵族文人的形象。其小说匿名出版成功后，两人均不失时机地站出来，凸显收获名利之心切。为出版《修道士》，刘易斯还辞去驻荷兰外交官一职，专回伦敦推销其书。至于《奥特朗托城堡》，此书在许多方面模仿古典主义的创作方法，如"三一律"和古典式的诙谐。其实，《奥特朗托城堡》作为一部小说，遵守主要适用于戏剧的"三一律"本身就有附会之嫌，其意不外乎营造一个"上层文学"的表象。《奥特朗托城堡》还频繁运用讽刺风格，目的料与此同。在西方文学传统中，讽刺这一手法来源于古罗马诗人。在新古典主义如日中天的 18 世纪上半叶，许多主流文人（如斯威夫特和蒲柏）的作品都带有讽刺成分。通过仿效此风，沃波尔在小说中制造出一股浓郁的古典韵味，以至于初版时竟无人疑其为当世之作。在语言方面，沃波尔刻意模仿贵族轻松、幽默的风格，但因使用逾分而略显做作。除小说之外，他为数众多的信件也有类似特点。黑兹利特认为，沃波尔过于关注细软之物，热衷于"优雅但无价值的小玩意"，缺乏感情。不过，沃波尔的努力也非徒然。虽然他一再谦称自己并无学问，但以其作品观之，他俨然一个温文尔雅的饱学之士。

沃波尔甚至还从心态上仿效贵族，俨然一个贵族及其审美趣味的代言人。英国贵族传统的意识形态是典型的轻商主义。由于贵族的收入主要来自地产，他们不必从事某种特定职业。衣食无忧的经济状况使贵族得以以业余爱好式的态度对待他们所从事的任何工作。同时，由于贵族的社会地位显赫，他们常以社会领袖自居，自认为对社会有服务义务，工作是领导社会的一种方式，自然不应收取报酬。基于这些原因，英国贵族历来轻视商业，以其唯利是图而不齿。在贵族看来，文学表达文化修养，反映道德水平，不应用以谋取利益。因此，他们向来热衷于诗歌与戏剧等"阳春白雪"式的文学形式，而对小说等商业文学常常掩鼻而过。沃波尔在这方面甚于贵族。由于经济条件优厚，沃波尔年轻时代即过起贵族式生活。他购置房产后，亲自设计，将其改装成仿哥特式建筑，戏名之为"草莓山庄"，为此颇费了许多金钱与精力。他的山庄里塞满了赝品画作与假古董，后来此地竟成为旅游景点，他还亲当导游，引领游客参观他的哥特古堡，着实出足了风头。他的《奥特朗托城堡》最先也并未由商业出版社出版，而在山庄中印刷发表（以示并非以营利为目的）。总体而言，沃波尔是个颇具表演性、喜好张扬的人，为达到其目的不惜弄虚作假。据说，他竟假冒普鲁士国王之名向罗梭写信，为此引发了一场笔墨官司。有人称沃波尔为一个"面具中套着面具的人"。

沃波尔的审美趣味与他的政治倾向不无联系。黑兹利特称他是个混乱不清的人物，其性格中"辉格党的表白与过多贵族式的矫饰相混杂"，表面上又装出一副置身其外的超脱与自由的面孔。他将沃波尔比作一个"将马尾衬衫当作外套穿的人，还留出空缝让人瞥见里面的丝质内衣"。最令沃波尔出名的还是他的数千封信件，据说他还因此得了个"英语世界中最勤快的写信者"称号。黑兹利特注意到，私人信件不同于见诸报端的文章，其行文通常比较自由、放松，而沃波尔的信件在风格上却更接近用于出版的文字，卖弄色彩浓厚。其实，沃波尔写信的目的之一正是为了出版。沃波尔把这些信件整理成一个六卷本的书稿，并为其撰写扉页广告，欲盖弥彰地称当初写信时并非为了出版。沃波尔的信件也"文如其人"，充斥着王公贵族生活中鸡零狗碎的琐事，饰以少许业余趣味和古董知识。在风格上，他有意模仿他所崇拜的法国贵族妇人，在文字上为追求自然反而显得矫揉造作。人们对沃波尔的正面评论一般是风趣、幽默，负面评价往往包括做作、怪诞、自私与虚荣。

与沃波尔相似，刘易斯同为高官之后，也在政府部门任职，并且同样是个喜好攀附权贵的人。刘易斯在他的小说《修道士》中下足了功夫，以一些符号性极强的传统、精英文化成分精心点缀小说。小说之首，他初用扉页广告进行"不打自招"式的坦白（生怕读者不注意），复以一篇名曰"仿贺拉斯"的诗作为全书的序言，表演之心昭然。刘易斯承认"抄袭"之举在今天看来令人费解，但他在当时并未因此而广受责备。有学者认为，过多攻击其抄袭行为反而会减轻刘易斯在其他问题上的责任，因为按此逻辑，此书便不全是他的作品。更重要的是，其实所谓抄袭在当时并非罪大恶极的偷窃行为。在 18 世纪，英国文坛存在两种作者观：一种是比较传统的新古典主义作者观，该观点并不强调创新，而更看重传承，何况将传统的或现有的作品重新组合也不失为一种创新；另一种观点是正在形成的浪漫主义作者观，该观点更重视原创性。在漫长的 18 世纪，搬用、模仿传统文化的内容与风格始终是主流文人的惯用风格。18 世纪许多主流文人的作品均在风格或题材上模仿古人或名作，此类模仿非但不被视作剽窃，反能显示作者学识渊博，传统文化功底深厚。更何况，刘易斯对传统文化的借鉴与抄袭并非严格意义上的抄袭行为，他如此大张旗鼓地公开"承认"抄袭无非自我炒作，一是为了吸引批评界注意，二是可顺便炫耀一下自己的翻译、整合才能，同时借此跻身于尚处于霸权地位的新古典主义传统。《修道士》之首的"仿贺拉斯"序言不仅给人以古典文化功底深厚的印象，其诗体形式也有不可低估的装饰作用。

　　刘易斯的自我装扮并非纯粹出于虚荣心，也可能出于某些十分现实的原因。文学史家指出，哥特小说男作家的一大特点是多为同性恋，沃波尔、贝克福德和刘易斯的性倾向是半公开的秘密。诗人拜伦将刘易斯描绘成一个"餐桌旁常围坐满年轻军官"的中年男子。批评界认为，刘易斯在其书中对同性恋倾向有半遮半掩、若隐若现的反映。例如，魔女玛蒂尔德与神父安布若西奥发生性关系前，她的身份为新僧罗莎里奥，因此两人的暧昧关系表面上有同性恋之嫌。而安布若西奥每与女性发生性关系，均会产生厌倦甚至厌恶之感，这也可能暗示作者本人对两性关系的反感。学者霍格尔认为，刘易斯企图通过这部小说半遮半掩地透露其同性恋倾向。历史上西方世界对同性恋一向采取严厉打压的态度，逮捕、示众等惩罚手段司空见惯。19 世纪末，爱尔兰作家奥斯卡·王尔德就因同性恋惹上牢狱之灾。即使在今天，性倾向在西方仍然是引发争议的政治话题，18 世纪的情形可想而知。有学者指出，刘易斯真正的软肋不是抄袭，而是其同性恋倾向。

　　装扮自我同样是女作家的写作动机之一。其主要代表人物拉德克利夫夫人是个深居简出、处世低调的人，但她同样在乎自己在文坛的地位。人们对拉德克利夫过早淡出文坛（或曰文学市场更为贴切）有诸多猜测。有人谣传，拉德克利夫因长期构思恐怖情节，最后精神错乱，进了疯人院。此说料无其实。有人称她赚足了钱，从此衣食无忧，无须再写。此说略显牵强，因为拉德克利夫出身商人家庭，其夫是律师兼出版商，想来并无三旬九食之虞。据说，由于丈夫常忙于商务，早出晚归，她独守空舍难遣寂寞，用写作小说来打发时间。无论其写作动因究竟为何，拉德克利夫的小说确实为她本人营造了一种高雅的情调与艺术形象。在18世纪的主流社会看来，妇女难以才德俱全，但拉德克利夫显然希望同时成为淑女与才女。传记作者诺顿认为，拉德克利夫写作主要为快乐与名声，她的总体目标是当个得体的淑女作家。在写作手法上，拉德克利夫不同于那些故作姿态的男作家，而长于制造一种温情脉脉、略带感伤的审美情调，尤好描写音乐与诗歌，以及这些艺术形式对主人公的感染力。这种写法既体现女主人公的艺术修养，又令小说本身富含艺术美感与文化品位。也因如此，拉德克利夫的作品与早期的写实主义作品迥然不同，读起来更有浪漫主义诗歌的味道。更有学者称，拉德克利夫试图"向小说这一当时尚处于试验阶段的文学形式中注入诗歌、音乐以及绘画的品质"。因此，她更像是在创作一件"完全的艺术品"。当然，拉德克利夫也同男作家一样频繁引用古典文化作品或引入其成分。尽管她本人并无深刻的古典文化知识，这些古典文化成分却确实给人以博大精深的印象。有位比较刻薄的评论家指出，拉德克利夫自己显然意识到知识的缺乏，因此"始终在小说中竭力制造文化效果""永远在列数塑像与绘画"。高雅艺术情调萦绕于字里行间，不仅提高了小说的品位，也为作者本人树立了一个雅致、高深的文化形象。司各特为此称赞拉德克利夫为"浪漫主义小说中的第一诗人"（the first poetess of romantic fiction）。德昆西赐予她"时代女巫"的称号。有人称其为"传奇作家中的莎士比亚"。拉德克利夫因小说而名声大振，其读者不仅有年轻男女以及中产阶级妇女，不少有地位、有教养的绅士读其作品也如饥似渴，尤其是较为成熟的《意大利人》。《尤多尔佛之谜》大获成功后，拉德克利夫显然认为应该找一家档次较高的出版商出版她的下一部小说《意大利人》。1796年，此书由卡戴尔和戴维斯（Cadell and Davies）出版社推出。该出版商以书籍制作精美著称，其对象读者主要是中上层阶级。仅就读者结构而言，拉德克利夫连同她的哥特小说无疑已经超越了通俗文化的范畴，进入了高雅文化的传统领地。

　　拉德克利夫等中产阶级女性作家深知，在当时的文化条件下，仅靠发挥通俗文化的潜力无法获得堪与旧贵族比肩的文化与社会地位。面对高低文化间难以填平的鸿沟，模仿上层和精英文化是中产阶级作家在现有秩序下提高自身地位的唯一途径，而制造雅致的审美情调又是女作家可以选择的少数手段之一。在18世纪，女性作家难以进入诗歌、政论、历史和艺术等传统上由男性垄断的领域。诗人在当时也是个男性角色，女作家最多只能在小说作品中半遮半掩地镶嵌其诗作。在非文字领域，绘画这门严肃艺术同为女性禁地，拉德克利夫是用文字勾画风景的女"画家"。应该说，拉德克利夫的擦边球打得相当成功，因此她赢得诸多美誉。有人认为，拉德克利夫在创作巅峰隐退实为无奈之举。她的小说本身并不包含任何伤风败俗或亵渎宗教的成分，拉德克利夫其实是刘易斯的替罪羊，是《修道士》一书破坏了哥特小说的名声，使她同为许多报章攻击的对象，批评者称其腐蚀了年轻读者的心灵。因此，拉德克利夫专门写作《意大利人》为自己正名，也借此与刘易斯划清界限。但与道德方面的不白之冤相比，拉德克利夫似乎对自己开创的审美传统遭到刘易斯糟蹋更加痛心疾首。拉德克利夫小说以优美、雅致、纤细而略带伤感的美学风格见长，字里行间散溢着典型的仿贵族式审美情调。而刘易斯的《修道士》充斥着赤裸裸的犯罪与暴力内容，粗暴地揭去了哥特小说那层温情脉脉的面纱。《修道士》与她的小说过于相近，拉德克利夫难以撇清与这种暴力、淫秽文学的关系。《修道士》改变了哥特小说的风格，这种文学自此无法承载令中产阶级自我陶醉的感性审美趣味，再难传播其阶级话语。拉德克利夫试图用《意大利人》扭转这一审美潮流，但《修道士》一书产生的负面审美效应不仅来自这部小说本身，还有众多模仿者，连刘易斯本人也成为无数模仿者的替罪羊。《修道士》之后的哥特小说走向难以为刘易斯或拉德克利夫一两个人控制，成为一种真正格调低下的通俗小说。

　　拉德克利夫似乎自感已无力回天，哥特小说再难回复到原先那种淡雅、忧伤的审美情调，为避免同流合污，她选择主动隐退。

　　当然，哥特式感性审美情调之终结也有其历史原因。一方面，以想象与抒情见长的浪漫主义文学在经历了几年的辉煌后逐渐失去追随者与读者；另一方面，社会现实的变化也使19世纪的小说多了几分现实的沉重与粗糙，少了一些风花雪月的想象与无病呻吟的感伤。19世纪是英国社会工业化高速发展的时期，社会矛盾层出不穷，劳资纠纷、城市与乡村的冲突、传统价值与现代生活方式的不和谐关系等很快成为作家们需要面对的沉重问题。冷酷的现实不需要吟风咏月的小资情调，而是寻求问题的根源以及解决问题的方法。因此，即使是延续哥特小说传统的作品，如《弗兰肯斯坦》等，也都是对现实的严肃思考，而不是拉德克利夫式的逃避。19世纪前半期的中产阶级已经通过政治改革走上社会舞台中心，在英国乃至整个欧洲一跃成为社会的主宰，他们无须再为获取权力而"浓妆艳抹"。此后，他们将面对完全不同的矛盾。正如恩格斯所说，英国中产阶级在获得权力后迅速由一个相对弱势的社会群体成为一个剥削阶级。中产阶级面对的主要矛盾是劳资关系，而不再是同贵族争夺政治权力的斗争，历史与精英文化成分的符号作用已大不如前。

二、哥特小说中的自卑与自尊

历史与现实的矛盾态度体现于哥特小说的各个方面，其中包括小说有关乡村与乡居生活的描写。由于题材原因，乡村和自然风光是哥特小说中的常见场景，几乎每部小说都有涉及农民和乡间生活的段落。哥特小说对自然、乡村与农耕生活的描写有褒有贬，向往与美化中掺杂着恐惧与自卑。

哥特小说沉湎于描写工业革命前的生活，是工业革命的迅速发展对社会产生的一种反弹。巨大的变革不仅带来了污染和犯罪等副产品，更在深层次上改变了人与社会、自然的关系。在资本主义阴暗面的作用下，古代农耕社会在中产阶级的想象中成了悠闲、安逸与和睦的黄金时代。哥特小说中的乡间自然风光与生活常常令人陶醉与神往。拉德克利夫笔下的作品尤以描写自然风光见长，《尤多尔佛之谜》和《意大利人》均有大段描写法国和意大利乡村的文字，对欧洲大陆的秀丽风光与安逸祥和的乡居生活泼墨淋漓。书中的乡村大多是世外桃源般的人间仙境。《尤多尔佛之谜》里的拉伐雷就是一个风光旖旎、其乐融融、令人忘却时间的洞天福地。小说一开始便用大量篇幅描写这个远离尘嚣的地方人与自然和谐共处的情形。从圣奥贝尔家的窗户放眼望去，但见吉耶纳和加斯科涅两省的田园牧场，枝繁叶茂的林木、葡萄和橄榄林，沿着河流伸向远方。南边，雄伟的比利牛斯山挡住了视线。山峰或笼罩在云雾间，或随着雾气的浮动，时隐时现，其貌峥嵘高峻……这些巨崖峭壁下是绿油油的草场和树林，如同山崖的裙裾一般，与崖壁本身形成了强烈的对比。草场上有成群的牛羊，简陋的小屋点缀其间……北边和东边，吉耶纳和朗格多克的平原消失在远方的雾气中；而西边，加斯科涅的尽头是比斯开湾的一湾海水。

圣奥贝尔同妻女在这里过着悠闲舒适的田园生活，一家三口经常来到加龙河边漫步，"聆听水波上的音乐"。他们无比喜爱这个地方，为此圣奥贝尔甚至放弃了别处的家产，专门定居于此。圣奥贝尔还特别喜爱树木和花草，植物学是其生活中的主要娱乐。他在家庭图书馆旁专门设有一个温室，其中栽有许多珍稀、美丽的植物。圣奥贝尔一家生活的环境中，只有自然与纯朴，一切似乎都是工业革命与资本主义的对立面。

在对待自然风光的态度方面，哥特小说与浪漫主义诗歌有着十分相似的审美和政治意识形态。浪漫主义诗歌着力描绘人与自然的和谐关系以及这种关系对人的想象力、品格和身心健康造成的正面影响。哥特小说同样很少单纯地描写景物，而着重体现景色如何对人物尤其是女主人公的思维与感情产生影响。哥特小说的女主人公通常极易为险峻和优美的自然景色所感染，触发丰富的感情与联想。例如，《尤多尔佛之谜》中爱弥丽在前往意大利的途中回首遥望身后渐行渐远的比利牛斯山，对于地平线上这些高低不一的山峰，她心中油然升起一种特别的感情："我在远方时，他（瓦朗高）将看着你们"，而夕阳也将"落在瓦朗高生活的那个省份"。女主人公频繁赋予自然风景近乎人性的特征，山峰在这里成了联系两人感情的纽带。行未几日，爱弥丽接到恋人瓦朗高的信，内中瓦朗高再次向她表达忠贞之情，并约她每晚面对夕阳，相会于思念之中。此时，恰好夕阳下山，爱弥丽驻足远眺，但见西沉落日在广袤的平原上洒下一层金色余晖，她心中顿感一片宁静。自从姑母嫁给意大利贵族莽托尼以来，爱弥丽已久未享受如此惬意的平静了。再如，《尤多尔佛之谜》中一晚爱弥丽倚窗静候林间神秘音乐响起时，望见皓月东升，不禁想起自己的处境与逝去的父母。在这里（以及其他许多哥特小说里），美景的出现往往引起女主人公对亲人、恋人的思念，似乎优美的景色总是同人间真情（如亲情和爱情等）息息相关。在拉德克利夫的另一部小说《意大利人》中，女主人公艾丽娜同样极易为自然景色所动。修道院外雄伟俊美的景观给囚禁于内的她增添了无比的勇气与胸怀，使她能直面人生道路上的艰辛，藐视权贵的争斗与欺压。总的来说，自然景色在女主人公心中触发的大多是较为真实、美好与自然的一面，这些也正是浪漫主义文学极欲捕捉、表达和激发的东西。自然景色对女主人公的影响与哥特恶棍的感受截然不同。在前往尤多尔佛城堡的旅途中，爱弥丽为秀美山川感慨不已，莽托尼因与狐朋狗友发生矛盾而心事重重，对沿途美景熟视无睹，无动于衷。事实上，哥特恶棍中几乎无人对自然风光表现出任何兴趣。

　　自然景色总与乡居生活联系在一起，而工业文明往往同城市密不可分。华兹华斯等诗人偏爱乡村的景色与生活。在他们看来，乡居生活接近自然，是滋养人类感情更合适的土壤，身处乡间的人们卑微纯朴，虚荣心少，他们能更真实、直接地表达感情。浪漫主义受康德等德国哲学家的影响，认为人与自然有共通之处，使其能够感受和拥有纯真与善良。而18世纪晚期社会对机械的过分依赖使人们逐渐为机器所左右，失去了与自然的联系。在《抒情歌谣集》1800年版序言中，华兹华斯指出，工业化的发展和城市人口的大量聚集不仅给那个时代制造了大量前所未有的社会问题，更使人们的思维变得迟钝、麻木。在哥特小说中，乡村与城市互相对立：乡村大多以一种令人向往的形象出现，而城市几乎是邪恶的代名词。哥特小说中的故事大多发生在城堡、寺院中，对城市的直接描述不多，但从其为数不多的间接提及中不难窥见作者对城市的态度。例如，《尤多尔佛之谜》从未直接描述过巴黎，但这个欧洲大都市几乎每次在小说中出现都与一些不良的人与物联系在一起。在这个故事里，生活在巴黎的大多为非正面人物，即使是好人，稍与之沾染也可能被其腐蚀。主人公爱弥丽的恋人瓦朗高即为一例。当初两人相恋得到爱弥丽父亲圣奥贝尔首肯，原因之一就是"这个年轻人从未去过巴黎"。后来，两人关系出现严重危机，也是因为巴黎。爱弥丽旅居意大利期间，瓦朗高来到首都。这位本性正派但涉世未深的青年经受不起繁华都市的诱惑，染上了不良习气，为人所害，因债务缠身而身陷囹圄。事情传开后，爱弥丽一度中止了两人的恋爱关系。小说将近结尾时，瓦朗高为圣奥贝尔家一名老仆修建栖身草屋一事感动了爱弥丽，才使两人重归于好。瓦朗高在乡间的善举赎回了他在城市犯下的错误，这一点极具象征意义。

　　巴黎这座城市及其经济活动还是圣奥贝尔家窘境的根源。圣奥贝尔原本虽不算富裕，其财产也足以使一家人衣食无忧。他将其大部分财产投资于一个巴黎商人之手，孰料天有不测风云，此人突然破产，资产也随之化为乌有。资本主义的冷酷和不可预见性打破了圣奥贝尔家平安无虑的生活，经济上的不安全也给爱弥丽后来所处的逆境增加了几分恐怖的成分。对于女主人公而言，巴黎简直是一切灾祸之源。代表城市负面特征的人物还有维尔福特伯爵夫人。巴黎雍容华贵的生活将维尔福特伯爵夫人变成一个头脑空虚、思想肤浅的人物，无法领略自然风光的优美与乡居生活的恬静。比利牛斯山间的树林、溪流以及坐落其间的布朗克别墅于她是个荒凉、野蛮的地方，即使假期小住也度日如年。长年的闲适和奢华生活不仅使伯爵夫人失去了一般的善心，还剥夺了她体会与分享快乐的能力。维尔福特伯爵夫人的麻木与漠然是城市与工业文明负面影响的典型症状。远离自然的城市生活以及社会与文明的过度浸润，剥夺了维尔福特伯爵夫人的真实、善良和享受美好事物的能力。与她相对的是她的继女布朗希。这个女孩在很多方面是爱弥丽的翻版，美丽、聪慧、多愁善感，特别容易为秀丽的风光所打动。同时，她也是个心地善良的女孩，而不似心胸狭窄、妒忌心强的继母。

　　《尤多尔佛之谜》在丑化城市方面并非独特。《修道士》中的马德里也是个充满虚伪与谎言的地方，教堂每周一次的布道是这种虚伪的集中体现。教堂里挤满的不是虔诚的善男信女，女人们来这里是为了展示她们自己，而男人则为看女人而来，连台上道貌岸然、神情肃穆的神父也竟是荒淫无度、奸杀无辜的衣冠禽兽。教堂的地下更埋藏着不可告人的罪恶……无独有偶，小说主要人物之一雷蒙德对巴黎有着与《尤多尔佛之谜》极为相似的看法。起初，雷蒙德也深为这座城市的魅力所吸引，但不久便发现在巴黎，人们光彩华丽的表面掩盖着轻佻、冷漠和虚假的内心。放荡糜烂的生活使他恶心，催促他毅然离开这个地方。可能由于法国革命的缘故，18 世纪末的巴黎在英国人眼中似乎成了罪恶的发源地。

　　相比之下，乡村在哥特小说中不仅风光秀丽，而且生活安宁，是个民风淳朴、几乎没有冲突的人间天堂。在《尤多尔佛之谜》中，乡村中人与人之间的关系极为和睦，维系圣奥贝尔先生与仆人的一种施恩与忠诚互报的融洽关系。小说第一章介绍道，这个乡绅定期为曾经为他服务过的老仆人送去退休金，其仁厚善良以及双方感情可见一斑。爱弥丽的恋人瓦朗高也与劳工阶层保持着相当和睦甚至亲密的关系。圣奥贝尔家的老仆德莱萨在爱弥丽离家期间被盖斯耐尔赶出门外，无家可归，幸得瓦朗高相助。瓦朗高为其建造一间小屋，并提供资助，使其老有所养。爱弥丽从意大利回来后，德莱萨告诉她，瓦朗高是个好人，"他们（其他仆人）都喜欢他，把他看作自己的兄弟"。在一些重要方面，瓦朗高酷似圣奥贝尔，难怪评论界视其为圣奥贝尔的"翻版"。他们生活其间的这个充满温情的小天地颇似法国哲学家卢梭追求的社会。农民是乡间的主角，他们在哥特小说对乡村的美化中扮演着重要角色。在这些故事里，但凡农民出现，他们几乎永远在唱歌跳舞，似乎他们极其满足于现有的生活，没有任何忧虑与悲伤。仅《尤多尔佛之谜》就有五处描写农民载歌载舞的情形。值得注意的是，其中四次适逢女主人公郁郁寡欢或身陷困境。第一次，圣奥贝尔在旅行途中染疾病倒，焦急万分的爱弥丽四处求助不得，而此时一群村姑在暮色中翩翩起舞，两相对比鲜明。第二次，爱弥丽新近丧父，余悲未退，见到亡父生前所爱之梧桐，触景生情，此时又见一群农民欢快歌舞。第三次，听到歌唱时，爱弥丽正因乡愁萦怀而怆然泪下。小说第五次出现此类欢快场面时，爱弥丽因重返父亲亡地而黯然神伤，同时，与瓦朗高的关系危机也给重获自由后的生活蒙上了阴霾。《意大利人》中也有类似的悲喜对比。主人公维瓦尔蒂外出寻找被绑架的艾丽娜，途中闻听湖边村民欢快的音乐，不禁为之所动。一喜一忧，判若天壤。哥特小说中，即使悲凉如《弗兰肯斯坦》者，也有农民欢歌笑语的情景。平和淡定的乡村与乡居生活凸显资本主义工商业带来的纷争与奸邪，也反映了中产阶级对旧贵族权力和地位的向往与艳羡，因为封建贵族的势力主要来自土地与农业生产，封建贵族与工业前社会有着难以割裂的联系。

　　不过，如同哥特小说中的多数问题一样，对乡村与农耕生活的描写难以一言蔽之，而同样充满矛盾。乡村不全是伊甸园，不仅阶级矛盾犹（隐）存，有的地方更充满恐怖与冲突。坐落山中的尤多尔佛城堡就是个充满恐怖、争斗和凶杀的地方，还是因禁主人公爱弥丽的监狱。与拉伐雷不同，尤多尔佛这座城堡无论在位置上和社会关系上都与周围环境处于一种极不和谐的状态。首先，既是堡垒，就意味战争的存在（而小说中战斗确实时有发生）；其次，尤多尔佛巍然耸立于悬崖边，傲视着周边的森林和溪流，处于一种试图征服、驾驭环境（而非和睦共处）的势态；再次，城堡始终笼罩于黑暗阴森中，同周遭山谷丰富的自然色彩形成强烈对比。尤多尔佛城堡与墙外大自然的对立状态也十分生动地象征它同周围社会的疏远甚至冲突关系。这是山谷中一个自我封闭的孤立王国，平日大门紧闭，同外界联系极少，而高墙内外每有互动多半是纷争与战斗。经常性的内部矛盾与外部冲突是城堡永不安宁、其主人无法长期占有它的主要原因。城堡之外的乡间其实也不全是太平盛世，而常有盗匪出没，甚至直接威胁主人公的人身安全。圣奥贝尔父女出游期间，父亲就备有枪支，以防备流窜于比利牛斯山间的盗匪。瓦朗高在追赶他们时，圣奥贝尔未及细看便开枪射击，将其误伤，足见当时匪患之重。爱弥丽在住留尤多尔佛期间，仆人们在私下议论中甚至称莽托尼就是盗匪头目。

对盗匪的恐惧在《意大利人》的字里行间同样若隐若现。在拉德克利夫的早期小说《西西里传奇》中，乡间盗匪之患更成为故事情节的组成部分。马齐尼侯爵在跟子女讲述家族历史时提到，其祖父当年就曾利用充斥乡野的盗匪解决他与另一家族的世仇。而小说发生的时代，西西里的乡间依然匪患严重。女主人公朱莉亚为逃婚与恋人双双出走，欲娶朱莉亚为妻的罗佛公爵闻讯策马追赶，孰料途中遭遇盗匪。令人啼笑皆非的是，匪首竟是他出走多年的儿子。朱莉亚、其弟（兄）费尔德南和恋人希波利特斯等人出逃后，也分别遭遇盗匪。朱莉亚和费尔南德为盗匪所擒，费尔南德身负重伤，险为其害，二人幸遇正在寻找他们的希波利特斯，在官兵的帮助下，三人得以逃脱。在刘易斯的小说《修道士》中，城市之外的乡间山野同样不全是太平安详的世外桃源。小说讲述道，雷蒙德在前往斯特拉斯堡途中与仆人及同行者来到一片森林，因天色已晚，被引至一间木屋过夜，而此处正是盗巢贼窝。据介绍，这片森林因时有盗匪出没，令人生畏，鲜有旅行者敢在此过夜。当夜，盗匪企图用药酒鸩害旅行者，以行劫掠，所幸雷蒙德对此已有觉察，餐桌上双方展开一场惊心动魄的心理战。在盗匪之妇玛格丽特的帮助下，雷蒙德佯装中毒昏睡，乘其不备打死匪头，顺利逃脱，捡回一条性命。在乡间，恶棍常常霸占一方，为非作歹，其治下盗贼肆虐，刁民横行。拉德克利夫在小说中屡次使用"野蛮"（savage）一词形容乡间的人与事。该词在《西西里传奇》中出现九次，在《尤多尔佛之谜》中出现十二次之多，其描述对象不一而足，或自然风景，或盗匪，或粗野人物。尽管该词含义可能与今天不尽相同，但从维尔福特伯爵夫妇的争论中不难发现，savage 一词在当时已经带有浓重的贬抑外延。哥特小说作者对乡间的感情显然是复杂的，向往与恐惧兼而有之。乡间和农耕文明是封建时代的符号，哥特小说对乡间以及乡居生活的描写反映了中产阶级对旧贵族既艳羡又恐惧的矛盾心态。

不过，哥特小说涉及的矛盾远非如此简单。小说对乡间以及农耕生活的态度不是单纯的向往或排斥，更有中产阶级试图掩饰和否认新时代阶级矛盾的用心。哥特小说往往沉湎于描写美丽的乡间风光和融洽的人际关系，但对农民的具体生产生活情况惜墨如金，对下层百姓的疾苦以及乡间的阶级矛盾更避而不谈。哥特小说剔除了农民生活的负面成分，意在否认和掩饰阶级与贫富差距，从而消除衣食无忧的中产阶级对现实可能感受的不安与内疚。哥特小说的主要读者群中产阶级是新型生产关系的主导者，如实反映劳工阶级的疾苦生活，对他们多少是一种批评。对于颇有点自我道德优越感的中产阶级而言，即使是暗示性的批评也会破坏他们对舒适生活以及社会现状的心安理得之感。哥特小说是一种通俗性的商业文化，其销售状况深受读者情绪影响，令人产生内疚或抑郁之感的作品往往销路堪忧。今天，以好莱坞电影和美国《国家地理杂志》为代表的当代通俗文化穷竭心计为读者或观众制造一种良好感受，至少避免令其不安或心情沉重，正是因为制造愉快心情是最好的促销手段。哥特小说关于农民和乡居生活的描述与此极为相似，在这里几乎读不到任何有关劳作的描写。比如，圣奥贝尔一家过着衣食无忧的生活，但我们无从得知一家三口的具体生活来源。圣奥贝尔在巴黎有些投资，但有关商人破产后，全家的生计如何？小说描写了他们一家所从事的许多业余喜好，而他们唯一不需要进行的就是劳作。圣奥贝尔应该是拥有土地的乡绅，但小说也无任何有关其佃农生产（甚至生活）的具体描写。小说每次提及这些人物几乎都与照顾与感恩有关。拉德克利夫显然在刻意回避新的生产关系下的阶级矛盾，尤其是中产阶级与劳工阶级的经济矛盾。

18世纪末期的英国是个社会问题突出、政治动荡不安、各种矛盾尖锐的社会。随着经济的发展和不同政治力量此消彼长，要求变革的力量与反对变革的保守势力间的斗争日益尖锐。在这种情况下，突出描写阶级矛盾将面对高昂的政治和商业风险。对于夹在这场斗争中间摇摆不定的中产阶级而言，粉饰和美化农民与乡居生活也是回避阶级矛盾从而避免做出明确政治选择的良策。其实在整个18世纪，涉及劳工阶级生活的文学作品屈指可数，详细描写他们劳作与生活的更是凤毛麟角，原因之一正是当时文学的主要读者是中上层阶级。下层生活的细节会令中产阶级不安，而惯于奢侈生活的贵族阶级更不愿面对劳工阶级的辛劳与疾苦。进入19世纪以后，随着识字率的提高和图书的普及，劳工阶层逐渐成为文学的消费群体，文学开始更多地反映中低阶层的口味。同时，一系列政治变革以后，中产阶级已经完全主导社会，文学反映现实生活之艰辛已经不再带有商业和政治风险。狄更斯、乔治·艾略特和哈代等人的作品不仅涉及下层百姓的生活，来自下层的人物更时常成为故事的主角，这种小说通常包含几分批评现实的意味。哥特小说流行的时代，中产阶级的社会地位尚未稳固，缺乏自信，他们的文学作品也缺乏直面现实的勇气，即使有所批评，也通常通过间接、委婉的方式表达出来。

第七章　少年儿童性格塑造分析

第一节　少年儿童的秩序敏感期

少年儿童会在某一特定时期对秩序特别敏感，这一时期具有神秘的力量，它对孩子的发展非常重要。这种敏感一般出现在儿童期，并持续到很长时间。一些人在听说孩子对外界秩序有一段敏感期时会感到奇怪，因为人们对孩子的普遍印象就是孩子永远是吵闹的，他们不可能具备任何秩序感。

生活在城市里的孩子每天都要面对一个被各种东西塞满的封闭环境。这个环境不是一成不变的，有时成年人会因为各种需要改变这个环境中东西的位置。孩子无法理解成年人的这些做法，他们对成年人的复杂举动也无法做出任何判断。等到孩子过了这一对秩序的敏感期，这些混乱的感觉就成了他们心理发展中的一个障碍，并使他们的心理出现紊乱。

没有人能够清楚婴儿的心灵是什么样的，就算是每天和他们生活在一起、照顾他们衣食住行的人也不可能了解。很多时候，婴儿会毫无理由地哭泣，当我们上前对他们进行安抚的时候，他们反而表现出强烈的排斥。他们会在看到一些东西按照原有位置摆放时表现出开心和兴奋。如果你按照我们所提倡的观察方式去做，那么你就会很容易发现这一点。举一个例子，有一位保姆在照看婴儿的时候发现，自己照看的这名女婴对一面灰色的由大理石构筑的古代墙壁特别感兴趣，每一次她推着这名女婴从墙边路过时，这名 5 个月大的女婴都会满脸喜悦，双眼一直盯着这面墙。虽然这名女婴的家庭条件很好，她住的别墅中随处可见美丽的花朵，可是她却只对这面墙有兴趣。于是这名保姆每一次推着这名女婴出门的时候，都会把她带到这面墙的跟前，让她好好地观察这面墙，因为只有这样，才能让这名女婴感到真正的快乐。

　　少年儿童拥有强烈的秩序感，这是他们的一种本能。没有人会想到，这种本能在孩子还小的时候就已经存在了。只不过我们很难理解孩子为了表达自己的秩序感而付出的努力。在学校中，孩子的这些行为形成了一种十分有趣的现象。如果我们不小心把什么东西放错了位置，孩子就会最先发现，并把这些东西放回它本应该在的位置。这个年龄的孩子会格外关注生活中的小细节，哪怕只有一点不协调，他们都会发现。相比之下，年龄大一点的孩子就不会注意到这些，成年人更不会注意到。如果我们用过肥皂后，把它放在了洗手台上，而不是放在肥皂盒里，或是在起身离去后把椅子摆在了不恰当的地方，这些细节就会被那些 2 岁大的孩子发现。然后，这些 2 岁大的孩子就会把肥皂放回到肥皂盒里，并把椅子摆回原处。

　　孩子在看到某些东西被无序摆放时会受到一种刺激，这种刺激就像一种指令，能够指导孩子的行动。除此之外，这种敏感性还包含了更多其他的意义。秩序感是生命的一种需要，人会在秩序感得到满足的时候感受到真正的快乐。事实上，3～4 岁的孩子也会有做完练习后，把使用过的物品各归各位的习惯，他们在做这样的事情时感受到很大的乐趣。因为拥有秩序感，他们才能够意识到每样物品都有其相应的摆放位置，并能够记得每样物品应该摆放在环境中的具体位置。这就意味着，人具有适应自己所在环境的能力，也具有从细节上支配环境的能力。心灵和环境之间进行着这样的协调：一个人可以闭着眼睛到处行走，并且只要一伸手就能够拿到自己想要得到的东西。这样的环境是使人感到平静和快乐的必要条件。

　　孩子热爱秩序，但这种热爱和成年人的热爱是不同的。成年人需要秩序是因为他们能从秩序中感到外在的快乐，而孩子对秩序的需要是发自内心的。孩子对秩序的需要非常强烈，就好像鱼儿需要大海，动物需要陆地一样。在出生后的第一年内，孩子需要从即将面临的环境中找到最有利于自己生存的原则，以便能够在将来支配这一环境。孩子是在环境中被塑造出来的，所以他们需要的绝不仅是一些模糊的、建设性的模式，还需要一些精确的、坚定不移的原则对他们进行指引。

　　我们从一些年龄很小的孩子在游戏中的表现发现，秩序能够使孩子感到自然而然的快乐。我们对这些缺乏逻辑的游戏感到吃惊，但是我们也发现，孩子因为游戏为他们提供了能够在固定的位置找到安放在那里的物品而感到开心。

　　孩子对秩序有一种敏感性，这种敏感性是大自然赋予他们的。这种感觉是内在的，它能使人针对物体本身区分物体之间的联系。这种敏感性使外在环境的各个部分产生相互依赖，从而形成一个整体。如果一个人能够对这种环境产生适应，那么他就能够对自己的行动做出指引，并向着特定的目的地前进。如果一个人的脑子中只有一些杂乱无章的图像，这就和我们由于不懂得家具之间的秩序关系，而在一间屋子里乱七八糟地摆满了家具一样。我们生活在一个不按秩序摆放家具的屋子里时，生活质量必然会下降。同理，当我们不懂得处理头脑中的东西时，我们的生活也会变得一团乱，并得不到解脱。

人们在童年时期能够拥有指挥和引导自己的能力，这种能力是大自然赐予人们的。人类能够拥有智力的原因也是在敏感期得到了大自然的帮助。大自然给予人类的这种帮助为人类日后的智力发展打下了基础，就像一位老师向学生展示了一张教室的平面图，然后让学生第一次了解与地理相关的知识一样。大自然在敏感期内赋予人们的第一个本能是与秩序相关的，这种与秩序相关的本能就像人生中的指南针，能够教会人们如何适应世界。

孩子具有内部和外部两种秩序感。外部的秩序感和孩子对自己所在环境的体验相关，内部的秩序感能令孩子对自己身体的不同部分产生认识，并对这些部分所在的位置产生认识。我们把这种内在的敏感称为"内部定位"。

"内部定位"一直是心理学家们研究的课题。他们认为，有一种感觉存在于人的肌肉中，人能够意识到自己的身体分为许多不同部分以及这些部分都有各自的位置，就是因为这种感觉在起作用。在人的身体里，存在着一种叫作"肌肉记忆"的特殊记忆。

这是一种机械性的解释，这种解释是以人类已经有意识地进行了活动并积累了经验为基础建立的。根据这种解释，我们可以做出如下理解：比如，一个人伸出手去拿一些东西，那么他就会对自己进行的动作产生感知，并将这一动作过程保存在记忆中。等到他再次想要拿什么东西的时候，他就能够依照记忆进行相同的动作。一个人能够自由地选择使用哪一只手臂，并决定手臂的转动方向，是因为在此之前，他已经拥有了理性经验，并且这些经验受到自由的意志的控制。

但是孩子的行为却向我们表明了，人对身体各种姿势的高度敏感产生于拥有自由运动的能力和运动的经验之前。或者可以这样说，大自然提供给孩子一种特殊的敏感性，从而使孩子能够对身体的各种姿势和位置产生感受。

旧的理论是以神经系统的机制为基础而建立的。敏感期则不同，它与心理活动有着密切联系。敏感性属于洞察力和本能的范畴，意识的形成就是以这些洞察力和本能为基础的。这些敏感性是一种能量，它们自然而然地形成了，并为人类将来的心理发展提供基本原则。所以，可以说，人类能够发展，是因为大自然为人类提供了可能性和有意识的经验。举一个证明敏感性的确存在的例子：如果孩子处在一个会阻碍他们敏感性正常发展的环境中，他们就会出现极度焦躁和不安的病症，还会发脾气。只要这些有害因素一天不消失，孩子就会一天无法过正常的生活。有害的因素一旦消失，孩子就不会再易怒，也不会再乱发脾气。从这一点可以明显地看出产生这些病症的原因。

孩子的秩序感和我们成年人的不同。我们积累了太多经验，于是变得麻木，而孩子是那么单纯，他们正在对外界印象产生感知。他们对这个世界一无所知，每一步成长对他们而言都是那么艰辛。可是我们却不理解他们的艰辛，就像那些纨绔子弟不理解上一辈为了今天的财富付出了多少的汗水和代价一样。如今，我们已经有了社会地位，于是我们开始对很多事情漠不关心。我们忽略了我们也曾经历过相同的时期，如果没有以前的艰辛，我们就不能像今天一样自由地运用我们的肌肉、理性和意志。儿童时期是我们为以后的生活打基础的时期。我们在儿童时期经历了许多艰辛，付出了许多努力，所以才能在今天适应这个世界。孩子需要付出很多努力，才能从一无所知到懂得生活的道理。他们为行动而行动，这种方式如此接近生活的真谛。可是我们却无论如何也无法记起这一段日子，更无法记起我们曾用过的创造方式。

第二节　少年儿童性格塑造时机分析

塑造性格的工作进行得越早、越及时越好。借用一句俗话，叫作"赶早不赶晚"。前些年，有的报纸、电台曾经报道，某市一个靠行骗为生的青年人染上信口说谎不脸红的恶习。因受一位纯洁、善良姑娘的爱情感化，浪子颇有回头之意。传奇式的婚姻礼仪使他悔恨自己的过去，庆幸自己的今天，也寄信心于未来。他立志要做一个被大家看得起的人。的确，在崎岖的正路上，他也蹒跚地走过短短的一程，不久却因疾病复发，再次行骗，银铛入狱。这就说明，稳定的性格特征是在长期的生活实践中形成的，具有一种强有力的"先入为主"的抗干扰能量，自觉不自觉地对某些与固有的性格特征相矛盾的外界影响起着抵御、抗衡的作用。不良的性格特征在身上扎下了根，要完全刨除它，并不是一件容易的事。

反之，良好的性格特征（及其萌芽）尽早形成，变成心理生活的有机组成部分，将使人们受益终身。美学家王朝闻有篇文章，就谈到这一点。他在3岁的时候，曾见到一本有插图的日语课本，其中有一幅儿童修剪盆栽的插图，激发了他好幻想的习性。他和三弟一起，把邻居砍下的树枝架成"果树林"，并且悠闲地躺在"林"中，仰望着那些小小的青果，觉得它们正在由小变大，由青变红。他看到有人做纸人、纸马，回家就用泥模代替木模，在泥模外面糊几层纸，烤干，剥下，画眉眼，点口唇，外加用纸做戏装，当木偶戏玩耍……王朝闻深有感触地说："儿时生活影响我的未来，从小养成的联想、想象和思索的习性，成了（20世纪）50年代开始偏重于搞文艺理论工作的历史原因。"现在看来，他在文艺理论研究中所表现出来的令人称道的个性特点、细腻精微、情理交融来源于童年。

一位从事幼儿教育三十多年的专家说："事实上，孩子的生活习惯和能力、个性特征3岁前就基本形成，到了幼儿园才开始进行教育已经太晚了。"另一位苏联教育家也曾指出，个性的教育基本上要在3岁以前完成，这以后在某种程度上已经是再教育的问题了。现在的许多年轻家长都懂得早期教育的重要性，但对早期教育的理解都囿于智力启蒙，忽视早期良好性格萌芽的培养。有这样一个真实的故事：公共汽车上，一位少妇抱着年幼的爱子，指着窗外马路边的清洁工人说，你不好好认字、做算术，长大了就要像她那样，在马路上扫垃圾。瞧，如此肮脏的精神垃圾倾泻在稚嫩、纯洁的心田里。一个人从小养成厌恶体力劳动的陋习，在感情上鄙视劳动群众，你能指望他长大了在脑力劳动中刻苦奋斗，有所成就，并将所掌握的知识奉献给祖国和人民吗？

必须把握性格塑造的时机。在人生中可塑性最强的年龄阶段，接受正确的教育，无疑将有利于良好性格的形成和巩固。否则，时过境迁，事倍功半。就像种庄稼，当令播种，适时施肥，才能获得好收成。

一、年龄与性格的可塑程度

从婴幼期到青年期，性格可塑程度呈现逐步下降的趋势。也就是说，随着年龄渐长，性格特征日臻稳定，越来越难以动摇。

这种心理趋势有利有弊。其"利"表现在，已经获得稳固性的良好性格特征能够有效地抵御外界的消极影响；其"弊"表现在，年龄越大，不良性格特征的纠正就越显得困难。为什么年龄与性格的可塑程度构成反比例关系呢？我们不妨从两个方面来考察其原因。

首先，由于自我意识的不断强化。

儿童心理学研究表明，幼儿在一岁半的时候，开始把自己的动作与动作的对象区别开来，产生自我意识的最初表现。之后，进一步能把自己这个主体和自己的动作区分开来。例如，儿童开始知道由于自己扔皮球，皮球就滚了，由于自己拉床单，小猫就被吓跑了。儿童从这里认识了自己跟事物的关系，认识了自己的存在和自己的力。

当儿童开始掌握"我"这个词的时候，在儿童向我意识的形成上，可以说是一个质的变化，即儿童开始从把自己当作客体转变为把自己当作主体的人来认识。从此，儿童的独立性开始增强，常常喜欢说"我自己来"。

到3岁左右，就开始从人我关系中清楚地认识和表现自己。样样事都想自己动手的倾向格外突出，家长的包办、代替会损伤他们的自尊心，放任自流又会酿成任性、固执的脾性。这时的性格教育切忌强行灌输，只要注意因势利导，就能收到好的成效。

在3岁到6~7岁这一时期，自我意识有了进一步发展。从轻信成人评价逐步过渡到自己的独立评价。但其心理活动容易受外界事物的吸引而不断发生变化，具有较大的易变性。在适当的刺激诱导下，能够做出良好的道德行为和大致正确的道德判断。

到了学龄初期和学龄中期（11~12岁至14~15岁，相当于初中教育阶段），开始要求了解和评价自己或别人的个性特点和个性品质。但这种了解和评价常常是不客观、不全面或不稳定的。应该利用其心理活动的波动性施行性格教育，使其克服缺点，纠正错误，并利用环境的积极影响，不断强化良好习惯的培养。

在这个犹如初生朝阳般的生气勃勃的时期，青年人的世界观逐渐形成，独立自主的生活信念逐渐萌生。诚如一位日本心理学教授所指出：青年期以前的自我是"被造出来的自我"，亦即用易受感染的心灵来接受环境影响的自我；进入青年期之后，产生了"离乳"（试图脱离父母长辈的扶持）的倾向，想按照主观意愿"创造出真正的自我"。显然，空前强烈的自我意识一方面会在正直的当代青年心里转化为进一步锤炼自己以适应未来世界的内驱力量，另一方面对沾染了不良习气、养成消极性格的青年来说，又会成为除旧布新的心理障碍。

其次，由于心理定式的建立。

所谓定式，是未被意识的对一定活动的准备状态，借助这种活动可以满足某种需要。心理学家得出结论说，定式是整个个性活动的特点。换言之，一个人在童稚时代反复受到的类似性质的外界影响一旦形成性格"定式"，就会以积极或消极的心理背景作用于今后的活动。如果不良的性格特征已在早年种下，"毒根等到成年再要剪除它，那是非常困难的"。反之，倘若从小就受到健康文明的教育，良好的性格特征已逐渐构成"定式"，成年之后就有极大的可能继续朝着正确的趋向发展，并且具有较强的抗干扰能力。

二、环境与性格的可塑程度

环境的影响作用是指客观事物的物理刺激强度和给主体带来的心理刺激强度。前者作为物理环境，是与官能感受（视觉、听觉）相联系的、可以通过物理手段测定的刺激强度，如声音的强弱变化是听觉分析器所能觉察的，又是可以用声学单位加以衡量的。后者作为心理环境，是具有一定物理强度的客观刺激在主体心灵中所引起的精神反应的强度，如一曲轻音乐和一部交响乐所引起的心理刺激强度常常有显著的差别。

一般来说，在特定范围内，物理—心理刺激强度越高，就越容易影响性格。刺激强度与性格可塑程度成正比例关系。

假设让两个人分别处于物理刺激强度差别很大的客观环境中，向被试甲播放基调热烈的管弦乐曲，向被试乙播放旋律优美的小提琴曲，或者给被试甲欣赏色彩浓重的油画，给被试乙欣赏笔墨淡泊的齐白石的画。似乎可以断言，被试甲所接受的客观刺激在物理强度上高于被试乙，因而更容易引起兴奋，更能促使包括性格在内的心理结构发生变化。在物理刺激强度较高的环境中，性格可塑程度呈现上升趋势。另外，性格可塑程度又随着心理刺激强度的变化而同步升降。所谓心理刺激强度，是指情绪—情感波动幅度的大小，又指心理生活变动的深刻性。比如，"华山抢险战斗集体"谱写的一曲共产主义思想的赞歌强烈地震撼着当代热血青年的心灵。这种精神性反应表现为：不少人为此流下崇敬的热泪，情绪—情感波动幅度较大，并由此而对人生的价值有了新的认识。犹如疾风暴雨般的高强度的心理刺激对培养见义勇为的高尚性格特征起着有力的推动作用。如果心理刺激微乎其微，性格可塑程度自然就很低了。有的青年朋友观赏优秀影片《城南旧事》觉得不带劲，无动于衷，处于舒爽心理环境中的主体，其性格是难以发生多大变化的。

有时，心理强度与物理强度是一致的。某一客观刺激的物理强度高，所引起的精神性反应也较为强烈。黄果树大瀑布一泻千丈，势不可挡，欣赏如此壮观的景致，不由地会感到澎湃的心潮在胸中激荡，并且久久难以平静。彷徨者，迷茫者，探索者，改革者……无一不能从高强度的物质环境中，汲取人生的启示，获得一种催人奋进的情感力量。

但还有另外一种特殊情况，客观刺激的物理强度并不高，却能掀起轩然心潮。飞燕落花，微风细雨，长者语重心长的告诫，英雄低沉稳健的誓言，一幅明丽的水彩图，一曲哀伤的挽歌，诸如此类，并不轰轰烈烈，并不震耳欲聋，却能令人触目惊心，心动神驰，思绪万千，产生强烈、深刻的心理效应。其原因何在？

这是由于客观刺激固然以其特定物理强度等级表现出来，却只有在它包含一定的社会内容并与主体的经验结构具有某种程度的一致性时，才会引起精神反应，促进性格的形成和转变。不论客观刺激的物理强度高低，其内容越与主体经验结构相吻合，就越容易诱发高强度的心理效应。

古诗云"感时花溅泪，恨别鸟惊心"，抑或"露润香花，风吹鸟语"，多么恬静、自在的客观刺激。但是，由于诗人正沉浸在感伤的心境之中，或有过与亲朋好友依依惜别的往事，花香鸟语似乎成了痛苦经验的暗示，因而激起如此沉痛的共鸣。

所以，与性格的可塑程度成正比例关系的不仅是那些物理强度很高的刺激，有时候也包括物理强度虽低，却与主体经验结构关系特别密切的刺激。因为后者能够造成直接影响性格的心理环境。"响鼓不用重锤敲"说的就是这个道理。在思想政治工作中，受教育者对大声斥责往往不以为然，或持抵触情绪，但能被说到心坎上的一席友好的铮言所打动，其原因也在于此。

第三节　审美模仿与性格塑造

一、审美模仿概念

社会心理学认为，在伦理道德领域，模仿"产生群体的规范和价值"，在生产领域，模仿使发明创造被广大群众所掌握而"进入社会结构"。因此，模仿的最根本特点"是个体被显示行为的特点和模式"。被显示行为的模式就是模仿的对象，或者叫作典范榜样。审美模仿与一般的模仿都具有趋向于榜样的特点，但在许多方面又是有差异的。

第一，一般模仿的榜样主要是人间的英烈、杰才、典范、智者、能手等。审美模仿的榜样是广义的，可以是典范人物，也可以是动物的审美属性（如牛的勤劳）或植物的审美属性（如青松的劲拔）等。一切显现了人类掌握"真"（客观规律）和追求"善"（社会进步的利益）的本质力量的"美"之形象，都具有不同程度的审美价值，都可以作为审美模仿的对象。

第二，一般模仿体现了主体与对象的直接功利关系。无论是主体对符合群体规范的道德行为的模仿，还是对符合客观规律的技能行为的模仿（如学徒向师傅学手艺），都具有直接的功利目的。或是为人民大众谋幸福，或是为了使自己具有一技之长以服务于社会，等等。与此不同，处在审美关系之中的主体所进行的行为模仿，其主要目的是在美的陶冶中修养和完善自身，进而使行为方式能够适应改造世界的实践活动。

第三，一般模仿受意志动机的驱使，这种意志动机是与理性化的目标相联系的。比如，一位聪明但又过于贪玩的中学生 A 高考落第之后，受到已考上大学的同伴 B（目标）的激励，迸发意志动机，不甘落后，奋起直追，在行为方式上着意模仿 B 的刻苦用功的特征。这就是一般模仿。与此不同，审美模仿则受伴随着美感愉悦的情感内驱力推动。这一情感内驱力又是与情感化的榜样相联系的。

情感力量能不知不觉地催促进行审美模仿，从而使自己的行为方式逐渐向榜样靠拢。时长日久，过于贪玩的习性被纠正，勤奋好学的性格特征自然而然地形成了。

从特定的意义上说，在青少年中间，同样是"再生产被显示行为的特点和模式"，审美模仿比一般模仿更有成效。这是因为，审美模仿的三个特性更能与青少年的心理水平相契合。审美模仿对象的广泛性能满足青少年兴趣多样的需要；审美模仿的间接功利性能适应青少年的世界观尚不十分明确、行为目的泛化的特点；审美模仿内驱力的情感性正好与青少年丰富的感情世界相呼应。所以，为青少年乐于接受的审美模仿能造成多侧面的立体陶冶环境，以完善自身为直接目的，进行良好行为方式的"再生产"。

二、审美内模仿与外模仿

从审美活动与性格塑造的全过程看，审美模仿包括内模仿和外模仿两个方面。由于形象内部张力运动的刺激而产生的隐含在体内的筋肉模仿就是审美内模仿，或称作"美感模仿"。

朱光潜曾对此说做过生动的阐发。他说，凡是知觉都要以模仿为基础。看见圆形物体时，眼睛方面就模仿它做一个圆形的运动。电车移动时，我们说它"走"，筋肉方面也感受到类似行走的冲动。寺钟响时，我们的筋肉也似一松一紧，模仿它的节奏。这种知觉模仿在审美活动中有着极有情趣的表现。欣赏颜真卿的字时，仿佛对着巍峨的高山，不知不觉地耸肩聚眉，全身的筋肉都紧张起来，模仿它的严肃。欣赏赵孟頫的字时，仿佛对着临风荡漾的柳条，不知不觉地展颐摆腰，全身的筋肉都松懈起来，模仿它的秀媚。

我们完全可以设想，或紧促，或松弛，经过多次重复，构成"定式"，就会影响人的行为风貌。如果你酷爱蕴含着秀媚意味的艺术，如赵孟頫的墨迹摹本、舞剧《丝路花雨》、民族管弦乐曲《春江花月夜》等，耳濡目染，屡次产生相应的内模仿，或许就会使你的举止风度变得温文尔雅。

心理学告诉我们，视觉、听觉的受纳器（眼睛、耳朵等）是外在感官。与此不同，动觉的受纳器是本体感受器，这些受纳器位于肌肉组织、肌腱、韧带和关节中。人的动觉通过本体感受神经而接受大脑皮层中相应的中枢神经区控制。很可能，包含着相应张力样式的形式信息通过知觉引起大脑生理电力场的"同构"反应，并诱发相应的情感波动（共鸣）时，生理—心理环境的变化会立即影响到皮层中枢，而促使它以人的意识难以觉察的方式，极其迅疾地对本体感受器（体内筋肉）发出相应指令，引起内模仿。内模仿是一种受知觉过程中的同构反应影响和大脑皮层的潜在控制的审美机制。

审美活动中的这种筋肉模仿倾向并不是人人均等的。因为按照一般心理学研究，就知觉反应而言，人可以分成两类。一类是"运动型"，知觉事物时，就立即会产生与张力"同构"相联系的动觉感应。比如，看到圆明园遗址中的残留石柱，身体肌肉会不由地产生向上蠕动的内模仿现象。另一类是"知觉型"，知觉事物时，立刻产生视觉或听觉的意象。比如，别人描绘古希腊的多立克式石柱的模样，眼前会浮现出这类刚劲雄健的石柱幻象。与此同时，"知觉型"的人的大脑生理电力场就会产生与多立克石柱"同构"的张力样式。但这种张力并不传递或极少传递到人体筋肉方面去，只是或主要是在脑际徜徉，引起美的回味。所以，"运动型"的人比较容易产生审美内模仿。

在情感内驱力的作用下，人们会不由自主地把审美内模仿隐含的筋肉运动倾向转移到实际动作的模仿—外模仿上，从而把审美活动与实践活动联系起来。

由于知觉同构的影响，本体筋肉产生相应的动静变化的模仿，这类筋肉模仿的信息被回送（反馈）到大脑皮层的特定部位。当作为现实的有力刺激物在视觉面前消失后，被"反馈"到大脑皮层的内模仿信息经过大脑中枢的综合调制，又会由神经通道传递到本体感受器，引起相应的动作。由此可见，内模仿实际上是外模仿的准备。内模仿与外模仿是在不同的时间和场合中分别进行的。把这两种模仿连接起来的往往是一股情感内驱力（对艺术家来说，就是创作的冲动）。

在高强度的情感内驱力的推动下，内模仿极易迅速转向外模仿。但在通常情况下，审美外模仿往往是与对模仿对象的知觉相分离的。一般来说，实现于"物质动作"的审美外模仿往往在知觉成为表象之后才开始进行。从审美情境回到现实情境中之后，先前对审美对象的感知已转化为表象，被储存在经验结构的表象系列之中，成了心目中的行动楷模。然后，根据表象印象，进行审美外模仿。

应当指出，狭义的审美活动具有"静观"的特征，要求审美者饶有情趣但纹丝不动地进行玩味、观赏，与实践性反应（动作）没有关系。广义的审美活动应包括这样的效果，将对美的体验和认识化为行动。我们正是从这一意义上肯定外模仿的审美性质的。

第四节　偏离正轨的少年儿童性格状态

一个人会误入歧途，有可能只是受到一个微不足道的东西的吸引。这种东西伪装成爱和帮助，绕过了人们的防备，并在人群中不断扩散。事实上，正是由于成年人的盲目，才使这种情况越来越严重。这种在无意识中形成的自我中心对孩子造成的影响是非常恶劣的。但是，孩子也在一刻不停地进行着自我更新，他们会按照一个没有被破坏的自身计划进行正常发展。

孩子能够恢复到正常、自然的状态中，与一个特殊的因素有着密切联系。这个因素就是孩子能够专注地从事某些特殊的体力活动，这些体力活动能够使他们与现实环境相接触。也许我们可以得出这样一个结论：只有一个根源能够导致孩子偏离正轨，那就是他们成长时所处的环境对他们有害。当一个处于成长时期的孩子生存在一个有害的环境中时，他就没有办法让自己原始发展的计划得到实现，也不能在实体化的过程中将自己潜在的能量发挥出来。

一、心理障碍

人们通常认为的那些想象力非常丰富的孩子并不是班里最好的孩子。相反，这些孩子很少有所收获。虽然事实如此，但人们依旧相信，这些想象力丰富的孩子的思想并没有偏离正轨。人们认为，这些孩子拥有无穷的创造力，这股力量太大了，导致他们没有办法对某一件具体事物专心。然而，一个思想偏离正轨的孩子并不能对自己的思想进行控制，他的潜力也得不到正常的发展。事实表明，这种孩子的智力不高。这种思想偏离正轨的弱点不仅能从孩子让自己在幻想世界中漫游的表现上看出来，还能从孩子自我封闭、没有勇气的表现中看出来。这些孩子的心力没有得到恰当使用，所以他们就像骨折的人一样，只有在特殊的治疗下，才能够恢复健康。但是，这些孩子并没有得到精心的呵护和治疗。没有人愿意为他们提供帮助，让他们失调的思想恢复正常，并使他们的智力得到正常发展。不但如此，人们还常常威吓这些可怜的孩子们。偏离正轨的心灵十分脆弱，他们没有能力承受强制和压迫，可是成年人却偏偏喜欢用这样的方式来"纠正"孩子的缺点，结果导致这些孩子在强制和压迫下形成了叛逆的性格。

我们在生活中常常能看到，一些孩子总是对所有事情表现得漠不关心，不肯服从老师和家长的指令。这些表现虽然属于心理防御，却不是我们所说的叛逆。我们所说的叛逆并不受到思想的控制，这种心理防御会无意识地让孩子无法接受和理解外界的观念。这种阻碍被心理学家们称为心理障碍。老师应该具备识别这种心理障碍的能力。孩子心中一旦出现这种障碍，他们就会变得越来越消极。这种防御机制会在孩子的心中形成一种声音："你可以说，但是我可以不听。你可以一遍又一遍地说，但是我依然可以当作听不见。因为我正在忙。我要建立一座高高的城墙，把你们所有人都挡在外面，这样我就可以拥有一个只属于我自己的世界了。"

如果一个孩子长时间进行这种自我防御，就会给人一种他失去了某一方面的天赋的感觉。事实上，一些老师在教这类孩子时发现，这些饱受心理障碍折磨的孩子的智力低于平均水平，不能掌握算术或拼写等技能。

如果一个孩子具备智力，却针对许多类型的学习设置了心理障碍，甚至对任何类型的学习都进行抑制，也许他就会被人们当作是愚蠢的孩子。人们会认为，一个在同一年级留级很多次的孩子一定智力低下。通常情况下，除了心理设防之外，外界的防御也是一种障碍。这种防御被心理学家称为"抵触"。这样的孩子会在一开始抵触某一学科，然后抵触大部分学科，接着是抵触学校、老师和同学。这样的孩子从小就会对学校产生恐惧心理，最后拒绝上学。在他们的心中，很难看到爱和友善。

童年时期的心理障碍会伴随这些人一生。有些人一辈子都讨厌数学，他们只要一接触数学就会感到不舒服，并产生强烈的厌恶心理。在其他学科上也有类似的情况发生。

二、依附心理

有些孩子天生意志薄弱、容易退缩，以至于成年人的一言一行、一举一动都会对他们造成很大的影响。这些孩子会对乐于为他们代劳的年长者产生强烈的依赖心理，于是遇到什么事情都会去找那位年长者。他们没有意识到自己缺乏本应拥有的活力，也没有意识到自己总是容易掉泪并不是正常的现象。他们对所有东西都报怨，并总是给人一种他们正遭受着痛苦的印象。于是，人们便认为这些孩子既敏感，又充满深情。这些孩子没有足够的耐心，但他们自己没有意识到这一点。他们容易感到厌烦，却不知如何摆脱。他们不愿意在一件事情上花太多时间和精力，所以他们总是寻求成年人的帮助，似乎离开了成年人，他们就什么都做不了。

这些孩子会要求成年人时刻在他们身边，陪他们玩、讲故事或唱歌给他们听。于是，成年人在无形之中成了这些孩子的奴隶。出于对孩子的感情因素，这些成年人不会拒绝孩子们的要求，可是孩子对他们的依赖如同一张渔网，将他们缠得越来越紧。这些孩子总喜欢向成年人提问，看上去，他们在渴求知识，可是只要我们仔细观察他的眼睛，我们就会发现他们的心不在焉。他们并不希望从成年人那里得到知识，他们这样做的原因只是为了有人能够对他们提出的问题做出回答。他们认为，只要自己不停地发问，就能够将愿意给予他们帮助的人留在身边了。

这些孩子乐于服从成年人的命令。哪怕那些命令并不重要，这些孩子也会马上停下手中的工作，然后按照命令去做。成年人在面对这样"温顺"的孩子时，会很容易把自己的意愿强加给他们。这时，一个巨大的问题就产生了。这些孩子会渐渐地对任何事情都失去兴趣，并变得迟钝或懒惰。成年人喜欢懒惰的孩子，因为这样的孩子比较乖，不会对自己的行动造成影响。可是，这样只会使这些孩子离正轨越来越远。

惰性其实是一种心理疾病，它是由于活力和创造力的衰退而产生的。我们可以把惰性理解为患了重病的人的虚弱。基督教把惰性解释为人首要的罪恶之一，这种罪恶会让人类的灵魂死亡。

成年人给予了孩子太多没有用的帮助，对孩子施加了过多自己的意愿，并对孩子产生了潜移默化的影响。这些都是阻碍孩子心理发展的因素。

三、占有欲

婴幼儿和正常化的孩子对周围事物的态度是积极的，他们会深爱这些事物。他们对使用多种官能有着强烈的渴望，这种渴望就像是饥饿的人对食物的渴望一样，并非来自于理性。当一个人极其饥饿的时候，他会四处寻找食物。而如果我们并不感到饥饿，我们就不会有吃东西的欲望。不会有哪个人在已经吃饱了的时候还说："我已经很久没吃东西了，我要是再不吃东西，我就没办法保持体力，甚至会死去，所以我必须吃些有营养的东西。"的确，饥饿会让人感到痛苦，它会成为人类寻找食物的动力。孩子对环境也会产生一种类似的饥饿感，他们需要寻找到让自己心灵满足的东西，并需要在活动中得到能够促进心灵发展的营养品。

让我们如同新生儿一样对"精神的滋养"感到喜悦吧。每个人对环境都有与生俱来的热爱，但是如果说孩子对环境充满了激情和热爱，这也并不十分确切，因为激情是一种转眼就会消失的冲动。我们可以把孩子的这种喜悦称为能够被感受到的"充满活力的体验"的动力。正是这种动力促使孩子在环境中不停地活动。这种激励孩子活动的热情就好像氧气在他身体中产生的热量一样。一个富有活力的孩子会让人感觉到，这个孩子所生活的环境刚好适合他的发展，他能够在这个环境中得到自我的实现。相反，如果一个孩子长期处于虚弱、乖戾和与世隔绝的状态，那么这个孩子长大后就会无法独立、缺乏智慧，并且经常被一些奇怪的念头困扰。这样的人不但会使周围的人感到讨厌，还会无法融入社会中。

如果孩子不能够在有助于自身发展的活动中找到动力，他们就会对"物品"产生强大的占有欲。他们可以进行一些不需要知识和热爱的活动，如把某个东西拿走并收起来。于是，孩子的心力被转移走了。这样的孩子只会想要拥有一些东西，而不会在意自己想要的东西是否适合自己使用，或自己是否有能力使用。当两个这样的孩子同时看中一样东西时，他们就会争夺、打架。他们不在乎看中的东西是不是会在争夺中被损坏，他们只想得到自己想要的东西。

事实上，那些偏离正轨的道德和行为就是因为在爱和占有之间做出了错误的选择。一个人一旦做出了选择，他就会沿着选择的那条路走下去。孩子的本能就像章鱼的触角一样，在占有欲的驱使下，它们会伸向自己希望得到的东西，然后把这件东西牢牢地抓住。一旦它们抓住了这件东西，就会用尽全力保护这件东西，不许任何人抢走。它们宁肯让这样东西在争夺中破损，也决不放开。身体强壮的孩子就会这样对待自己想要得到的东西。当有其他孩子想要从他们手中拿走什么东西时，他们就会把那些孩子推开，或是和那些孩子打架。当一群这样的孩子聚在一起，他们就会经常为了一点小事争吵不休。我们不应该轻视孩子之间的这种争执。

为什么孩子之间会发生争执呢？这是因为这些孩子的自然能量被转移了。占有欲不是由外界物质决定的，而是由某种内心的黑暗所引发的。

我们在对孩子进行道德训练的时候，会督促他们不要把自己依附在物质的东西上。这种教育以尊重他人财产为基础。如果一个孩子已经对某种物品产生了强大的依附心理，那么我们可以说，这个孩子已经从那座把他与内心生活相隔开的桥上越了过去。正是这个原因导致他对外物的帮助有着强烈的渴望。这种欲望已经在孩子的思想中深深地扎下了根，所以人们把这种欲望也当成了孩子的一种本性。

是不是具有缄默气质的孩子就不会这样了呢？不是的。这些孩子同样会在毫无价值的东西上投入大量的注意力，只不过，他们会用与外向的孩子不同的方式去占有这些东西。这些孩子不会和其他孩子争吵，更不会打架，他们只喜欢把自己喜欢的东西偷偷地藏到别人找不到的地方。一些人认为这样的孩子和收藏家一样，但这些孩子只会把自己想要的东西统统塞在一个地方，而不是分门别类地摆放好。而且他们收集的东西五花八门，相互之间并没有联系。一些智力上存在缺陷的人和犯过罪的少年总会在口袋里装上很多既没有用，又和自己不相称的东西。个性内向的孩子也会这样做，但他们的行为却被人们认为是正常的。一旦有人想从这些孩子手中拿走这些东西时，这些孩子就会拼命地保护它们。

心理学家阿德勒把这种收藏的偏好比作成年人的贪婪，这种贪婪在一个人还是婴儿的时候就已经存在了。如果一个人总是对许多没有一点用处的东西表现出特别的依恋，明知没有用也不肯放弃它们，那么这个人的生活就会被彻底地打乱。爸爸妈妈们看到孩子保存自己的财产会感到很高兴，因为他们认为这是人类的本性，也是社会的重要因素之一。所以，普通人会对孩子们的这种占有欲和收藏欲表示承认和理解。

四、支配欲

还有一种偏离正轨的思想也和占有欲有关，那就是支配欲。我们可以在想要支配环境的本能中发现一种力量，这种力量通过人对环境的热爱而表现出来，进而想要把外界的环境占为己有。但是，如果这种力量不是在正常的心理发展过程中自然而然地产生的，它就会转而发展成贪婪。

当一个不正常的孩子感到自己的身边有一个能力很强、什么都能做到的人时，他就会觉得很安心。这种孩子认为，如果自己能够利用成年人的能力，那么自己也就具有了强大的能力。这样的孩子一遇到自己能力范围以外的事情，就会找成年人帮助自己。这种做法可以被理解，它还会对所有的孩子产生潜移默化的影响。于是，其他孩子也认为这样做是理所应当的，我们很难纠正孩子的这种做法。这是孩子最喜欢用的一种策略，一个无助的孩子会把这种行为当作是一种非常合理、非常自然的行为。他会习惯于让能力强的人为自己做任何事情，满足自己的任何要求，即使这个要求很无理。这样的孩子有着无止境的欲望。对于一个想象力丰富的孩子来说，成年人是无所不能的，他们能够让自己最奢侈和变化的愿望得到满足。在神话故事中，我们常常能够看到这样的描写，故事的主人公从仙女那里得到了无穷的财富和恩惠。孩子被这些故事深深地吸引了，他们认为故事中的事就是自己一直希望发生的事。在孩子的心中，成年人就好像无所不能的仙女，有些仙女长得漂亮，有些仙女长得丑陋，有些仙女很年轻，有些仙女很老，有些仙女身着华丽的衣服，有些仙女则衣衫褴褛，但无论这些仙女的外貌如何，她们都能够随时给自己帮助，对自己百般宠爱。

一个成年人无论是高是矮，是胖是瘦，相对于孩子而言，他都是一个强而有力的人。孩子希望能够按照自己的想法支配这些强而有力的人。最初，成年人会为自己能够给孩子带去幸福而感到高兴。可是时间一久，他们就会因为一次一次的让步而付出惨痛的代价。孩子的欲望是无止境的，当他们的第一个愿望得到了满足后，他们就会希望接下来的所有愿望都能够得到满足。成年人越是让步，孩子就越是想要更多。然而，成年人只能满足孩子有限的物质需要。直到有一天，成年人无法满足孩子的愿望了，而孩子却仍想活在要什么就会有什么的想象中，这时，孩子和成年人之间就产生了剧烈的冲突。直到这时，成年人才意识到自己犯了一个多么大的错误。面对自己亲手制造的灾难，成年人只能承认，是自己宠坏了孩子。

即使一个孩子总是十分顺从，他也有让成年人服从于自己的方法。情感、眼泪、恳求、忧郁的眼神都是他用来征服成年人的武器，就连他的自然魅力也可以用在征服成年人上。成年人会屈服于这些孩子，直到自己再也不能给予他们更多的东西。这时，孩子就会感觉非常痛苦，并产生偏离正轨的行为。成年人直到这时才意识到自己做错了，才能意识到导致孩子产生缺陷的原因在于自己的所作所为。于是，成年人开始寻找解决的方法。

但是我们知道，想要找到纠正孩子任性的方法是非常困难的。规劝没有用，惩罚也没有用。这就好像一个人正在发高烧，而我们却想用规劝使他们的烧退下去一样，即使我们威胁他，再不退烧就会挨揍，他的烧也不可能立即退下去。当孩子对成年人表现出屈服时，这说明成年人已经停止了对孩子的娇惯，可是这样却会使孩子的发展受到阻碍，并使孩子偏离自然发展，走入歧途。

五、自卑感

成年人并没有意识到自己对孩子的轻视。虽然一位爸爸可能相信自己的孩子是完美的，并以拥有这样的一个孩子为荣；虽然这位爸爸会希望自己的孩子在未来有一个很好的发展，并相信孩子一定能够发展得很好。但是，由于受到某种神秘力量的支配，这位爸爸并不能对孩子表现出足够的信任。在这股力量的驱使下，这位爸爸认为孩子一定是"一无所知"的，孩子的身上一定存在着一些缺点，所以自己必须要把大量的知识灌输给孩子，并帮助孩子改正那些缺点。

成年人一旦拥有这样的想法，就会对孩子产生轻视，同时把孩子看成是自己的附属品。在对待孩子的时候，成年人喜欢按照自己喜欢的方式，却不管孩子喜欢什么。也许他在面对另一个成年人时，会意识到自己有些言行是可耻的，并尽量收敛，但是在孩子面前，他就会忽略这些，肆无忌惮地对孩子做一些可耻的事，说一些可耻的话。在家里，一位爸爸会把所有的贪婪和暴虐展现在孩子面前，并将这些看成是自己权威的表现，丝毫没有想过这样会伤害孩子的自尊。比如，一个孩子端着一杯水出现在爸爸的视野范围内，这时，贪婪会使这位爸爸产生"杯子是非常珍贵的东西，不能让孩子打碎"的念头，于是他就会抢过孩子手中的杯子，并严厉地斥责孩子。

也许这位爸爸这样做是为了不断积聚财富，并希望自己的孩子比自己还要富有，可是在那一瞬间，他心里想的是杯子价值要远远高于孩子活动的价值。他心里想着："为什么孩子要用和我不同的方式放杯子呢？我还是希望能够按照我喜欢的方式放杯子。"这个人并不是不愿意为孩子做任何牺牲，他希望孩子能够成功，希望孩子能够成为一个有名的人、一个有权势的人。可是他却在看到孩子拿着杯子的时候产生出一种对自己的财产强烈的保护欲。事实上，如果这样端着杯子的不是孩子，而是仆人，他只会一笑了之；如果打碎杯子的是客人，他不但不会放在心上，反而会安慰客人这只杯子并不值钱。成年人对孩子施加的权威让孩子觉得非常受伤。在孩子心里，产生了一种自己是世界上最没有用的人的想法。

我们必须对我们的做法进行一些改变。如果我们希望孩子的内心能够得到正常的发展，我们就应该允许他们自由碰触周围的东西，并让他们在使用这些东西时遵循合理的、始终如一的方式，这些都非常有利于孩子性格的发展。一个成年人在早上醒来后，会知道自己必须要做哪些事情，并能够按照正常的顺序依次进行日常行动，因为这些事早已成为他生活方式的一部分。他们不需要再对如何做这些事情，或是按照什么顺序进行这些事情而做出过多地考虑了。这些行动的发生就像心跳和呼吸一样自然。

孩子也必须养成他们自己的行为习惯，但是很少有人对他们连续的行为过程表示尊重。有时，我们会中断孩子的游戏，只因为我们认为孩子的散步时间到了；有时，家里来了客人，我们就会把孩子拉到客人面前打招呼，而不管孩子此时是不是正专心致志地进行着某项活动。成年人对孩子的打扰是无时无刻不在发生的，他们从来不认为自己突然闯入孩子的生活有什么不对。成年人在指挥孩子做某件事情之前不会先和孩子打招呼，更不会事先争取孩子的同意，这让孩子觉得自己进行的所有活动都没有任何价值。相反，孩子会在每一次与成年人交谈之前表示出自己对对方的尊重，即使那个人只是家里的仆人，孩子也会先征求对方的同意，然后才会要求对方为自己做什么。在这样的生活环境中，孩子感到自己和其他人是不一样的，自己没有价值，而其他人有，所以自己应该对其他的人言听计从。

令一个人沮丧的最大原因是这个人对自己的能力没有自信。一个瘫痪的人绝对不会想要和一个身体健全的人比赛跑步，一个普通人也绝对不愿意和职业拳击手进行拳击比赛，因为不可能获胜的念头已经把他们打败了。成年人总是羞辱孩子，这让孩子觉得自己没有用，并失去了行动的念头。成年人总是对孩子说："你做不了那件事，别白费力气了。"一些粗暴的成年人甚至还会斥责孩子："我不是告诉过你不能做了吗，你为什么还要去做，你傻吗？"正是成年人的这种做法使孩子的连续性遭到了破坏，并使孩子遭受了侮辱。

由于经常被这样对待，孩子们相信了自己的无能，于是他们总是没有自信，也失去了做任何事的勇气。如果一个成年人想要做一件事，却被比自己强大的人阻止，他会设想将来有一个比自己弱的人，这个人没有办法阻止他做任何事。可是如果一个孩子在成年人的影响下觉得自己是无能的，他就会被无尽的冷漠和极度的恐惧包围。这时，孩子的心中产生了一种障碍，这种障碍会让他时刻觉得自己没有别人好，做不了别人能做的事，这种障碍就是我们常说的自卑感。自卑感会让一个人永远深陷于无休止的冲突之中，它不但会让人时常感到痛苦，还会把一个人变得胆怯、犹豫、悲观、绝望等。

六、恐惧

人们认为孩子会感到恐惧是件正常的事，但事实上，恐惧也是一种偏离正轨的心理。可是在现实生活中，人们只把这种现象当作是孩子内心深处的心理失调，并认为这种失调不会受到环境的影响。也就是说，人们把恐惧当成了孩子性格的一部分。有些孩子总是畏首畏尾，好像随时都被恐惧笼罩着一样。还有一些孩子总是斗志饱满，有勇气面对危险，但他们在遇到一些看起来神秘的、不合逻辑或无法战胜的东西时，也会觉得害怕，这可能与他们以前看到的一些印象强烈的东西有关。孩子可能会害怕过马路，或者害怕猫或鸡等动物，这种害怕和精神病专家在成年人当中发现的病态恐惧症有些相似。在那些依赖成年人的孩子身上，我们特别容易发现这种害怕。成年人有时会利用一些孩子的无知吓唬孩子，使孩子听从自己的指挥。这是成年人用于对付孩子的手段中最坏的一种，因为这种手段加深了孩子对黑暗天生的恐惧。

一切能够使孩子与现实接触、对身边的环境进行体验并产生理解的东西都能够帮助孩子消除这种紊乱的恐惧心理。我们开办了使孩子正常化的学校，消除孩子潜意识中的恐惧就是我们最初取得的成果之一。比如，我们学校有一个西班牙的小女孩，她家一共有 4 个女孩，她是最小的，却也是唯一一个不怕打雷的。每当姐姐们在雷雨天的晚上感到害怕的时候，她就会带姐姐们到爸爸妈妈的房间里，保护姐姐们。姐姐们也会在打雷的时候马上跑到妹妹身边，以得到安慰。

"恐惧的心态"和人在危险面前出于自我保护的本能所产生的畏惧不同。相比于成年人，孩子出现这种畏惧心理的情况要少得多，其原因之一是孩子不会遇到像成年人遇到的那么多危险。另一方面，孩子能够比成年人更自然、更迅速地面对危险。很多孩子常常让自己身处危险之中，街上的流浪儿会在车上偷取乘客的钱，生活在乡村的孩子常会爬到树上，或是顺着陡坡向下冲。他们还会自己跳进河里或海里学习游泳。这些孩子在看到同伴遇难时会毫不犹豫地冲过去帮助同伴。比如，加利福尼亚一家儿童医院的盲童病房失火了，一些生活在大楼另一端的孩子发现后，马上冲到火海中救人。报纸和杂志几乎每天都会刊登类似这样的消息。

人们可能会问，是否正常化的孩子也会赞成这种英雄主义倾向。在我们学校，没有孩子会这样做。我们学校的孩子通常会有一种谨慎的心理，他们会尽量避免危险，但如果危险真的发生了，他们也懂得如何在危险中生存。他们不会在使用小刀的时候切到手，也不会在点火的时候引起大型火灾，他们能保证自己站在水池边不掉下去，也能平安地穿过马路。我们学校的孩子懂得如何控制自己的行为，他们不会急躁地做事，所以他们能够拥有一种崇高而平静的生活。正常化并不是让自己时时处于危险中，而是在谨慎中认识到危险并控制危险，这样就能够在危险的环境中生存下来。

七、说谎

偏离正轨的心灵就像枝叶繁茂的植物，它的枝叶会向四面八方伸展，可是真正的秘密却埋在地下。教育上最常见的错误就是认为各种偏离正轨的心理都是相对独立的。

在最严重的几项错误中，说谎是其中之一。欺骗就像人们的外套一样，能够对人起到伪装的作用。人们可以通过穿上不同的衣服给人以不同的感觉，同样，人们可以通过说不同的谎话制造各种假象。谎言有很多种，每一种都有着独特的意义和重要性。有些谎言是正常的，也有许多谎言是病态的。歇斯底里的人总会不由自主地说谎，这一现象引起了精神病学家的注意。这些人说谎的频率非常高，几乎每一句都是谎言。人们还注意到了孩子在少年法庭上的谎言。孩子的心灵是纯洁的，当他们想说谎时，他们就会显得不安。通过对这种现象的进一步研究，我们发现这些孩子的本意是讲真话，然而他们的心理发生了紊乱，于是便讲了谎话。受到情绪波动的影响，他们的紊乱也在加剧。

这种隐瞒真相的欺骗可能经常发生，也可能偶然发生，但不管是哪一种，这种欺骗都不属于孩子有意用来自我保护的谎言。正常的孩子也会在日常生活中说些类似的谎言。谎言是怎么来的呢？它可能是从孩子为描述某种东西而产生的幻想中产生的。在幻想中，孩子会把其他人认为是真实的东西进行一番加工，然后用自己的方式表达出来。孩子说这些谎言的意图并不是为了获取个人利益，他们只是在以一种艺术形式向人们讲述一个故事，就像演员在演戏的时候会把自己当成故事中的角色一样。

软弱和怯懦的孩子的谎言是由于一时冲动而编造出来的。这种谎言只是一种起防御效果的条件反射，而不是经过仔细推敲后才说出的。由于这些谎言只是临时编造出来的，所以它们具有明显的天真性。老师们只知道要制止孩子说谎的行为，却没有想过是什么原因导致孩子说谎的。孩子为什么会说谎？他们只是想在成年人面前保护自己，不受到猛烈攻势的伤害。可是我们却因为这些孩子软弱、无知，或不能做他们应该做的事而责备他们。

欺骗是一种智能现象，它出现在孩子的童年时期，并会随着孩子一天天成熟而变得更加有条理。欺骗在人类社会中占有重要地位，它甚至像人们的衣服一样美丽而不可缺少。我们学校的孩子能够放弃这种被歪曲的认识，并在生活中表现出自然和真诚。说谎不会奇迹般消失不见，它只能改变，而不能转化。在改造孩子的心灵时，清晰的思想、与现实接触、精神上的自由和对善良及崇高的向往都能起到正面的作用。

社会生活被一种虚伪的气氛包围着，以至于每当人们试图纠正它时，都会使社会陷入混乱。很多从儿童之家走出的孩子进入高一级学校后，都会被看成是缺少礼貌、不懂服从的孩子。这只是因为他们只懂得真诚面对所有人，而不懂得妥协。他们的老师对这一事实表示否认。普通学校的训练和规范充满了欺骗，所以这些学校的老师也没有见过真诚的孩子，当他们见到我们学校走出的孩子所表现出的真诚后，他们就认为，是这种真诚破坏了他们对孩子的教育。

由此可知，成长环境对于孩子的成长至关重要，下一节就针对孩子成长环境中的特殊教育环境——文学对少年儿童的影响进行分析。

第八章 哥特文学对少年儿童性格养成影响分析

第一节 文学作品对少年儿童性格成长作用

文学作品层次的高低对培养读者的鉴赏能力具有重要影响。文学名著流传久远，包罗万象，是文学史上公认的优秀著作，人类文明史上的宝贵财富，传承文明的艺术精品，具有经典权威，传承久远；内容丰富，知识广博；思想深刻，感染力强等鲜明的文学特征，其深刻思想性和鲜明的艺术性毋庸置疑，值得认真品位欣赏。

文学作品对于少年的成长具有至关重要的作用，主要体现在作品内蕴的濡染作用，文学人物的引领作用，文学故事的启发作用和艺术审美的感染作用。文学名著作为被世代证明的，经历了时间的考验、历史的积淀而留下的珍品，以其鲜明的思想内蕴散发独特魅力，濡染着少年的情感和心灵，营造了一代又一代人的精神家园；文学人物坚强不屈、积极进取的可贵精神成为少年人生道路上的指路明灯，引领着少年人生的方向，激发他们为实现伟大理想而勇往直前；文学故事启发少年"读书"与"不信书"的辩证唯物关系，"取其精华"与"弃其糟粕"的现实意义，"立志成才"与"不取小巧"的深刻内涵，启迪人生，引人深思；文学名著的艺术审美性对于少年"怡情养性"和"修身养性"有着密切的联系，使少年在阅读品位中汲取营养，获得丰富的审美体验，在艺术享受中陶冶情操，塑造性格。

歌德说过，"读一本好书，就等于和一位高尚的人对话"。"书就如同一个接力棒，让我们把文化、思想、情感一代一代地传承下去。我们每天的读书，就是一次次接力。"在这一次次接力中，作品内蕴精髓濡染了每一代人。优秀的文学艺术是思想情感的集中体现，它不露痕迹地将人的道德、情感和理想融入具有典型意义的人物形象和动人的故事氛围中，以情趣盎然的情感传递代替了乏味的道德说教，指导少年察古观今，充实知识，热爱生活，发展个性，寻求信仰力量和精神支柱，丰富精神世界，锤炼意志品质。

一、文学人物的引领作用

文学也是人学，在文学著作中都主要把人的思想情感、个性特征放在首位，着力表现一个"人的世界"。文学之所以魅力巨大，流传千古，一个极为重要的原因便在于文学名著中塑造了一大批栩栩如生的人物形象，这些精神领袖给少年干涸的心田带来了丰富的精神滋养。文学人物坚强不屈、百折不挠、积极进取的可贵精神成为少年人生道路上的指路明灯，引领着少年人生的方向，唱响了一曲催人奋进的永恒战歌，激发他们为实现伟大理想而勇往直前。

文学世界中的英雄形象引人崇敬。当《钢铁是怎样炼成的》中的主人公保尔·柯察金义无反顾地战斗在冰海雪原，毅然投入到为解放全人类而战斗的共产主义事业中，并始终在平凡岗位上无怨无悔地默默奉献时，从中体现出的自我献身精神，坚定不移的信念和顽强坚忍的意志，已成为当时千千万万少年读者永恒的人生精神坐标，铸就着一代又一代钢铁般的战士。当鲁滨孙漂流孤岛，面对人生困境而敢于同恶劣的环境做斗争时，他展示了一个硬汉子的坚毅性格，其英雄本色形象烙入了读者的脑海，他的开拓创新精神也必定指引读者永远不屈服于命运。《水浒传》中武松打虎与鲁提辖拳打镇关西的英雄气概同样撞击着少年的心灵，积聚起对英雄形象和坚毅性格精神的崇敬。

文学人物坚强独立的品质催人奋进。海伦·凯勒在《假如给我三天光明》中，以一个身残志坚的柔弱女子的视角告诫身体健全的人们应珍惜生命，珍惜造物主赐予的一切。当她在黑暗而又寂寞的世界里，用顽强的毅力克服生理缺陷所造成的精神痛苦时，她自强不息的顽强品质激发着少年追求生活的光明。《简·爱》在对女主人公曲折经历的描述中，塑造了一位在面对生活、爱情和社会时独立自主、积极进取，在挫折面前不屈不挠，敢于争取自由平等的女性形象。当简·爱这个出身卑微、相貌平庸的女孩在寄宿学校中磨砺意志，在一波三折地追求爱情过程中升华着独立意识时，那份对爱情的执着，对平等的渴望必定激起情感的旋流，唤起少年对崇高性格的积极肯定与勇敢追求。

二、文学的启发作用

书籍是人类进步的阶梯，读书可以丰富知识，提高文化素养；优化思维，提高审美能力；陶冶情操，塑造良好品格；净化心灵，提高人生境界。但是，只有正确的阅读选择和良好的阅读方法才能使书籍发挥积极影响。因此，对于书籍的影响应该采取一分为二的观点辩证看待。孟子说过，"尽信书，则不如无书"，即读书不要盲目地迷信书本、拘泥于书本，而要善于分析、灵活变通，朱光潜曾说："所谓持'批评的态度'去读书，就是说不要'尽信书'，要自己去分辨书中何者为真，何者为伪，何者为美，何者为丑。这其实就是'法官'式的批评。"那么，阅读中的批判意识、质疑精神、思考意识和个性化解读方式就显得尤为重要。

阅读时若不审视、不挑剔、不质疑，而是一味地"吞食"文本，只会"食而不知其味"，阅读批判是提高阅读质量的关键。在阅读过程中，读者应在深入理解文本的基础上，对文本内容形式等进行一番审视，挑出自己认可的观念，形成独立见解，达到阅读批判的境地，把阅读质量提升到更高层次。从认知态度上看，批判性阅读对文本是怀疑的，它是读者根据自己的生活经验和阅历，对文本展开验证的一种理解、消化、转换的活动。少年应带着质疑精神去解读文本，这样才能主动寻求问题，找到探索文本意义的路径。

在多元的现实社会里，经过批判思考后所认同的价值观更能成为行动的指南。阅读反思为阅读批判触发灵感，阅读批判是从阅读反思起步的，其着力点在于超越作品和作者，发表相异见解。阅读批判是读者在阅读文本后的一种思考反应，这种思考以反思为内在核心。其实，读者的阅读批判已不是单纯的对文本的"接受"，而是从更高的视点上来把握文本，以理性化的分析理解超越文本，将阅读中的个性感悟、主观判断上升到理性高度去反思，实现理性思辨的阅读批判。既然阅读批判是读者对文本理解的进一步深化的基础上跳出文本的创造性活动，那么深刻的阅读批判总会显示出鲜明的个性。少年应在阅读中融入独特的感受、体验和理解，在思考中形成自己独特的见解、判断和心得，这样才能在阅读批判中去粗取精、去伪存真，保持阅读的自主选择权、自由话语权和自我探求权。

读书应有选择，要认认真真地、全神贯注地读那些真正引起你的兴趣的书，以及你认为对工作确实有用的书。读书要会识书，要知道哪些书该读，哪些书不该读，哪些书急读，哪些书缓读，哪些书粗读，哪些书细读。对内容芜杂的、好坏兼有的书，要分析鉴别，取其精去其糟；对内容腐朽、低级，被鲁迅鄙为"新袋子里的酸酒""红纸包里的坏肉"这一类书，要忌读；对新知识、高品位、与自己所学专业最密切的书要专读、细读。有选择地读书可以集中精力，提高效率，使人不走弯路。选书应和交友一样谨慎，因为习性受书籍的影响不亚于朋友。读一本好书，就像和高尚的人谈话，以好书为师友，取其精华，弃其糟粕，才能开卷有益。

由于少年正处于青春发育时期，经历着生理和心理的双重变化，他们的观念、性格、情感等正在发展形成中，具有不稳定的特点，这就要求有足够数量的有益读物来适应他们生理和心理的需要。然而，在科学知识迅速增长的今天，世界上的读物以惊人的速度增长，书籍浩如烟海、鱼龙混杂，面对这爆炸性增加的读物，少年在书籍的选择上存在一定的盲目性，尤其是小学生年龄小、阅历浅，阅读时往往不择而食，课文阅读质量不高。一些荒淫怪诞的书，特别是黄色书刊都是玷污精神、残害灵魂的精神鸦片，有的学生有了一定的阅读兴趣后，阅读杂乱无章，良莠不分，主次不清，误把糟粕当精华，反受其害。

人生有所不为才能有所为，读书也是这样。择书如择友，择书如择偶。读有价值的书，读适合自己的书，舍弃无价值、不适合自己的书，有所不读，才能读得有用、有效、有益。汉代史学家刘向曾经说过："书犹药也，善读之可以医愚。"而"坏书有如毒药，足以伤害心神"。可见对书籍的阅读选择显得尤为重要。书籍中的精华使人增长才干，振奋精神；书籍中的糟粕则会使人萎靡颓废，污染心灵。阅读时取其精华、弃其糟粕，以好书为师友，充分汲取书中的养分才能丰富心灵，熏陶性格，提升品位，丰富少年的精神生活，培养他们高尚的道德情操和健康的审美情趣，形成正确的价值观和积极的人生态度。

三、文学审美的感染作用

文学欣赏是一种审美活动，它以文学作品为主要对象，以审美享受为根本标志，以培养学生审美情趣和提高审美能力为基本目标。文学名著中栩栩如生的人物形象，引人入胜的故事情节，回味无穷的情感意境，使少年在阅读品位中汲取美的营养，获得丰富的审美体验，在艺术享受中不知不觉地影响自身的行为、观念和心态，以圣洁的审美精神感染心灵，净化灵魂，鼓舞生活。文学名著的艺术审美性与少年"怡情养性"和"修身养性"有着密切的联系。

高尚的审美情趣是少年步入成才之路的重要动力。从心理学角度说，少年的情感不够稳定，操守还不坚强，尤其需要通过文学名著欣赏加强艺术审美，以美育人，怡情养性。文学名著中不乏一批文质俱佳、辐射着美感光辉的佳作，有助于对少年进行美的熏陶，让他们沐浴在美的意境中，徜徉在美的世界里，领略体味蕴含在其中的形式各异的美，接受各种审美熏陶，久而久之在心灵深处积淀起审美情愫，从而培养美好情操，树立正确的审美理想和健康的审美情趣。

第二节　其他儿童文学中哥特因素分析
——以《格林童话》为例

有一种观点认为，在儿童性格的形成过程中，不管是多么微小的影响都会贯穿其一生。也就是说："儿时的品格构成成年时品格的核心，所有后来的教育都只不过是在儿时品格基础上的叠加，但是晶核的形式却没有发生变化。"因此，有这样一句话非常有道理：儿童是成人之父，或者说童年在某种程度上预示了一个人的一生，那些持续时间最长、扎根最深的推动力往往源于我们的童年。正是在那时，美德或邪恶、热情或感伤的基因首次移植于人的身体，并决定了一个人一生的品格。这样看来，家庭就是塑造一个人品格的第一所学校而且也是最重要的一所学校。正是在家庭中，每一个人受到最好的或者是最坏的道德熏陶，因为正是在家庭中接受了贯穿其一生、直到生命结束才会放弃的行为准则。

儿童在家庭中接受教育的主要方式就是父母的言传身教，当然也包括父母给孩子讲的故事，其中脍炙人口的童话似乎是不二选择，像妇孺皆知的《格林童话》，早已超出德国国界，变成了世界儿童的亲密朋友。

众所周知，《格林童话》具有典型的后现代主义哥特风格。那么，《格林童话》真的适合孩子吗？《格林童话》是儿童读物的最佳首选吗？《格林童话》中的血腥、暴力场景是否会对儿童造成不良的影响？《格林童话》中存在的"少儿不宜"的问题从《格林童话》的第1版（1812年12月由柏林的埃美尔出版社出版，只是第1卷，1815年又出版了第2卷）出版后就不绝于耳，当然也延续到我们的当下，如19世纪就有学者指责格林童话中几个故事的野蛮，尤其是初版的《谜语》和《杜松子树》。格林兄弟辩称，他们基于对流传故事的忠实态度，有理由保留这些残暴的情节，因为它们构成了民间传说的重要一面，也就是说，大量的残暴情节是无法删除的，因为它们属于这种叙事类型的基本要素，即如果删除掉这些情节，故事就无法发展下去了，故事也就被迫中断。我们知道童话大致可以分两大类：一类是由作家个人创作的，如丹麦作家安徒生写的童话，英国作家奥斯卡·王尔德写的童话；第二类是民间童话，即千百年来由群众口头流传，后经有心人搜集整理成书。《格林童话》就属于第二类，它的原名是《儿童与家庭童话集》，搜集整理者是德国的格林兄弟，即雅科布·格林（1785—1863）和威廉·格林（1786—1859），两兄弟在德国语言史上和文学史上都有不朽的功绩。格林兄弟是日耳曼学的奠基人，他们整理德语语法，编写德语语言史，出版了《德语字典》，成为德语语言研究的开创人。此外，他们搜集德国中古以来的德国民间童话和传说，成果是《德国传说》和《儿童与家庭童话集》，尤其是后者奠定了格林兄弟在文学史上的地位。格林兄弟在《格林童话》的前言中指出了他们搜集民间童话的一些原因，主要是强调内容和语言上的忠实，力图不加歪曲地予以记录，尽管如此，他们在整理加工上的功绩是不可磨灭的，考虑到《格林童话》的类型以及格林兄弟的编辑初衷，其中的血腥、暴力以及所谓的"少儿不宜"也就情有可原了。也就是说，格林兄弟的初衷并非是为儿童编写的，更多的是学术上的。其实，早在格林兄弟在马堡大学攻读法学期间，他们就已经受到以施勒格尔兄弟、诺瓦利斯和蒂克为中心的耶拿浪漫主义的影响（耶拿浪漫主义注重对复兴古代德国文化的追求）。当然，格林兄弟所受到的直接的也是更大的影响来自于海德堡浪漫主义诗人布伦塔诺和阿尔尼姆，他们不仅引导格林兄弟认识到采集民间童话的重要意义，而且还给予了不少具体的指导和帮助。我们知道，浪漫主义的一个重要特征就是对历史非常重视，历史成为印证现在、筹划未来的一个重要手段。以布伦塔诺和阿尔尼姆为代表的海德堡浪漫主义，特别重视对德国民族文化的整理，重视发掘民间文学，试图以此来复兴德国的中古文化，弘扬德国的民族精神，唤起德国民众反对法国占领者的爱国热情。他们是搜集古代民间传说的发起人，两人深入民间，采集了 700 多首民歌，编写了德国民歌集《男孩的神奇号角》。正是在此期间，格林兄弟成了他们的助手，并于 1806 年开始采集民间童话，直到 6 年后完成了《格林童话》。也就是说，在编辑第 1 版《格林童话》时，格林兄弟并没有明确地把孩子当作自己的直接读者，但他们很快发现，儿童也可以是这些故事的重要听众，于是他们开始了把《格林童话》从非儿童文学向儿童文学的改写过程，特别是威廉·格林，花费了大约半个世纪的时间，从 1812 年的第 1 版改到 1857 年的第 7 版，删除了所有他认为不适合儿童阅读的内容，力图使它成为一本对儿童有益的教育之书。1859 年，威廉·格林与世长辞，《格林童话》的修订也随之终结。所以，第 7 版的《格林童话》又被称为"最终版"，我们今天所读到的格林童话实际上都是从最终版翻译过来的。

但是，由于"德国的民间童话中并不避讳暴力，不少残暴的情节描述随处可见"。所以，即便是在多次整理加工后的 1857 年的第 7 版的 200 多个故事中，血腥、暴力的情节也是不胜枚举，儿童特别是孤儿，往往受到继父或继母的虐待（如《灰姑娘》《坟墓里的穷孩子》）甚至谋杀（像《白雪公主》），忠诚朋友的复活必须用两个无辜孩子的鲜血来换取（《忠诚的约罕捏斯》），还有可怕的食人魔怪（如《亨舍尔和格莱特》）和亲人相残（如《会唱歌的骨头》），甚至夫妇的自相残杀（如《三片蛇叶》），这些故事所描述的残暴情形不断受到严厉的批评。尤其是在第二次世界大战后，欧洲兴起了一股反对"格林童话式暴力"的浪潮，从而在相当长一段时间里禁止重新印刷《格林童话》，禁止重版的理由是德国民众因为受到童话影响而变得残忍，德国童话（当然包括《格林童话》）甚至要对纳粹集中营的暴力负有责任。

事实上，民间童话中的残暴情节并不仅限于德国，世界各地流传下来的民间童话中同样有着类似的现象，因为暴力在现实生活中存在，它在艺术（民间童话）中也会有所反映，并成为民间童话中的一个普遍现象。关键在于，面向儿童的童话表现的是一个完整的世界、丰富复杂的世界（当然也包括阴暗面的一个世界），还是大人所划定范围的、希望孩子看到的被限定的、虚假的世界，后者有时让人联想到被 PS 过的照片、甜得发腻的饮料和扭捏作态的戏中人。有研究者认为，在一个经过"杀菌消毒"的完美童话里，王子和公主总是过着令人向往的幸福生活，没有暴力，没有阴谋，没有好人死去，没有坏人得逞，这使得儿童容易把这个世界想象得太过美好，或者沉浸在梦幻般的童话世界里不愿长大，反而无法适应社会。毕竟，"少年儿童并不是生活在真空世界或世外桃源里的，时代的风云变幻、兴衰沉浮，必然会给他们的生活带来这样或那样的影响，并且在很大程度上塑造着他们的性格"。也就是说，过于完美、纯洁的童话反而使儿童"误入歧途"。

实际上，《格林童话》的内容可谓光明与阴暗、美好与丑恶甚至糟粕并存，《格林童话》歌颂正义、善良、勤劳、勇敢、诚实等优秀品质，歌颂手工业工人的智慧与勇敢（如《勇敢的小裁缝》等），也反映当时劳动人民的困苦生活。要说糟粕的话，真正的糟粕不仅少儿不宜，大人也不宜，如宣扬宗教观念、因果报应、等级观念；得到好报男性最后常常成为富翁或者成了皇帝、王子，女性则成为王妃、皇后等，当然这些糟粕是由时代因素所造就的，很难想象在民间童话中塑造出像现代意义上的民主斗士、世界公民、女科学家等角色，而这需要给孩子们讲《格林童话》的父母们做一些润色及阐释工作。

第三节　哥特文学的积极影响分析

一、好奇心的满足

哥特小说的题材类型使得少年儿童的猎奇和反叛心理得到了极大的满足，由于少年儿童处于自我探索的阶段，很容易产生认同危机。而在当代中国社会，构成青少年的"80后""90后"多是独生子女，他们急于摆脱家长的束缚，普遍对更广泛的文化，如主导文化和父辈文化等发生矛盾，具有异端、越轨的倾向，再加上学校生活单调枯燥，在学校里面接触到的，多是索然无味的教科书和程式化的教学。于是，在课余时间接触与学校生活不同的信息则成为许多青少年的选择，类似哥特小说的新世纪恐怖小说就是在这种情况下发展并繁荣的。它并不为"更广泛的文化"所接纳，被排斥在体制外，只能在网络世界偏居一隅。虽然比较成功的恐怖小说会出版成书，甚至登上畅销书前列，有的还被改编成影视剧，但是其激发读者恐怖的单一需求和自身存在的许多弱点都不被权威认可。而正是这种"边缘性"，反而更加满足了青少年的猎奇和反叛心理。

然而值得注意的是，尽管青少年对于主导文化和父辈文化采取了"抵抗"的态度，但是他们所采取的方式并不激烈和极端，而是采用了较为温和的"协商"。以哥特小说为例，大多数青少年是在课余时间阅读的，虽然他们对于主导文化和父辈文化有厌倦的情绪，但是他们仍然遵守主流的规则，大部分少年儿童还是按时上课，接受学校安排的各种测验，按照传统的步骤接受教育。所以说，这种"抵抗"是温和的，并不极端。

例如，哥特小说男女作家在处理挑战行为方面有所不同。男性作家特别是刘易斯和马楚林擅长描写恐怖与暴力场面，其作品往往包含大段关于犯罪或迫害的叙述，描写之细令人咂舌。这些恐怖与暴力情节是人们想做而未敢做的事，用弗洛伊德的理论说，属于潜意识中的原始冲动，是对旧贵族制度这一"父亲的法律"的挑战。虽然这些行径多为作奸犯科等普通犯罪，表面上并无超越时代的正面意义，但因其目的多为篡夺地位与权力，也带有一层挑战色彩。对于读者而言，哥特恶棍是他们的替行者，他们的恐怖与暴力行径为读者"模拟出"对于现有秩序的挑战。女性作品之挑战性主要来自其恐怖气氛以及由此激发的想象。与男作家相比，女作家在描写强奸、凶杀等暴力行为方面通常比较含蓄，大多以暗示和推测为主。《尤多尔佛之谜》中也有奸杀（涉及罗伦蒂尼和维尔如瓦侯爵夫妇）、绑架（莫拉诺试图绑架爱弥丽）和抢劫等情节，但多由他人转述或猜测，基本并无直接描述，而所谓恐怖或超自然事件也全无其实，而是想象或错觉而致。拉德克利夫的小说有些许叛逆色彩，也主要来自这些奇思怪想。在诗人雪莱看来，想象力是"善的工具"，因此具有潜在的反抗倾向。哥特小说中的幻想未必与雪莱所指的想象力完全一致，但二者有相似的颠覆效果。在女性作品中，女主人公的幻想由于不受现实规范的约束，有时也会表现出挑战现有秩序或父权人物的潜能。

因此，哥特小说对于少年儿童的好奇心满足提供了一个现实的途径，也为少年儿童想象力的开发提供了一种方式。

二、浪漫主义情怀的培育

哥特小说中的乡间和自然风光与生活常常令人陶醉和向往。拉德克利夫笔下的作品尤其以描写自然风光见长，《尤多尔佛之谜》和《意大利人》等作品中均有大段描写法国和意大利乡村的文字，对欧洲大陆的秀丽风光和安逸祥和的乡村生活的描写。哥特小说不仅仅有着浪漫主义情调，更赋予了浪漫主义新的生命。浪漫主义诗歌通常是直接讴歌大自然、人与自然的和谐，而哥特小说很少单纯地描写景物，更加注重景色如何对人物尤其是对主人公的思维和感情产生影响。在《尤多尔佛之谜》中，爱弥丽在前往意大利的途中遥望远去的山脉，心里有着复杂的感情；而在夕阳西下的时候，燃起对恋人瓦郎高的思念之情；在城堡中看到月亮升起的时候，想起自己逝去的父母、远去的亲人。美景总是与人的情感相联系，更加升华了浪漫主义在哥特小说中的意境。

拉德克利夫的另一作品《意大利人》的故事发生在18世纪中叶意大利的那不勒斯，侯爵之子维瓦尔蒂与平民出身的少女艾伦娜一见钟情，但受到囿于门第观念的侯爵夫妇的反对，于是侯爵夫人找来她的谋士、化装成修道士的恶棍斯卡多尼神父，想尽办法残酷迫害少女艾伦娜，阻止他们在一起。斯卡多尼另有不可告人的阴谋，他捏造罪名，将维瓦尔蒂送入黑暗的宗教裁判所，将艾伦娜劫持，试图杀死她，却意外地发现了艾伦娜的身世秘密。最后，在一位神秘的蒙面修道士的协助下，维瓦尔蒂以恶抗恶，将斯卡多尼送上了宗教裁判所的法庭，使其死在监狱里，而维瓦尔蒂和艾伦娜经过一番磨难，有情人终成眷属。女主人公艾伦娜对自然风光无限向往，修道院外雄伟俊美的景观给囚禁于内的她增添了无比的勇气和战胜困难的决心，使她敢于直视困境，直面人生道路的艰辛，藐视权贵。

由上可见，哥特小说不仅成长于浪漫主义的沃土，而且因其带有极其浓厚的浪漫主义色彩——对工业革命及科学技术的反感，对自然风光的美化与歌颂，以及对城市的避而不谈及贬抑，使得浪漫主义在哥特小说中得到了充分的发挥。哥特小说又赋予了浪漫主义新的生命。在情节上，它浓墨重彩地渲染暴力与恐怖；在主题上，它不像一般浪漫主义那样从正面表达其理想的社会、政治和道德观念，而是主要通过揭示社会、政治、宗教和道德上的邪恶，揭示人性中的阴暗来进行深入的探索，特别是道德上的探索，但也不可忽视哥特小说特殊的历史背景。自然景色总与乡间生活联系在一起，而工业文明往往同城市相关联，乡村与农耕生活的描写一样充满矛盾，乡村不是伊甸园，同样有阶级矛盾。在《尤多尔佛之谜》中，尽管尤多尔佛城堡风光无限，但里面充斥着阴谋与暗杀；在《修道士》中，也有乡村盗匪的描写，这都体现了中产阶级的矛盾心理，哥特小说中，对乡间及农耕生活的态度不是单纯地向往或排斥，更有中产阶级试图掩饰和否认新时代阶级的矛盾，有一种逃避心理。

所以，哥特小说是对英国浪漫主义流派的超越。哥特小说中经常流露出对于故国城邦的兴趣，但并不是沉陷其中无法自拔，对城堡的极力渲染乃是对社会存在的"恶"的隐喻与探索，以及哥特小说以代表新兴中产阶级的主人公在斗争中最后取得的胜利提出了未来的替代境界，是对浪漫主义的超越。对大自然进行赞美的同时，映射了主人公复杂的情感，使人物形象更加生动。同时，回归自然也体现了在复杂的变革时代中的矛盾心理，在大自然中寻求灵魂的洗涤、心灵的安慰，在恐惧中寻求保护。哥特小说的这种浪漫主义情怀必然会对少年儿童克服困难、建立人生自信有着莫大的帮助。

三、审美情趣的塑造

随着社会的进步，科学的发展，数字化时代的到来，人们开始越来越多的接受图形文化。从小说到影视的表达方式转变上来看，它所赋予的精神是从最初的单一描写善恶到现在的爱的表达。"在主流意识衰落、社会中心价值解体、知识分子陷入本世纪第三次低迷之际，由大众传媒推进的流行文化全面兴起，主导人们生活的新潮流，并同市场文化的功利主义、投机主义、享乐主义合谋，基本控制了民众从物质到精神的所有世俗性需要"。人们在对金钱与权势的向往中逐渐失去人性中真谛的事物，现代人之间的冷漠、猜疑和嫉妒也在逐步毁灭人的最原初的信仰。"哥特式"作品在表达中试图寻找现代人们失去的爱，它在主流文化的背后默默地探寻着。虽然"哥特式"精神的表达方式仍然夸张、荒诞、怪异、恐怖，但恰恰是这些因素才能唤醒人们对本我的认识。文艺上，冲破功利，表现人性中最美好的东西；美学上，它是对传统美学中崇高理论的深入的表达。

正由于哥特式文化的诸多特征，才能生动地刻画出人与世界的复杂性，对自我的"沉思与警惕"。到了19世纪，哥特因素也表现在现实主义代表作之中，并影响着其他国家小说家的现实主义创作，如雨果的《巴黎圣母院》中建筑与人物的描写和巴尔扎克在《人间戏剧》中赋予了"魔鬼"人类行为始作俑者的重要性。巴尔扎克还在《驴皮记》初版的序言中，称赞哥特小说家马图林为"大不列颠引以自豪的一个当代最富有独创性的作家"，又根据马图林哥特小说《漫游者梅尔莫斯》写过一篇《改邪归正的梅尔莫斯》。回到英国本土现实主义文学的创作，夏洛蒂·勃朗特和艾米莉·勃朗特是 19 世纪英国杰出的现实主义作家。很多人把她们归为浪漫主义作家，这种错误的判断也是有其一定的原因，因为在她们各自的代表作《简·爱》和《呼啸山庄》中都使用了哥特式艺术手法来烘托主题，而这些也是因为受到安·拉德克利夫夫人的《尤多尔福的秘密》这部哥特小说的影响。

　　在哥特小说流行的 18 世纪末期，最能象征绅士（淑女）的符号莫过于审美方面的感伤和雅致等情调，即所谓 sensibility。这个词在 18 世纪后期主要指情绪、道德与艺术品位等方面的敏感与细腻。在 18 世纪中后期，这种感性审美趣味不仅是一场文学运动，也成为一种社会文化现象。在当时的上层社会，评判一个人是否拥有良好的教养，重要标准之一是是否热爱艺术，尤其是是否拥有高雅的品位，而 18 世纪中产阶级一般仍被视为"没有品位的野蛮人"，备受上层社会鄙视。鉴于一个人的血统和家谱无法改变，通过教育获得高雅品位成为中产阶级能够借以向贵族靠拢的少数有效途径之一。因此，在中产阶级的教育中，艺术品位或修养往往占据相当重要的地位。随着中产阶级经济力量的日益提高以及中产阶级数量的不断壮大，人们也越来越有能力讲究休闲、文化氛围与精致的品质。比如，中产阶级努力为其妇女创造一个类似贵族妇女的社会空间，一个充满美与休闲的女性空间。因此，在 18 世纪末 19 世纪初，血统与等级仍然起着作用，但善良之心和良好的品位也是商业社会评价个人的重要依据，是否拥有感性审美趣味，实际上是社会层次的重要标记。

　　少年儿童在进行哥特文学作品阅读过程中，必然会受到哥特文学审美情趣的影响，这也会对少年儿童的审美情趣提升提供许多思路，对于青少年的意志品质、人生追求都有较好的激励作用。

第四节　哥特文学的消极影响分析——以《哈利·波特》等为例

一、强烈的恐惧代入感

　　J·K·罗琳的"哈利·波特"系列作品具有鲜明而又独特的哥特式特征。小说中既有传统哥特小说必不可少的城堡、密室、森林等场景，鬼魂、怪物、复仇、阴谋、凶杀等内容，也没有离开"善恶冲突、道德探索"这样的主题，特别是第 4 部《哈利·波特与火焰杯》和第 5 部《哈利·波特与凤凰社》，气氛尤其阴暗诡秘，情节也更加曲折离奇，属于典型的哥特小说。同时，"哈利·波特"系列作品又展现出全新的风格和时代性，充满了奇妙的想象力和诙谐的幽默感，令读者耳目一新、不忍释卷，无怪乎会风靡全球，引起强劲的哈利·波特旋风。

（一）独特的场景

1. 古老神秘的城堡

《哈利·波特》故事的大部分场景都发生在世界上最好的魔法学校——霍格沃茨，经过了从国王十字车站九又四分之三月台开始的漫长旅程之后，霍格沃茨是这样第一次出现在一年级新生和读者面前的："狭窄的小路尽头突然展开了一片黑色的湖泊，湖对岸高高的山坡上耸立着一座巍峨的城堡，城堡上塔尖林立，一扇扇窗口在星空下闪烁。"

"一队小船即刻划破波平如镜的湖面向前驶去。大家都沉默无语，凝视着高入云天的巨大城堡。当他们临近城堡所在的悬崖时，那城堡仿佛耸立在他们头顶上空。……大家都低下头来，小船载着他们穿过覆盖山崖正面的常春藤帐幔，来到隐秘的开阔入口。他们沿着一条漆黑的隧道似乎来到了城堡下面，最后又攀上一片碎石和小鹅卵石的地面。"这座古老巨大的城堡是整个故事的背景和依托，除了位置的神秘难测，它的内部也布满玄机，曲折幽暗的楼梯、幽深的长廊、鬼魂出没的地下室等。小说的很多情节也发生在古老的城堡或者废墟里，《哈利·波特与火焰杯》中，开篇就描写了曾经是"方圆几英里之内最宽敞、最气派"如今却潮湿、荒凉，常年无人居住、破败不堪的里德尔府，以及在半个世纪前发生在这座老房子中的一件"离奇而可怕"的事，流传至今、真相不明："50年前，里德尔府还是管理有方、气派非凡的时候，在一个晴朗夏日的黎明，一个女仆走进客厅，发现里德尔一家三口都气绝身亡了。"而更加神秘莫测的是，死者没有任何受伤的迹象，三个人看上去都那么健康，只是死前脸上都带着一种惊恐的表情。这座充满阴森神秘气氛的古老城堡后来成为伏地魔潜伏的临时基地，不仅仅是故事发生的场景之一，对情节的发展也起了一定的作用。

传统哥特小说里的城堡往往阴森恐怖、破败荒凉，令人不寒而栗。但是，在罗琳笔下却有所不同，霍格沃茨虽然同样的古老神秘，鬼灵遍布，充满了种种的不可知，但也华丽富足，充满了温暖和友情。第一次走进学校餐厅的时候，所有的学生按照自己所在的学院围坐在四张长桌旁边，桌子上方的半空中飘荡着成千上万只闪亮的蜡烛，天鹅绒一般漆黑的屋顶上闪烁着点点星光（霍格沃茨的天花板被施了魔法，看上去和外面的天空一样，会显示出各种天气），桌子上则摆满了闪闪发光的金色盘子和高脚酒杯，以及各种各样从来没见过的丰盛美妙的食物。哈利觉得自己从来没有到过"如此神奇美妙、富丽堂皇的地方",这与他平时生活的"家"形成了鲜明的对比。佩妮姨妈和弗农姨夫的家给哈利的只有冷漠和鄙视,只有达力穿剩下的衣服和可怜的仅够糊口的食物。对哈利来说,毫无疑问霍格沃茨更有归属感,特别是在其中经历了一段岁月之后,经过了学习和进步、磨难和成长、友情和竞争,这里从生活到精神上,都更像一个温暖可靠的家。因此,当家养小精灵(为古老的巫师家庭操持家务和杂事的忠诚仆人)多比百般阻挠,想阻止哈利回到霍格沃茨的时候,哈利宁可冒着生命危险,也一定要回去,他说:"我必须回去——9月1号开学,这是我生活的希望。你不知道我在这里过的是什么日子,我不属于这儿。我属于你们的世界——属于霍格沃茨。"

2. 自然景物的渲染

《哈利·波特》也像传统的哥特小说一样,经常以自然景物来为其神秘色彩做铺垫。霍格沃茨的周围是一大片幽深神秘的禁林,学校的学生未得允许都不能私自靠近这片森林。禁林里面有各种神奇的动物和不可知的秘密,读者在每一部的故事中都会有所发现,最纯洁的独角兽、有预言能力的马人、隐藏在里面吸血的伏地魔……

城堡外时常是风雨交加、电闪雷鸣,天气十分恶劣。学生开学到校的时候,经常要冒着大风大雨,一个个淋得浑身湿透、哆哆嗦嗦,像刚从湖里游出来似的。哈利第一次知道自己的身份是在 11 岁的生日时,那天夜里有暴风雨,他和弗农姨夫一家乘着一只破旧的划艇在海面上漂荡,"冰冷的海水掀起的浪花夹着雨水顺着他们的脖子往下流淌,刺骨的寒风拍打着他们的面孔",几个小时之后才到了海中小岛上一个破旧的小屋。

"暴风雨从四面八方向他们袭来,滔滔翻滚的海浪拍打着小木屋的四壁,肆虐的狂风吹得几扇污秽不堪的窗户咔嗒咔嗒直响。"深夜肆无忌惮的暴风更是吹得小屋摇摇晃晃,让人无法入睡。在这样的时刻响起的震耳欲聋的敲门声以及破门而入、面貌凶狠的巨人,当然会令读者胆战心惊,而在这样的背景下揭晓的哈利神秘的身世和往事似乎增加了一层神秘诡异的气氛。

传统的哥特小说描写恶劣的天气一般也都是为了烘托阴森神秘的气氛,增加恐怖的效果,也常常起着推动情节发展的作用。而在《哈利·波特》中,除了渲染气氛,增加霍格沃茨的神秘感,作者还经常用来衬托城堡里面温暖明亮、幸福平和的生活。

3. 异国情调

《哈利·波特》故事发生的时间地点基本上是当代英国(麻瓜世界)和只有魔

法师才能看到的位置神秘的霍格沃茨魔法学校（魔法世界）。而后者带有浓厚的异国情调：人们穿着长袍和斗篷，戴着高高的巫师帽子，拿着魔杖，送信用猫头鹰，交通工具是扫帚和"飞路粉"，钟表的表面上没有数字，而是写着"煮茶""喂鸡""你要迟到了"之类的话，镜子会对着你大叫："把衬衫塞到裤腰里去，邋里邋遢！"虽然这种新奇感是建立在虚构的基础上，不是真实的"异国"，但仍然令读者感觉自己身处奇妙的世界。这个世界是如此完整、如此真实，与现实如此接近又截然不同，所有的细节都无懈可击。

霍格沃茨一共有 7 个年级，每个年级都有不同的课本和课程安排，15 岁开始要参加统一的普通巫师等级考试，要使用阿尼马格斯（掌握了以后，能够随意变形成各种动物）、幻影移形（就是从一个地方消失，一眨眼又在另一个地方出现）等高级咒语就必须先通过考试或者取得使用资格证。魔法界流通的货币有完整的兑换比率，一个金加隆等于 17 个银西可，两个银西可等于 29 个青铜纳特。这里最受欢迎的运动项目是魁地奇，其有着详细的比赛规则，每个国家都有自己的代表队和吉祥物，穿着不同颜色的队服；到了举世瞩目的世界杯，球迷们会从全球各地赶来为自己支持的球队加油，也会拿出钞票来赌球，比赛时球场周围甚至有"矢车菊牌飞天扫帚""神奇去污剂""风雅牌巫师服"等各种广告。"神奇动物管理控制司""国际魔法合作司""魔法体育运动司""古灵阁银行""圣芒戈魔法伤病医院"等职能部门各司其职，书店、商店、酒吧应有尽有。孩子们都喜欢收集零食里面附送的图片（这种图片里的人是会动的）、张贴自己喜欢的著名球星的海报（当然也是会动的）。这个世界甚至有贫富差距、有假钞、有朋友间的误会、有骂人的脏话……几乎和我们身处的现实一模一样，几乎按照现实社会的规则来运转，不同的是，这里随时都可能有奇迹发生。这是一个被陌生化了的世界，使读者好像乘坐飞天扫帚飞在现实世界的上空，用从来没有尝试过的崭新的眼光来重新看待和欣赏本以为无比熟悉而漠视的生活。

同时，从第 4 部《哈利·波特与火焰杯》开始，小说中出现了许多"外国人"。先是为了观看世界杯而从世界各地赶来的说着不同语言、穿着不同风格服装的球迷，然后出现了来参加三强争霸赛的欧洲 3 所最大的魔法学校的老师和学生：除了霍格沃茨，还有布斯巴顿和德姆斯特朗，语言、教学风格和衣着都各不相同。

这也是罗琳作品不同于传统哥特小说的一点，她用不可思议的想象力为读者建构了一个既不同于本国，也不同于现实中任何地方的神秘"异国"。

（二）离奇的情节

如果说神秘的霍格沃茨城堡、雨雪交加的恶劣天气和魔法世界浓厚的异国情调只是为《哈利·波特》渲染出独特的哥特式场景，那么从内容和情节上来看，罗琳的作品无疑也具有鲜明的哥特小说的特点。小说风格神秘离奇、悬念丛生，故事曲折跌宕、引人入胜，结果也常常出人意料。

1. 谋杀、复仇等内容，悬念与巧合的设计

如果把"哈利·波特"系列作品看作哈利的成长史，那么伴随他和朋友们成长不可缺少的是他们与黑巫师头子——伏地魔的不断斗争。小说情节的展开从一开始就是建立在这样的背景上的：伏地魔召集羽翼兴风作浪，在魔法界建立了他的黑暗统治，力图杀害所有具有麻瓜血统或者与自己作对的巫师，甚至仅仅为了取乐而残害无辜。作为伏地魔唯一害怕的巫师，邓布列多代表正义的力量从始至终坚持与恶势力斗争。哈利刚出生不久，伏地魔就残忍杀害了他的父母，并且想要杀死尚在襁褓中的哈利。也许是因为母亲的舍身保护（至今没有人能够确切知道这个原因），曾经被伏地魔用来杀死无数强大成年魔法师的"阿瓦达索命咒"，仅仅在哈利额头上留下了一道闪电形的疤痕，然后反射到伏地魔身上，使得这个 100 年来最强大的黑魔头功力尽失、生不如死，只能潜伏起来企图东山再起，并一直视哈利为不共戴天的死敌。

血腥屠杀、深仇大恨以及由此引起的密谋、复仇和战斗贯穿了这个系列作品的始终，可以说《哈利·波特》采用的是哥特小说自产生开始就具有的最典型的内容和情节设置。

而说起悬念的话，大概也是这个系列作品吸引读者的一个原因。虽然主人公都是十岁出头的孩子，而且小说大部分保持着诙谐奇幻的风格，但是罗琳对于情节的设计、结局的安排无疑是花了很多心思的。《哈利·波特与魔法石》中，霍格沃茨出现了暗中潜伏协助伏地魔的奸细，悬念迭起、疑云重重，最后才发现表面唯唯诺诺、胆小怕事的奇洛教授原来是甘心为伏地魔附身、窃取魔法石、杀死独角兽的凶手，而与哈利互相憎恨、屡遭怀疑的斯内普却一直在暗中帮助他们。在后面几部里，哈利逐渐了解了父母被朋友出卖然后被伏地魔杀死的真相。人人恨不得诛之而后快的杀人犯、叛徒"小天狼星"布莱克从阿兹卡班越狱逃跑，并一直追踪哈利，想要斩草除根。于是，哈利成了"世界上最安全的地方"——霍格沃茨的重点保护对象。然而，有人用暴力破坏了胖夫人的肖像画（霍格沃茨每个学院的入口都有一副肖像画作为看门人，经过者必须说出正确口令，才能开门入内），哈利的卧室被一个持刀的人在深夜闯入……种种迹象显示邪恶的布莱克已经神秘进入了霍格沃茨！随着情节发展，种种悬念最终真相大白，结果却出人意料。被作为叛徒和伏地魔的忠实信徒投入阿兹卡班的囚犯、哈利的教父——小天狼星布莱

克，竟然是被冤枉的！他千方百计越狱是为了追杀真正的出卖者，也是为了保护哈利，给他的父母、自己的好朋友报仇。而凶手竟然是人们认为早已死掉，并当作光荣的烈士授予勋章的小矮星彼得。

种种巧合和悬念使得这个故事像所有哥特小说一样，具有跌宕起伏、引人入胜的情节。

2.梦和预言

哥特小说经常利用对梦和预言的描写来增加作品神秘诡异的气氛，推动情节的发展。在《哈利·波特》中，这一特点体现得十分明显。首先，在魔法界中运用星象、手相、水晶球、算术等都能够对未来进行预言，学生也有专门的课程来学习占卜。哈利曾经多次遇到魔法界传说中预言着死亡的大黑狗"不祥"，然后的确遭遇了一系列危险；占卜课老师特里劳妮教授反复预言哈利将要不幸死掉，而且还突然通灵，以半睡眠的状态预言了黑魔头将在仆人的帮助下于午夜重新崛起，醒来后就完全不记得自己说过的话。

特别是《哈利·波特与火焰杯》中，哈利在梦中反复见到伏地魔和他的走狗，在昏暗的房间里密谋要杀死自己，壁炉前的地毯上还卧着一条巨大的蛇。梦中的一切都是那么逼真，醒来的时候脑门上的伤疤还在火辣辣地疼。究竟这样的梦和他伤疤的疼痛有什么样的预兆？这个梦第一次出现后的第三天，在魁地奇世界杯赛场上就出现了黑魔标记，这是伏地魔东山再起的符号；第二次出现后不久，伏地魔就得到起死回生所需要的一切药引，终于获得肉身，重新召集了食死徒。这些奇怪可怕的梦加上特里劳妮教授对哈利死亡的预言给小说蒙上了一层神秘阴森的气氛。为什么哈利能够在梦中看到伏地魔真实的活动？这个悬念成为小说展开情节的重要线索，一直到《哈利·波特与凤凰社》中才得到解答。

3.现实与超现实结合

"哈利·波特"整个系列都采用了双线交叉结构，建立在现实的麻瓜世界与超现实的魔法世界互相结合、交替出现的基础上。如果说以前的哥特小说中不管所有离奇的事情最后是不是得到了合理的解释，鬼魂、魔法、巫师等超现实始终作为非同寻常的现象少量出现，而且人们采取的态度始终是恐惧躲避和将信将疑的。而在《哈利·波特》中，整个超现实世界的存在不仅不是可疑的，而且是小说的主体部分。鬼魂、魔法、巫师被从边缘和角落提到了舞台的中心，种种离奇的现象在这个世界中理所当然、天经地义，反而是人类习惯了的世界变成了不可思议的事。例如，韦斯莱夫人给哈利用麻瓜方式寄信的时候，"信封上到处都贴满了邮票，只在正面留下了一小块一寸见方的地方，用极小的字把德思礼家的地址密密麻麻地填写了上去"，并且请求他们用"正常方式"（指猫头鹰邮递）来寄送答复。罗恩给哈利打电话的时候，则好像是对足球场另一端的人说话一样大声叫喊。特别是在"禁止滥用麻瓜物品司"工作的韦斯莱先生，对火柴、汽车、大头锤子等人类使用的一切物品都感到极度新奇，他甚至还收集电源插头。在他们看来，没有魔法的世界是如此不可思议的，而骑着扫帚飞行、"荧光闪烁"（在魔杖顶上点燃荧光照明）、"飞来飞去"（飞来咒，能使想拿到的物品飞到手中）等各种咒语，以及变形术、会动的照片、会咬人的书等匪夷所思的东西却变成了"正常"。这种视角的逆转使读者产生了一种全新的感受，达到了陌生化的效果。

（三）主题和人物

《哈利·波特》在主题上并没有离开传统哥特小说一贯的主题：善恶冲突，道德探索。小说描写了哈利在霍格沃茨的不断成长，对自身价值和人生意义的不断探索，同时揭示了魔法界善与恶的永恒斗争，宣扬了真善美和不向邪恶妥协的正义感。

小说中善恶两派的对立十分明显：以霍格沃茨校长邓布列多为首的正义巫师和100年来最强大的黑巫师伏地魔及食死徒。后者憎恨麻瓜和具有麻瓜血统的巫师，企图进行种族清洗，在魔法界重新建立自己的黑暗统治；邓布列多则作为正义和智慧的代表领导着善良的人们毫不畏惧地与之斗争，以维护世界的和平和安宁。两种力量此消彼长的对抗贯穿了作品的始终，哈利也在这个过程中从一个11岁的无知少年成长为优秀的魔法师。在每一部小说结束的时候，恶势力的阴谋虽然遭到了挫败，但是并没有完全被消灭，邓布列多也总是反复提醒人们：幻想伏地魔就此消失永不再来是天真的，有善就有恶，这种斗争永远也不会停止。这个系列的小说具有很强的娱乐性，但是并不缺少暗含的价值判断。霍格沃茨的四个学院各有自己所注重的道德标准：属于格兰芬多的人勇敢豪爽，具有出类拔萃的胆识和气魄；赫奇帕奇正直忠实坚忍，不畏惧艰辛的劳动；拉文克劳的学生大多拥有聪慧的头脑，睿智博学；斯莱特林则培育了最多黑巫师，这个学院的人精明狡诈，具有不可忽视的野心。新生入学的时候都要举行传统的分院仪式，他们轮流戴上一顶古老智慧的分院帽，由它来分析每个学生最突出的品质，决定他们应该进入哪个学院。哈利入学的时候，分院帽犹豫着应该把他分入哪个学院，它认为注重野心的斯莱特林将会帮助哈利成就一番事业，但这个是黑巫师出现最多的学院，哈利自己则坚决地选择了注重勇敢的格兰芬多，这一选择所体现的价值倾向十分明显。书中所提倡的勇敢、忠诚、友情、信任等各种美德至今仍然被社会所重视。

同时，浮士德与魔鬼的灵魂交易在作品中也有间接运用。例如，在《哈利·波特与火焰杯》中，虫尾巴彼得切断自己的右手来帮助伏地魔获得新的肉体，以表达自己的忠心、获取主子的信任，而伏地魔则给他一只银色强大的魔法手作为赏赐；伏地魔的信徒投奔他，不惜为非作歹、杀害无辜，以获得自己想要的魔法或者权力。这些其实也是用灵魂来与魔鬼交换，是传统哥特小说中经常出现的母题。

不过，《哈利·波特》中并没有依照传统塑造纯粹完美或者善恶两面的主人公，而是很有创意地将善恶两面切开，以两个既敌对又有千丝万缕联系的角色来表现，那就是哈利和伏地魔。他们两个虽然是不共戴天的死敌，但同时具有很多的相似性，我们可以把这一对角色看作每个人身上同时具备的善恶两面。伏地魔原名汤姆·里德尔，50年前是斯莱特林学院的学生，一个聪明英俊的男级长，就连邓布列多也说他当时是霍格沃茨有史以来最出色的学生。哈利和他一样，都是巫师和麻瓜的混血儿，都在少年时候成为孤儿由麻瓜抚养成人，具有罕见的天赋和坚强的意志，他们都天生掌握着罕见的蛇佬腔（即懂得蛇的语言，能够和蛇谈话交流，这在魔法界被看作不祥的邪恶能力），都在某种程度上蔑视各种规则和限制。哈利在自己11岁生日那天在最大的奥利凡德魔杖店里几乎试遍了店铺里所有的产品，才找到了一根适合自己的魔杖——冬青木制成，11英寸长，杖芯含有一根凤凰的尾羽，而且与伏地魔魔杖中的凤凰羽毛是从同一只鸟身上取下来的。在魔法界，魔杖是魔法师最重要的东西，每个魔法师与适合自己使用的那根魔杖相遇时都会有特殊的感应。"如果一根魔杖遇到了它的兄弟，它们不会正常地攻击对方。不过，如果魔杖的主人硬要两根魔杖争斗……就会出现一种十分罕见的现象。一根魔杖会强迫另一根重复它施过的魔咒——以倒叙的方式"。正是这种联系使哈利在与伏地魔的生死搏斗中得到了被伏地魔杀害的亡灵的帮助，死里逃生，得以生还。更为重要的是，当年伏地魔杀害襁褓中的哈利失败时，他的毒咒在哈利的额头留下了一道闪电形疤痕，也就是此时在哈利体内植入了一些邪恶的力量（或许因此，分院帽才犹豫着是否应该把哈利分入出现黑巫师最多的斯莱特林学院），而伏地魔在复活的时候使用了哈利的血液，也因此拥有了哈利母亲爱的咒语的保护。这些都使得二人具备了更加紧密的联系，在《哈利·波特与凤凰社》中，他们可以彼此进入甚至影响对方的意志和思想。

哈利和伏地魔最大的区别在于他自己的选择，就像分院仪式上那样，哈利并不愿意进入能够帮助自己成就一番大事却培养了最多邪恶黑巫师的斯莱特林学院，而是坚决地选择了格兰芬多，立志做一个勇敢正直的人。从某种角度上来看，伏地魔是哈利的另一个"自我"，哈利与伏地魔斗争也是与另一个"自我"的斗争，就如同我们每一个人都在不停地进行道德和价值的探索。

　　由此可以看出，尽管表面上看来《哈利·波特》的风格与传统的哥特小说并不相同，但无论是故事发生的场景、情节的设置，还是主题和人物的塑造，都与哥特传统有着千丝万缕的联系，具有十分明显的哥特式特点，也有独特的创新，体现出新颖的时代感。

　　移情说作为一种美学上对文艺欣赏产生机制和规律的解释，与代入感的产生机制是相通的。建立和发展完善移情说的很多大师既是美学家也是早期的心理学家，他们不仅从美学的角度阐释人类欣赏艺术品的原理，而且试图探究欣赏过程中的思维过程和情感过程，甚至尝试用认知神经学的观点了解这一过程。可以说，移情说本身就是美学／心理学的一种假说。

　　有生命的物体包括所有艺术品，也包括小说。从这一角度来说，哥特小说阅读过程中的强烈代入现象属于移情现象的一种，代入感也就属于移情过程中产生的诸多心理过程中的一种。

　　移情现象在东西方很早就被人们发现并重视，只是在19世纪前还没有特定的名词。中国古典诗词中大量使用的比兴手法就非常巧妙地将人物情绪和内心微妙活动融入原本不能说不能动的物体中；而在西方，亚里士多德早就指出描写事物应该"如在眼前"，并且盛赞荷马可以将无生命的物体描写成活的一样。这里可以看出，所谓移情其实有两种类型：对雕塑、美好景色等的移情较为单纯，而对语言文学作品的移情则包含对书整体的一种精神灌注以及对书中所描写的不同对象的个别移情。两者都与读者的生活经历有关，都需要读者积极主动地调动经验参与欣赏过程。

　　有相当大的一部分哥特小说的作者总是希望自己的小说是"畅销小说"，在当代的西方小说理论研究中同样在反思和质疑通俗小说是不是真的像所谓主流文学所批判的那样价值乏善可陈。苏珊娜·基恩在《移情与小说》（Empathy and the Novel）中质疑了主流小说比通俗小说对群众的道德提高有更好影响的观点，并且认为在小说阅读中的移情能力、能够感受他人的能力不仅不是虚假的，而且是人性宝贵的一部分。

　　哥特小说作家常常使用一种将环境和物体拟人化的手法来影响人的情绪，使读者能够深切体会当时的社会风气和氛围，如英国作家哈代运用"地理描写"来烘托人物的内心，这种描写一方面似乎是在叙述客观的事物，甚至带有科学的笔调，也为读者的共鸣提供有力的基础，继而跨越年代、种族、性别或者其他个体差异，能够唤起最广泛读者的情绪体验。

　　总之，西方通俗小说对人物内心情感起伏的描写是丰富和多样的，相关的研究更加细化和具体化，其心理学方面对情感的区分更是可以为本文对代入情感的分类提供一定的借鉴作用。但是，由于前文已经提到的原因，西方通俗小说的铺垫和细节描写对于大多数中国读者显得过于冗长，同中国网络小说相比结构也有着巨大的区别。国外通俗小说一般是通过出版发行的渠道进行销售，代入过程要缓慢曲折得多，因而在情节方面可以借鉴的相关研究比较有限。

小说的强烈代入感从本质上讲是一种成功，但是鉴于哥特小说题材、内容及风格的特殊性，决定了哥特小说必然会给少年儿童带来较多消极影响。哥特小说充斥凶杀、奸淫、恐怖与离奇想象等取悦于普通读者的不"得体"内容，尤其男作家描写往往比较直接，甚至无所顾忌，如刘易斯、沃波尔和马楚林，其中尤以刘易斯最为著名。作者以近乎白描的方式，详细叙述了玛蒂尔德勾引安布若西奥以及两人淫乱于寺院，安布若西奥猥亵、绑架并在地下室强奸和杀害安东尼娅，以及玛蒂尔德通过魔鬼获得超自然能力的全过程。在主线之外的小故事里，小说还有不少类似描写，如"滴血修女"比阿特丽丝与奥托兄弟间的奸杀事件等。然而，如是描写的本意无非制造刺激感，迎合低级趣味，吸引读者眼球，并且这种招数在18世纪的文学市场司空见惯，而作者却因此招致主流文坛猛烈抨击，其烈度出人意料。柯勒律治称：一部传奇唯一值得称道之处在于人们在阅读之中能够获得一些快乐，而《修道士》这样一部分传奇只会"贻祸儿童，毒害青年，挑逗放荡者"。

纵然上述评论的确有小题大做之嫌，但是哥特小说强烈的代入感必然在某种程度上对于少年儿童的道德观念、审美意识产生不可逆转的影响。另外，这种场景描写不仅过早地激起了青少年在正常情况下处于潜伏状态的性意识，而且还过早地激活了少年的性冲动和性欲求。

不排除有一些少年读者的自我判断能力、自我控制能力较好，可以抵制这种意识形态上的诱惑，但是如若自控能力较差必然会受到精神上、心理上的创伤，甚至有出格的行为发生。

二、焦虑、噩梦的形成

通俗文化以商业利益为首要目标，迎合低俗的欣赏趣味，将一种咀嚼过的文化喂饲给受众，因此难以提高欣赏力或思想水平，反而鼓励被动吸收——通俗文化甚至会降低受众的判断力和思想水平，任由主导阶级愚弄。上面提到哥特小说具有强烈的代入感，哥特小说的怪诞与恐怖性艺术特征元素必然会激发少年儿童心理敏感期的各种想象力，这种强烈的代入感必然会在少年儿童的脑海里久久回荡，各种恐怖的场景环境、鬼怪精灵、生死往复必然会导致少年儿童噩梦的产生，进而导致生理、心理恐惧感的产生。

例如，拉德克利夫是制造想象与悬念的大师。凡是阅读过《尤多尔佛之谜》或《意大利人》的人都会折服于作者制造恐怖气氛、操纵读者情绪的能力。在这里，恐怖与悬念其实是吸引读者的噱头。在《尤多尔佛之谜》一书开首作者即施展悬念之魔力。一日，圣奥贝尔与妻子用完晚餐后心潮涌动，吩咐女儿爱弥丽去水边小屋取他的笛子，欲以一曲抒怀。爱弥丽走近小屋时，里面却传来悠扬的笛声，令其不禁驻足聆听。但当她时走时停靠近小屋时，发现笛子横躺于桌上，屋内空无一人，笛子已被人动过，因为原先在窗台上。此前一天，爱弥丽发现有人在壁脚留下情诗一首，而今天此诗又多了几行。此诗出于何人之手，写给何人？爱弥丽正深感疑惑，门外突然传来脚步声。故事的气氛顿时紧张起来。然而，这一"恐怖"事件并无后续发展，怪象后面可能存在的鬼怪或歹徒终未露面，连怪象本身也未再现，主人公在经历这一短暂插曲后复归往常波澜不惊的生活。纵观整篇小说的情节发展，这一事件也未影响故事的走向，乍看令人不解。其实，此事乃小说中无数"恐怖"事件之始，在故事之首为整部小说定下基调，起到诱发女主人公发挥想象的作用，也使读者对情节的离奇发展充满期待。其后不久，圣奥贝尔父女出游，期间父亲病逝于途，爱弥丽心怀忧伤回到家中。一日，女主人公来到家庭图书馆，见到父亲生前用过的物品，睹物思人，黯然神伤。

她此时正凝神冥想，看到门轻轻开启，房间远处传来的窸窣声令她吃了一惊，在昏暗的光线中她似乎看到有什么东西在动。在此时的心情下，她能感知的任何事物都会调动她的想象力，加上她正思考着的事，都使她以为那是什么超自然的东西，顿时不寒而栗。她静坐片刻，一时丧失的思维能力恢复后，她对自己说："我有什么好怕的？我们所爱之人的灵魂要是回到我们身边，应该出于善意。"

接着又是一片沉寂，这也让她对于刚才的惊恐羞愧不已。她相信是想象让她产生了错觉，要不就是听到了老房子里时有的莫名之声。但是，这个声音再次响起，并且她感觉有样东西向她移动，紧接着钻进她坐着的椅子中。她失声尖叫，不过很快恢复了神志，因为她看到坐在身边的是芒兄，此时它正充满热情地舔舐着她的手。

爱弥丽（与读者）为这种幻觉而虚惊一场。表面上看，这一小插曲对于故事发展同样无足轻重，但其实并非虚招。此事通过女主人公的幻觉将亡父想象（父亲的权威）与恐惧联系在一起，为后面将要发生的重要事件做出铺垫。翌日晨，爱弥丽遵照父嘱准备焚毁圣奥贝尔留下的一些稿件。在瞥见那些"可怕"的字句前，她再次在"可怕"的想象中见到亡父，倒于椅中，不省人事。对于爱弥丽而言，父亲是慈蔼的，但也总与恐惧形影相随，似乎她此时已经预感到父亲的稿件中包含着恐怖的秘密。

其实，爱弥丽的那些"可怕"想象本身就隐含对父亲威权的挑战。父女出游前，爱弥丽偶然瞥见父亲专心阅读上述稿件，期间父亲情绪剧烈起伏，时而失声抽泣，时而神情严肃。后圣奥贝尔从稿件中取出一张肖像，上面画有一年轻女子，但并非爱弥丽之母。圣奥贝尔先将肖像放在唇上亲吻，后贴于胸前，长叹不止。见此情形，女主人公（当然还有读者）心生疑窦：画像中的年轻女子为谁，圣奥贝尔为何对其表现出如此深厚的感情，她与圣奥贝尔是何关系，稿件中隐藏着何种秘密？这一情节生出一连串悬念，爱弥丽甚至对自己的身世心存怀疑。带着疑问她踏上出游旅程，不幸圣奥贝尔病死于途中。父亲死前要求爱弥丽回家后焚烧前述稿件，并再三叮嘱女儿切勿阅读。圣奥贝尔对此嘱托未做解释，只说事关重大，要求女儿郑重承诺。父亲语气之坚决，恳求之迫切，令爱弥丽暗自惊诧。返乡后，爱弥丽遵照父嘱焚烧稿件，但不慎瞥见其中字句，而正是这些字句引起她无比恐惧与好奇。小说当时并未交代爱弥丽所见字句究竟为何，这种欲言又止式的写法对圣奥贝尔生前的生活及女主人公的身世提出了更多疑问，制造了更多悬念。罗伯特·麦尔斯认为，爱弥丽的这些幻想是潜伏于理性思维之下的怀疑，是对父亲及父权制度的指责，甚至是叛逆。在《尤多尔佛之谜》里，恐怖气氛与奇思幻想并非取悦于普通读者的噱头，这些成分还能帮助作者道出女主人公感知到但不便直接表达的想法。从整部小说看，这些"恐怖"情节几乎替代了人物刻画。众所周知，哥特小说是一种缺少内心描写的文学体裁，作者很少对人物的内心世界做全知式叙述，大多通过对话或人物对于环境的反应勾勒其性格特征。在拉德克利夫的哥特小说里，女主人公的想法与感受往往由她想象出的超自然现象表达出来。爱弥丽在居留尤多尔佛城堡期间，她的想象及由此产生的恐怖气氛成为她对抗反面父权人物莽托尼的实用武器。《尤多尔佛之谜》中最为骇人的恐怖之物是城堡内一块黑色帘布遮挡的那个神秘物体。小说首次提及黑帘布后的"可怕物体"是在爱弥丽一行人到达尤多尔佛城堡不久，爱弥丽从女仆阿耐特处零碎了解到有关城堡和莽托尼的一些传言，如城堡前主人十几年前神秘失踪，莽托尼与前主人关系暧昧，城堡及周围经常发生种种怪象。这些传言似乎与此前发生的离奇事件存在某种联系或巧合，使莽托尼的形象显得神秘而恐怖。一日，阿耐特提起城堡某室藏有"可怕物体"，还亲领主人前去观看。爱弥丽令其揭开帘布，阿耐特听罢骇然，称帘后之物可怕至极，且与城堡主人的更替大有干系，及追问之，仆女又闪烁其词。以阿耐特提供的信息推测，尤多尔佛城堡曾发生过罪恶事件，而莽托尼显然是这段黑暗历史的最大嫌疑人。从莽托尼的凶狠个性以及对于财富的贪婪程度看，莽托尼当年极有可能谋害了尤多尔佛的女主人，将城堡据为己有。爱弥丽思忖多日，难抑好奇，独自来到黑帘之屋，亲手将帘布揭开。在目睹帘布所遮之物后，她当即昏厥。然而这一可怕之物究竟为何，小说当时并未交代，还将悬念保持至故事末尾。爱弥丽的异常反应似乎证实了作者始终暗示但从未点破的可能性，即莽托尼的罪恶历史。

围绕黑色帘布而生的恐怖悬念为女主人公创造了一个特殊的想象空间。在这里，莽托尼的历史和动机成为她怀疑和审视的对象，而有关莽托尼的一系列疑点，连同古堡中时而发生的恐怖事件，又为爱弥丽（及读者）认识、判断和预测莽托尼的行为构建了基础。莽托尼每有行动，女主人公都认为他怀有不良企图，而这种推测又会在女主人公脑际产生更多的恐怖气氛与悬念。

恐怖是依靠想象力张扬的，作品的恐怖度和作品所提供的可想象空间的大小有密切的关系。可想象空间越大，可能产生的恐怖程度就越高；可想象空间越小，可能产生的恐怖程度就越低。哥特小说类似的恐怖氛围及悬念的塑造无疑对儿童的恐惧感生成、焦虑的产生有着不可预估的影响，在某种程度上不利于青少年的自我成长，容易造成少年儿童胆小怕事、心理障碍、依附心理、说谎、不自信等畸形性格的发展。

第五节　哥特文学对少年儿童性格影响分析的回顾与展望

一、研究述略

（一）研究意义

本书从少年儿童性格养成的角度出发，对哥特文学读物的教育功能做了分析和评论，并对哥特文学读物如何进一步发挥其性格教育功能提出了自己的观点。如何解决哥特文学读物存在的问题，为少年儿童性格养成提供有益的支持，对少年儿童的思想道德教育和思想政治教育研究本身都具有一定的现实意义和理论意义。

首先，本书的研究有利于引起社会各界对少儿读物及其教育功能的关注。近年来，少儿读物出现了过度娱乐化倾向，一些出版社为了获取利益而出版一些过于娱乐的少儿图书，对少年儿童产生了很多负面影响。整个社会对少儿读物的教育功能不够重视，本书对哥特文学读物存在的问题及对少年儿童性格养成的影响进行了多视角的调查和探讨，有利于引起学校、家长、社会等方方面面对少儿读物及其教育功能的关注，从而为少儿读者提供更精美的精神食粮，为提升其性格素养奠定基础。

其次，本书的研究有利于少年儿童素质教育的实施。素质教育是一种以提高受教育者诸方面素质为目标的教育模式，它重视人的思想道德素质、能力培养、个性发展、身体健康和心理健康教育，素质教育所重视的内容正是良好性格的表现。本书分析了哥特文学读物的性格教育功能，提出用哥特文学读物塑造少年儿童的良好性格，为素质教育的实施提供了有利条件。

最后，本书的研究有利于增强未成年人思想道德建设的实效性。性格养成教育是未成年人思想道德教育的重要内容，本书从哥特文学读物入手进行研究，论述了哥特文学对少年儿童性格养成的影响，并提出了相应建议，增强了实施方法的可行性，这些都有利于增强未成年人思想道德建设的实效性。

（二）研究现状

少儿读物对少年儿童有巨大的影响力和教育作用。笔者通过查阅资料和总结，对哥特文学读物教育功能的研究相对较多，顺化认知功能、内化助长功能、美化娱悦功能、优化设计功能和信息传播功能。现有的这些研究成果从传媒的角度对少儿读物的影响分析较多而且比较深入，从少年儿童思想政治教育特别是性格养成的角度谈哥特文学读物影响的比较少。但是，前人所做的工作为我们探讨哥特读物对少年儿童性格养成奠定了良好的基础，为我们的研究提供了许多可供借鉴的方法。正是这些研究成果，使笔者对少儿读物与少年儿童性格养成有了初步的了解，并对这一问题产生了浓厚的兴趣。哥特文学与少年儿童性格养成的研究较为薄弱的现状及其重要意义更使笔者决心做好这方面的研究工作。

（三）研究方法

系统性、综合性地研究哥特文学与少年儿童性格养成的关系问题，仅在思想政治教育的范畴内努力，恐怕是远远不够的。为此，本书借鉴儿童文学的研究成果，将少年儿童思想道德教育与文化素质教育相联系，结合教育学、文学、文艺学、心理学等内容，采用理论与社会实际相结合的研究方法，进行多学科综合分析，力图从更深层次的意义上分析哥特文学在少年儿童性格养成中扮演的重要角色与功能。

（四）创新之处

本书通过对哥特文学与少年儿童性格养成进行系统性、综合性的研究，弥补了这一领域研究的不足，从而有助于人们更好地认识哥特文学对少年儿童性格养成的重要作用。借鉴儿童文学的研究成果，探讨了少儿读物对少年儿童性格养成的重要功能，剖析了当前哥特文学读物存在的问题，并对这些问题进行了系统地总结和梳理，提出了通过哥特文学读物塑造少年儿童良好性格的对策与建议。

二、哥特文学与少年儿童的性格养成

哥特文学读物及其教育功能有以下几种。

（一）教育功能

随着少儿读物市场的繁荣发展，哥特文学读物种类繁多，在很大程度上满足了少年儿童的阅读需求。但是，在众多读物中也不乏鱼目混珠者，因此我们一定要为孩子们选择一些适合他们阅读的好书。德国伟大诗人歌德说过，"读一本好书就是和许多高尚的人谈话"。可见，阅读少儿读物能使少年儿童修身养性，不断提高性格素养，对他们有着巨大的教育功能。

（二）引导功能

著名作家高尔基曾说过，"书籍是人类进步的阶梯"。哥特文学读物作为少年儿童的书籍，承担着为少年儿童提供精神食粮的职责，它们不但贴近少年儿童的生活，而且内容丰富、形式多样，深受广大少年儿童的喜欢。少年儿童正处于身心的生长发展期，知识水平和认识水平都比较有限，如果单纯说教他们是不会接受的，但如果用他们感兴趣的语言和故事来表达，效果就会很明显了。哥特文学读物正是根据少年儿童身心发展规律和认知水平而进行创作的，每个年龄段的少年儿童都有适合自己的书，对少年儿童身心的健康成长起着积极的引导作用。少儿读物的编写符合少儿的认知规律，因此也总是遵循"由抽象至具体再到抽象"的规律。也就是说，一个抽象的东西通过简单的演绎，就把它变成了具体的事实，这样少年儿童理解起来就更加容易，并能够把这个抽象的概念记在心里。由此可见，哥特文学读物可以成为少年儿童了解自己、感悟人生、认识社会的重要工具，也是他们获取知识、开发智力、培养品德、提高审美的重要途径。

（三）鼓励功能

处于少年儿童时期的孩子，心智还未成熟，在遇到困难或挫折的时候，不知道该怎么办，很容易气馁、沮丧。如果经常有好榜样在他们面前，就会使其得到启发和鼓励，当再次面对挫折的时候就不会轻易灰心丧气，而哥特文学读物正好提供了一种树立榜样的渠道。哥特文学读物是少年儿童接触比较多的书籍，其中的故事为他们树立了一些好榜样，如《哈利·波特》，这些故事能使他们从榜样身上看到些许自己的影子，并能从中受到启发和鼓励，悟出道理，了解什么是真善美，什么是假丑恶，什么该做，什么不该做，为少儿读者提供了大量的学习榜样。这些榜样都与他们的年龄相仿，更能让他们产生共鸣，便于更好地学习，起到很好的鼓励作用。

可见，哥特文学读物对少年儿童的鼓励作用是非常大的，我们应该更好地利用这些书籍来鼓励他们做一个有教养、有品质的人。

（四）内化功能

瑞士心理学家皮亚杰认为，知识是从主体与客体之间的相互作用中发生的。人具有主观能动性，在与客观世界接触的过程中，作为主体的人会把自己积累的经验和能力在头脑中形成一个相对稳定的认知结构，即内化。简单地说，内化就是把客观的东西接纳、吸收、合并成自身的一部分。对于少年儿童来说，由于身心各方面还没成熟，而接受能力又强，正是把知识和各种正确的观念内化到他们头脑中的大好时机。少儿读物正是内化的主要途径，少年儿童在阅读自己喜爱的书籍的过程中，会很自然地模仿书中主人公的行为，并逐渐把主人公的思想和行为内化为自己的，在现实生活中去实行。例如，看到书中的主人公每天按时睡觉、吃饭从不挑食、对人有礼貌等行为也会去模仿，时间一长就变成了自己的行为习惯，即少年儿童在与读物接触的过程中，会把主人公的行为内化成自己的一部分。其实，这种内化不仅包括行为习惯，还有思想品德、审美观、劳动观等各个方面。

可以说，哥特文学读物是一所特殊的学校，它一直关注少年儿童的成长并将知识、观念、经验等内化于他们的头脑之中，从而使少年儿童的知识水平和思想水平与社会发展保持同步并不断获得提高，以帮助他们健康成长。因此，我们一定要重视内化功能，并不断地完善它，妥善地利用它，更好地发挥其在教育方面的作用。

三、少年儿童的性格养成及其重要意义

（一）性格的形成因素

一个人的性格具有稳定性，性格一旦形成在某一特定阶段就不容易改变。但是，性格也并不是不可改变的，由于性格是在个体生活历程中形成的，自然会受到各方面的影响，随着年龄的增长、实践活动的发展与知识经验的积累，特别是社会历史条件的改变与个人生活道路上的重大事件的发生，都可使已形成的性格得以发展或发生明显的变化，这就是性格的可塑性。正是这一特点，才使我们开展性格教育和进行性格塑造成为可能。影响性格形成的因素很多，主要包括以下两个大的方面。

一方面是遗传因素。个体的遗传生物基础与性格的形成密不可分。遗传因素对性格的作用程度随性格特质的不同而异。通常在身体外貌、智力、气质这些与生物因素相关较大的特质上，遗传因素对性格的形成作用比较重要。

另一方面是环境因素。个体生存的环境是性格形成离不开的因素。后天环境因素对性格的影响比遗传因素要大得多，甚至可以说至关重要。有些环境因素影

响着所有个体，有些则影响着特定的个体或某些个体。一个人从出生到成长都处于各种各样的环境之中，其性格的形成也会受到各种环境的影响，一出生便会受到家庭环境的影响，入学之后要受到学校环境的影响，毕业走向社会了还有社会环境的影响。若总是能受到良好环境的熏陶和感染，即使一个先天条件很差的人也能养成健康完美的性格。

另外，还有早期童年经验、自然地理因素等方面的影响。总之，性格的形成是由多种因素交互作用的结果，但受环境因素的影响较大。

（二）少年儿童的性格

少年儿童的性格与成年人有所不同，有自己的特点。首先，少年儿童的性格具有不稳定性。他们正处于性格的形成过程当中，极易受到各种环境的影响而发生改变。而成年人的性格是稳定性的，这种稳定的性格是在出生后通过教育、参加社会实践并受到环境的影响而逐渐形成的，而且一旦形成就不容易改变。因此，我们应该在少年儿童形成稳定的性格之前不断加强性格教育，以利于他们养成良好的稳定的性格。其次，少年儿童的性格具有极强的可塑性。正因为少年儿童的性格很不稳定，所以其可塑性也比成年人要强得多，对他们施加什么样的影响，他们就会形成什么样的性格。由此可见，要使少年儿童养成良好的性格，就要及时对他们进行性格教育，并不断改善周围的环境以加强其对性格养成的陶冶作用，这还需全社会的共同努力。

（三）少年儿童性格养成的重要意义

1.少年儿童健康成长的基础

《世界卫生组织宪章》曾指出，健康不仅是没有疾病和病态，而且是一种个体在身体上、精神上、社会适应性上健全良好的状态。可见，少年儿童的健康不仅包括身体健康，还包括除身体以外的一些因素，尤其是精神上的健康和较强的社会适应能力。因此，要想少年儿童健康成长不能只关注他们的身体健康，还要关注精神上、心理上的健康及社会适应能力，而良好的精神状态和社会适应能力正是健康性格的表现。

首先，性格与人的身心健康和精神疾病有密切的关系。健康的性格能够正确地认识自我和外部环境，具有积极向上的性格是不会产生心理和精神上的疾病的。我们一般认为少年儿童年纪小，不会有心理疾病，其实则不然，少儿也是会得心理或精神上的疾病的。另外，在众多少年儿童当中，有相当一部分有说谎、不爱上学、自闭、多动等情况发生，这也是一些轻微的心理问题，若不及时关注就会发展成真正的心理疾病。若要解决这些问题就要关注少年儿童的性格培养，让他们从小开始养成良好的习惯，慢慢形成健康的性格。

其次，健康的性格必定有良好的社会适应能力。人处于社会之中，就一定得努力去适应它。而性格实际上是个体的人与社会互动的产物，是人在社会生活实践过程中对自我心理反思的结果。因此，健康的性格与良好的社会适应能力是一致的。现代社会竞争已经非常激烈，对人社会适应能力的要求比以往高得多，但是随着经济全球化的加强，在未来的世界里会有更加激烈的竞争等着我们，对人的拼搏精神和竞争意识也会提出更高的要求。为了适应未来世界的竞争，一个人不但要有自立、自强的竞争能力，以及能经受挫折的耐力，还要有与他人合作的意识。因此，从小培养少年儿童的性格，以使他们适应未来社会，是非常必要的。

由此可见，少年儿童的健康成长需要把性格养成同身体健康放在同等重要的位置。

2.思想政治教育的重要内容

伟大的教育学家夸美纽斯说过，"人不是善良的，是变善良的"，"事实上只有受过一种合适的教育，人才能成为一个人"。所以，教育对一个人思想和行为的影响是十分巨大的。因此，要建设社会主义精神文明，思想政治教育是必不可少的。事实上，思想政治教育不仅是我国伟大革命胜利的法宝，也是精神文明建设的重要内容和解决社会矛盾的有力武器，为我国社会的安定和繁荣做出了不少贡献。但是自改革开放以来，我国人民的思想就不断受到各种外来思想的冲击，特别是现在处于这样一个社会转型期，思想政治工作在某些方面还是显得比较苍白。要改变这一状况，更好地发挥思想政治教育的作用，我们就必须重视公民特别是青少年的性格养成。因为"思想政治教育是一项实践活动，它以人为作用对象。其目的在于帮助人们形成符合社会要求的思想政治品德，主要帮助人们解决'做什么''怎么做'的问题"。既然思想政治教育是以人为作用对象的，就不得不考虑到人的因素，人是有主观能动性的，人的意识作为一种无形的力量，总是在不停地告诉自己，应该做什么、怎么做。一个人如果能把自己的思想和行动做到符合社会的要求，知道该做什么、怎么做，那他必定具有健全的性格。性格是做人的根本，影响着社会生活中人生的价值取向，也影响着社会个体的价值认同。健全性格有良好的品质、境界和道德水准，思想政治工作者不用再费时费力地对他们进行教育。而有性格缺陷的人是不会符合社会规范的要求的，他们大都不愿接受教育，也会对思想政治教育工作产生不利影响。但是，健全的性格不会自发形成，必须经过自身的努力和良好的教育才能实现。这种努力和教育要从小抓起才能取得最显著的效果，因此应该把少年儿童的性格养成当成思想政治教育的一项重要内容来抓。只有这样，思想政治教育才能真正收到成效，结出硕果。

四、哥特文学与少年儿童性格养成的关系

苏联教育学家克鲁普斯卡娅说："儿童的年龄是领悟一切印象特别敏锐的年龄，在儿童时代所读的书，几乎是一生不忘，而且影响儿童继续发展，儿童从所读的书里获得一定的世界观，书能养成他们一定的操行标准。"其中的世界观、操行标准等指的就是性格的一些标准。也就是说，哥特文学读物在少年儿童人格养成的过程中有不可忽视的作用，二者的关系极为密切。

（一）哥特文学读物是促使少年儿童养成良好性格的一个重要载体

如前所述，性格的形成与发展离不开先天遗传与后天环境的关系与作用，是在遗传与环境等多种因素的交互作用下逐渐形成并发展的。虽然遗传因素在对人的智力、气质方面有比较重要的作用，但在性格养成方面，后天环境的影响更加重要。因此，要塑造少年儿童的性格，就要为他们营造一个宽松的社会环境，在这种环境中，孩子们不但能够学到许多科学文化知识，而且可以懂得很多道理，这就不得不提到和少年儿童接触频繁的哥特文学读物了。少年儿童阅读情绪十分高涨，在读书的过程中，孩子们不断地提高认识、升华情操、磨炼意志，从而铸就健康的经得起考验的心理品质。在这种积极、健康、优美、文雅的文化氛围中，精神得到释放，情操得到陶冶，健康美好的性格自然也就养成了。所以，少儿读物是促使少年儿童养成良好性格的一个重要载体，我们一定要合理、妥善地加以利用。

（二）使少年儿童养成良好的性格是哥特文学读物承载的一项重要任务

当今社会，作为少年儿童健康成长的优秀精神食粮，哥特文学读物一如既往地承担着培养少年儿童良好性格的任务。哥特文学种类越来越多，内容也更加丰富，不仅有启智、养德和提升审美的功能，而且在编排上更加符合少年儿童的身心发展规律。随着不断发展，必定能更好地承担起培养少年儿童良好性格这一任务。

五、哥特文学读物对少年儿童性格养成的影响

哥特文学读物存在的问题对少年儿童的阅读倾向和阅读兴趣产生了很大影响，而阅读又反过来影响少年儿童的性格。教育学家的研究表明，人在 18 岁之前阅读的影响很大，18 岁以后性格就逐渐定型，阅读对其影响也会减小。因此，一定要重视哥特文学读物对少年儿童的积极作用，为他们创造一个良好的阅读环境，以此来完善其心灵和性格，引导他们走上正确的人生道路，这是非常必要和有益的。

（一）哥特文学读物对少年儿童性格养成的积极影响

哥特文学读物是少年儿童的好伙伴和知心朋友，为广大少年儿童提供了一份精美的文化大餐。毋庸置疑，哥特文学读物对少年儿童性格的养成有很多积极方面的影响。

1.端正认识，提供正确的性格导向

世界观、人生观、价值观是思想政治素质的重要内容，也是性格的重要表现，对性格的形成起到了导向性作用。只有树立正确的"三观"，才能为良好性格的养成打下基础。少年儿童由于人生经历和所学知识太少，世界观、人生观和价值观都还未成熟，因此极易受到错误思想的左右，形成错误的"三观"。健康有益的少儿读物则能让孩子们端正认识，为他们树立正确的世界观、人生观、价值观助一臂之力。

首先，帮助少年儿童树立唯物主义的世界观。少年儿童没有完备的知识和独立分析问题的能力，因此对一些事物的认识比较片面，在见到自己无法解释的自然现象时容易胡思乱想，再加上一些神话故事或封建迷信的影响，让他们对客观世界的认识更加歪曲，甚至相信世间有鬼神的存在，少儿读物却能帮助孩子们解决这方面的问题。

其次，能够让少年儿童树立崇高的人生目标并提高价值判断能力。社会生活有好的一面也有不好的一面，哥特文学读物的作者会按照自己的判断标准来塑造各种艺术形象，赞扬一些人的善举，批判另外一些人的恶行。少年儿童在阅读书籍的过程当中自然会受到潜移默化的影响，渐渐地培养出和作者一样的价值判断标准。因此，少年儿童的课外阅读是一个重要的思想阵地。一部好的儿童文学作品不仅能使小读者学到知识，更能激发他们积极进取，奋发向上，使他们从中认识到什么是真、善、美，什么为假、恶、丑，从而树立起崇高的人生目标并提高价值判断能力❶。

由此可见，少儿读物能使少年儿童形成正确的认识，并在潜移默化中影响他们的世界观、人生观和价值观，以此为他们提供正确的性格导向。

2.净化心灵，养成善良的性格

一个人的心一定要善良，不然他的性格就是不完整的。善良是一种情感，包括同情、怜悯、良心、慈善、亲情、仁爱等，不善良的人便不能称之为人。对长

---

❶ 祝贺,赵杰,朴明姬.论英语少年文学对我国青少年的影响：一份调查报告给我们的启示[J].吉林省教育学院学报,2006(7):90-92.

辈要孝敬，对平辈要热情，对晚辈要慈爱，对世间万物都要充满爱心，这样才能成为一个性格健全的人。然而，社会上总是存在一些不良风气，作为一个有社会属性的人，必定会受到这些风气的影响，心灵也会因此受到污染，少年儿童当然也不例外。但是，阅读优秀的少儿读物却能让孩子们受到污染的心灵得到净化。宋庆龄说："好的文艺作品不仅启发儿童求知的渴望，帮助儿童的智力发展，而且能在纯洁的、幼小的心灵上种下优良品质的种子。"读好书能够陶冶情操，提升各方面修养，从而达到净化心灵的目的，只有心灵得到了净化，才能除去心中杂念，养成善良的性格 ❶。

　　哥特文学读物是少年儿童的良师益友，不仅内容丰富，而且形式多样，能够满足孩子们多方面的需求。作者从教育的高度出发，出于对孩子的深爱和对祖国的热爱而产生强烈的责任，把这种感情融入少儿艺术作品的想象当中，才能创造出优秀的人物形象，让少年儿童在欢乐中得到心灵的陶冶、净化和提升。

　　3. 磨炼意志，养成坚强的性格

　　坚强的意思是心理承受能力强，在遇到艰难险阻时，会勇敢面对，勇于战胜，不沮丧，不放弃，永远不灰心。坚强是人们一切行动不可缺少的推动力量，也是健全性格的一种表现。不怕失败、不怕挫折、不怕打击是坚强性格的有力表现，一个人具有坚强的性格，就能调节自己的外部行动和精神状态，克服困难取得事业的成功。在现实生活中很多人都比较脆弱，少年儿童更是如此，现在的孩子大多是独生子女，生活在家长爱的大海当中，很多事都要父母替他做，自己没有独立性，一旦遇到困难就害怕和退缩，即使做了也坚持不下去，虎头蛇尾，最后不了了之。

　　哥特文学读物能带孩子们进入一个不一样的世界。他们沉浸在书的海洋里，陪同主人公一起经历各种困难和挫折，排除万难，勇往直前，最后终于获得成功。主人公每克服一个困难，他们都会像自己克服的一样高兴。在磨炼意志方面，魔幻、探险类读物发挥了不小的作用。首先，培养了少年儿童吃苦的意识。这些读物让他们明白了"吃得苦中苦，方为人上人"的道理，不吃苦是不会取得成功的。在《哈利·波特》中，主人公哈利只是一个瘦弱的小男孩，他为了练好魔法吃了不少苦，有一次差点从高空摔下来而丧生，经过多次艰苦的练习最终才成了一个出色的魔法师。当哈利·波特在战斗中遇到困难时，孩子们会为他加油，当取得胜利时，他们又为他喝彩。主人公的行为让孩子们竞相模仿，主人公坚强的意志和吃

---

❶ 王倩．试论儿童文学阅读中的唤醒教育 [D]．济南：山东师范大学，2009.

苦的精神让他们佩服。其次，增强了少年儿童的心理承受能力。在阅读中，书中的故事情节曲折离奇，困难层出不穷，恐怖事件时有发生，少年儿童能在其中感受到强烈的心理冲击。初次阅读时可能会觉得有点恐怖，但读得多了，了解的知识多了，恐怖感也就削弱了，也就增强了心理承受能力。

不管是吃苦的意识还是心理承受能力，都是坚强性格的表现。事实证明，哥特文学读物在一定程度上为少年儿童养成坚强的性格提供了精神动力，当他们遇到困难而害怕和退缩的时候，一想起故事中坚强的主人公，就会重新振奋精神，迎难而上。

4.追新求变，养成创新型性格

创新是以新思维、新发明和新描述为特征的概念化过程。创新是一个民族的灵魂，是一个国家兴旺发达的不竭动力，对中华民族的振兴和发展有巨大的作用。创新思维的培养要从小开始，少年儿童好奇心强，对新事物有极大的兴趣和热情，他们易受外界影响，喜欢幻想，喜欢多样化的生活和新潮的东西，这就注定了他们的思维是十分活跃的。这种活跃的思维若加以保护、开发和培养，就会增强其创新意识，使他们养成开拓创新、追求科学的精神，养成创新型的性格。创新性格是进行创新活动的强大动力，是一个人是否具有创新能力的品格基础，在想象和创造比知识更重要的时代，是否具备积极的创新人格将决定一个人未来的发展方向和成就大小。

哥特文学读物就是培养少年儿童创新型性格的一个重要阵地，不仅能够丰富少年儿童的知识，开阔他们的眼界，还能够培养他们主动学习的能力和开拓创新的精神。少儿读物对创新型性格的影响主要有以下两方面。

第一，有利于开发创新意识。创新意识是指人们根据社会和个体生活发展的需要，引起创造前所未有的事物或观念的动机，及在创造活动中表现出的意向、愿望和设想，这些意向和设想往往是在阅读中产生的。例如，少年儿童在阅读魔幻读物《哈利·波特》的过程中，被那些奇幻的景色和天马行空的想象所吸引，也因此激发了他们的创作热情和创作欲望，自从《哈利·波特》热销之后，一系列魔幻读物都诞生了，其中有些就是少年儿童创作的，其想象力一点也不比专业作者差。可以说，哥特文学读物为开发少年儿童的创新意识提供了有利条件。

第二，有利于培养创新能力。创新能力指人类为了满足自身的需要，不断拓展对客观世界及自身认知与行为的过程和结果的活动。少儿读物为少年儿童创新能力的培养进行了指导，有趣的故事情节激发了少年儿童的学习热情和思维的活跃，简单的实践环节为他们发现新知识、创造新事物提供了条件，这些都为创新型性格的塑造奠定了良好的基础。

5.规范行为，奠定性格养成的行为基础

习惯就是习以为常的行为，是一种稳定的自动化的行为。教育的目的就是培养健康性格，而培养健康性格最有效的途径就是从培养行为习惯做起，各种行为习惯的养成是培养健康性格的基础。少年儿童良好行为习惯的养成离不开和他们经常相伴的少儿读物。每个人在成长过程中都应该有好书的陪伴，好书能启迪心灵，陶冶情操，完善性格，使人受益终生。从小开始阅读，能让孩子培养好习惯，塑造好性格，伴随孩子走向成功的人生。

（二）哥特文学读物对少年儿童性格养成的消极影响

哥特文学中的消极内容和不良少儿读物对少年儿童有一定的负面影响，会某些孩子的性格产生一定的缺陷，主要表现在以下方面。

1.价值迷失，道德性格下滑

少年儿童价值观扭曲、道德缺失已经成为备受社会关注的重要问题。一些少年儿童缺乏道德意识，是非观念不强，分不清是非，辨不清荣辱，是当前少年儿童存在的严重道德问题。

这些错误价值观的形成与少年儿童所接触的文化是分不开的，少儿读物就是其中很重要的一方面。一部好的少儿读物能帮助少年儿童树立正确的价值观念，提升道德水平，而一部不好的读物则会产生相反的效果，甚至产生极其恶劣的影响，如魔幻小说《哈利·波特》和卡通作品《圣斗士星矢》，对暴力的大篇幅描写让少年儿童认为有暴力就能拥有一切，有权力就能受到尊重，权力至上的思想也随之产生。在这些读物的熏染下，部分少年儿童的价值观发生了倾斜，改变了他们的价值追求，削弱了他们的价值判断能力，起到了负面的诱导作用，表现就是利己主义当头、金钱权力至上、贪图享乐、是非观念薄弱等。他们把追求利益放在了重要位置，而不去管自己的行为正确与否。类似的价值观在少年儿童中并不少见，校园里高年级学生向低年级学生勒索钱财，学生之间发生暴力冲突，花钱或使用暴力让别人代写作业等现象正是这些错误价值观的表现。

2.盲目追逐，养成迷茫性格

少年儿童喜欢模仿。从牙牙学语到能说会道，从蹒跚学步到跑跑跳跳，无不是模仿的结果，主人公也是他们经常模仿的对象。但有时模仿并不是一件好事，盲目地追逐、过多地模仿使一些少年儿童完全沉浸在模仿的乐趣当中，逐渐被别人的思想同化，失去了自己的个性，无法对自我有正确的认识。能够正确地认识自我是一个人性格健康的表现，它要求对自己有较为明确的了解，能客观地认识自己和评价自己，既承认自己的能力和才干，又承认自己的不利条件或限制因素。

否则，盲目的模仿和追逐容易形成迷茫、颓废的性格。

少年儿童喜欢模仿哥特文学读物中的主人公，不管是语言、动作，还是神态，但他们不会区别对待，有时模仿主人公的缺点和消极方面竟然比模仿其优点多得多，而且多数少年儿童为了消遣总喜欢模仿那些娱乐型的人物，在行为的表现上也以追求快乐为主要形式。这种过于盲目的模仿导致他们不能正确认识自己，表现在无法正确地对待自己的缺点和责任。他们会把遇到的任何困难都归咎于命运或别人的过错，这些恶劣的影响造成某些少年儿童对自我认识的迷茫和精神的颓废，从而形成了迷茫、颓废的性格。

3.盲目崇拜，养成自我中心性格

自我中心性格有着超强的自我意识，并有超强的控制欲望，喜欢就接受，不喜欢就抗拒，从来不去考虑别人的感受和集体的利益，因此与大家的相处也无法和谐。少儿读物与少年儿童相随相伴，其中一些消极内容也会导致他们形成自我中心型性格。

事实表明，国外的少儿读物深受我国少年儿童的喜欢，因此在思想和行为上我国的少年儿童必然会受到这些书籍的影响。而外国的读物反映了他们民族的心理和情绪，并不一定符合我国的国情。西方社会奉行个人主义、英雄主义，这在许多西方的电影和书籍中都有所体现，少儿读物也深受影响。阅读过多的外来读物会导致少年儿童逐渐接受外国的文化价值观念，而淡化我国传统的文化。在很多少儿故事和小说中，每当在千钧一发的危难时刻总有一个英雄人物出现来拯救大家，或者主人公凭借自己的坚强意志和超凡的能力，最终总能战胜困难，如《哈利·波特》等。这些主人公多是些被神化了的人物，他们能呼风唤雨、上天入地、飞檐走壁，都是正义的化身、优秀的代表，受到了许多少年儿童的崇拜和追捧。大多数少年儿童都有自己喜欢的偶像，而且他们也梦想着像偶像一样能拥有无穷的力量，能得到同龄人的认可、喜爱或崇拜。但是，这种盲目的偶像崇拜在某种程度上导致个人主义的滋生，让少年儿童错误地认为，只有一个人孤身奋战，经过重重艰难险阻，最终达到目的，那才是真正的英雄，靠别人的帮助取得成功就不是英雄。这种对西方个人主义的认同造成了少年儿童唯我独尊的思想和对集体力量的忽视，削弱了对集体的归属感，让他们无法正确认识到个人和集体的关系，而事事以自己为中心，从而形成自我中心型性格。

由此可见，自我中心性格是个人主义的表现，也是少年儿童盲目崇拜的结果，我们一定要引导少年儿童掌握选择和阅读少儿读物的正确方法，以防止自我中心性格的产生。

4.品位庸俗，养成低级性格

审美观是性格的重要组成部分，崇高的审美观是高尚性格的表现，而庸俗的审美观则是庸俗、低级性格的表现。少儿读物对少年儿童的审美观影响很大，由于少年儿童喜欢模仿，分辨是非的能力又差，如果对他们所看的读物不加以引导，就会使其产生错误的认识，形成错误的审美观，从而导致品位庸俗，养成低级的性格。很多少年儿童不但模仿少儿读物中主人公的言行举止，还模仿他们的穿着打扮。现在国外的卡通动漫类读物在中小学生中非常流行，而其中的主人公大都很有个性，穿着打扮也很有特点，彩色的卡通图片展示了他们各种颜色的头发，各种另类的发型和服饰，这非常迎合少年儿童追求新奇的心理。因此，他们会在这些审美标准的影响下认为，外表美才是真的美，有缺点才是有个性，而不再注重内心的修养，心灵美不美就完全被忽视了。

5.行为冲动，养成极端性格

在现实生活中，有很多少年儿童表现出喜怒无常、易冲动的性格，这或多或少因为受到了一些少儿读物的影响。日本学者藤竹晓认为，如果不断地接触血淋淋的互殴和格斗场面，以及粗暴的语言，孩子就会接受暴力。而现在很多卡通类或魔幻类读物都充满了暴力内容，如卡通读物《奥特曼》系列，其中总是有很多怪兽出现，而奥特曼作为正义的化身去跟怪兽搏斗，这种打斗的场面为很多少年儿童所喜欢，也是他们最热衷模仿的。在这些书中，用来对付坏蛋的暴力行为当然不用受到惩罚，而且还是英雄主义的表现。受此影响，当回到现实生活当中，他们也常常会倾向于使用暴力解决问题，而不是选择妥协或和解等和平方式。经常阅读这些读物会使孩子们变得非常暴躁，爱冲别人发火，遇事不冷静，容易使用暴力。

而经常阅读一些含有大量凶杀、暴力、淫秽内容的不良读物，则会让一些青少年走上犯罪道路。含有大量凶杀、暴力内容的读物淡化了虚拟和现实的界限，淡化了生与死的界线，里面的打打杀杀让少年儿童认为生与死其实没什么大不了的，"杀人不过头点地"。若沉迷其中，就无法分辨出真实生活与虚拟情景之间的差异，对问题的认识和分析也会发生改变。当这些暴力观念不知不觉地在少年儿童心中扎了根，在遇到现实问题时他们就会不自觉地使用暴力解决问题。一些含有大量色情内容的读物让一些分不清爱情和色情的少年儿童沉溺其中不能自拔，并最终走上犯罪道路。

另外，一些哥特文学读物中的暴力内容使少年儿童产生了错觉，认为世界充满了暴力，我们的社会充满了危险，这些都导致他们对外界缺乏安全感，有时甚至充满恐惧。一些儿童因为看了《奥特曼》晚上不敢出门，怕碰上怪兽，而自己又没有奥特曼的保护。这种对社会恐惧感的长期压抑易使少年儿童形成过度警惕和恐惧或过度敏感的极端性格。

六、垦拓未来的系统工程

少年儿童成长的性格分析是社会学研究探索的课题。人的性格形成都是由独特的性格倾向和性格心理特征组成，同时具有社会属性。性格的形成和取向在少儿成长初期的发现会对儿童成长和成才有直接的帮助。比如，从早期发现小孩有何种天赋，有何种性格类别，是属外向型、内向型还是综合型？到对个性、气质及形象思维、逻辑思维、思想力、创造力、专注力等进行分析归类，就可导入相应的兴趣科目，这样就可以对小孩性格倾向产生良性作用。

少年儿童的性格分析是一个"系统工程"，小孩都有遗传、继承和塑造的可能，同时受社会与环境的左右。而哥特文学是少年儿童比较喜欢、接触比较多的一种图书形式，所以需要通过孩子的性格综合分析，结合少年儿童个性和成长规律，引导孩子们在阅读哥特文学中学习积极因素，少走弯路，纠正负面性格，解析出情绪控制方法，使其注意力、专注力、思想力、创造力等都可得到有效提高，同时让人们对孩子的性格特征有正确的了解，使沟通及教育能得到正确的方法引导，避免性格差异与障碍产生误解、对立、紧张。更重要的是，让少年儿童更早地懂得性格的力量，懂得"性格决定命运"的道理，扬性格之长，避性格之短，使其长大成为一个有能力、有个性、成功的立足社会的人才。

参考文献

[1] 爱伦·坡.爱伦·坡短篇小说集 [M].北京：人民文学出版社，1998.

[2] 安德鲁·桑德斯.牛津简明英国文学史 [M].北京：人民文学出版社，2000.

[3] 鲍迈斯特尔.恶——在人类暴力与残酷之中 [M].北京：东方出版社，1998.

[4] 鲍桑葵.美学史 [M].张今，译.北京：商务印书馆，1985.

[5] 陈晨.哥特文学与其他哥特艺术的相通性研究 [D].沈阳：辽宁大学，2011.

[6] 柏拉图.理想国 [M].郭斌和，译.北京：商务印书馆，1997.

[7] 伯克.论崇高与美 [A]// 朱光潜.西方美学史 [M].北京：人民出版社，1997.

[8] 伯克.崇高与美：伯克美学论文选 [M].上海：三联书店，1990.

[9] 曹顺庆.中外比较文论史（上古时期）[M].山东：教育出版社，1998.

[10] 范明生.西方美学通史第一卷 [M].上海：文艺出版社，1999.

[11] 福克纳.干旱的九月 [A]// 陶洁.献给爱米丽的一朵玫瑰花 [M].李文俊，译.南京：译林出版社，2015.

[12] 弗雷德里克·詹姆逊.政治无意识 [M].王逢振，陈永国，译.中国：社会科学出版社，1999.

[13] 高冰洁.程玮儿童文学创作研究 [D].南宁：广西大学，2016.

[14] 龚翰熊.20 世纪西方文学思潮 [M].石家庄：河北人民出版社，1999.

[15] 古典文艺理论译丛编辑委员会编.古典文艺理论译丛 [M].北京：人民文学出版社，1963.

[16] 郭晓潇.刍议英美文学作品中的哥特因子 [J].英语广场(学术研究),2013(2):61-62.

[17] 韩侍桁.西洋文艺论集 [M].上海：北新书局，1929.

[18] 凯泽尔.美人和野兽 [M].西安：华岳文艺出版社，1987.

[19] 康德.判断力批判 [M].宗白华，译.北京：商务印书馆，1964.

[20] 康健.英美文学中的哥特传统之我见 [J].科教导刊（中旬刊）,2015(03):127-129.

[21]　拉曼·塞尔登.文学批评理论——从柏拉图到现在 [M].刘象愚，译.北京：北京大学出版社，2000.

[22]　罗君慧.美国文学中的哥特小说 [J].乐山师范学院学报，2011(3): 30–33.

[23]　刘易斯.修道士 [M].李伟昉，译、上海：上海译文出版社，2002.

[24]　李敏.英美文学作品中的哥特因子分析 [J].名作欣赏，2014 (36): 157–159.

[25]　李琦.爱伦·坡与哥特文学传统 [D].哈尔滨：黑龙江大学，2010.

[26]　卢卡奇.关于社会存在的本体论 [M].白锡堃，张西平等，译.重庆：重庆出版社，1993.

[27]　马克思，恩格斯.马克思恩格斯全集 [M].北京：人民出版社，1960.

[28]　缪灵珠.缪灵珠美学译文集 [M].北京：中国人民大学出版社，1987.

[29]　牛宏宝.西方现代美学 [M].上海：上海人民出版社，2002.

[30]　乔治·桑塔耶纳.美感 [M].缪灵珠，译.北京：中国社会科学出版社，1982.

[31]　谈凤霞.20 世纪初中国儿童文学的审美进程（1903—1927）[D].南京：南京师范大学，2002.

[32]　汤姆森.怪诞 [M].哈尔滨：北方文艺出版社，1988.

[33]　田媛.新时期儿童文学中的生态伦理意识研究 [D].济南：山东师范大学，2013.

[34]　王林.论于立极少年小说中的心理关怀 [D].吉林：东北师范大学，2012.

[35]　王倩.试论儿童文学阅读中的唤醒教育 [D].济南：山东师范大学，2009.

[36]　吴琼.西方美学史 [M].上海：上海人民出版社，2000.

[37]　肖明翰.英美文学中的哥特传统 [J].外国文学评论，2001(2):90–101.

[38]　肖书珍.浅析英美文学中的哥特传统 [J].安徽文学（下半月），2015(4):36–37.

[39]　亚里士多德.诗学 [M].北京：商务印书馆，1996.

[40]　亚里士多德，贺拉斯.诗学·诗艺 [M].罗念生，译.北京：人民文学出版社，1984.

[41]　杨洁.论霍桑对哥特文学传统的继承和超越 [D].北京：北京语言大学，2007.

[42]　杨一帆.哥特小说：社会转型时期中产阶级的矛盾文学 [D].上海：上海师范大学，2012.

[43]　杨祖陶，邓晓芒.康德三大批判精神 [M].北京：人民出版社，2001.

[44]　应锦襄.世界文学格局中的中国小说 [M].北京：北京大学出版社，1997.

[45]　张玉能.西方美学通史 [M].上海：上海文艺出版社，1999.

[46]　赵勤国.形式美感：从正常形式到超常形式 [J].山东师范大学学报（人文社科版），2002(4).

[47]　钟翼.浅议哥特文学与爱伦·坡 [J].艺术科技，2015(3):56–57.

[48] 祝贺,赵杰,朴明姬.论英语少年文学对我国青少年的影响——一份调查报告给我们的启示 [J].吉林省教育学院学报,2006(7):90-92.

[49] 朱立元.二十世纪西方美学经典文本 [M].上海：复旦大学出版社,2001.

[50] 朱立元等.西方美学通史（第 7 卷）[M].上海：上海文艺出版社,1999.

[51] 朱光潜.西方美学史（上卷）[M].北京：人民文学出版社,1984.

[52] Anne Radcliffe. The Italian [M] . UK: Oxford University Press, 1981.

[53] Anne Radcliffe. The Mysteries of Udolpho [M] . UK: Oxford University Press, 1966.

[54] Anne Radcliffe. A Sicilian Romance [M]. ed. D. P. Varma. New York: Clarkson N. Potter, 1975.

[55] Charles Dickens. A Tale of Two Cities[M]. London: Penguin Books Ltd., 1970.

[56] Charles Maturin. Melmoth the Wanderer (1820) [M]. New York: Oxford University Press, 1989.

[57] Clara Reeve. The Old of Baron[M].New York: Rarebooksclub, 2012.

[58] David Punter. The Literature of Terror: A History of Gothic Fictions from 1765 to the Present Day[M]. Longman Group Limited, 1980.

[59] David Morris.Gothic Sublimity[J]. New Literary History, 1985, 16(2): 299-319.

[60] Devendra P. Varma. The Gothic Flame[M]. The Scarecrow Press, Inc., 1987.Victor Sage ed., The Gothick Novel, The Macmilan Press, 1990.

[61] Fredric Jameson. The Political Unconscious: Narrative as a Socially Symbolic Act[M]. Ithaca, N.Y.: Cornell University Press. 1981.

[62] Gustave Le Bon. The Crowd: A Study of the Popular Mind [M]. Dover Publications, Inc., 2002.

[63] Horace Walpole. The Castle of Otrano[M]. The Scholartis Press, 1929.

[64] Ian Watt. The Rise of the Nove[M]. Berkeley and Los Angeles: University of California Press, 1965.

[65] Matthew Arnold. Culture And Anarchy [M]. Cambridge: University Press, 1960.

[66] Matthew Gregory Lewis. The Monk. Mineola[M]. N. Y.: Dover Publications Inc, 2003.

[67] Margaret Anne Doody. Poetry in the Eighteenth Century, The Columbia History of British Poetry eds[M]. Carl Woodring and James Shapiro. New York and Beijing: Columbia UP and FLTRP, 2004: 301-312.

[68] Maslow A H, Hirsh E, Stein M, et al. A Clinically Derived Test for Measuring Psychological Security- Insecurity [J]. The Journal of General Psychology, 1945, 33 (1): 21-41.

[69]   Matthew Gregory Lewis. The Monk. Mineola[M]. N. Y.: Dover Publications Inc, 2003.

[70]   Mary Shelley. Frankenstein, or The Modern Prometheus[M]. Oxford: Oxford University Press, 1969.

[71]   Oscar Wilde. The Picture of Dorian Gray[M]. Nanjing: Yilin Press, 2014.

[72]   P. P. Howe. Complete Works of William Hazlitt [M]. London: J. M. Dent Press, 1930.

[73]   Richard Hurd. Letters on Chivalry and Romance[M]. Los Angeles: Augustan Reprint Society, 1963.

[74]   William Shakespeare. The Tragedyof Hamlet, Prince of Denmark[M]. New York: Ainnont, 1965.

[75]   William Shakespeare. The Complete Works[M]. London: Collins, 1951.